Können tote Tiere reden?

Andreas Pospischil

Können tote Tiere reden?

Geschichte der Veterinärpathologie und ihre Entwicklung in Zürich (1820–2013)

CHRONOS

Informationen zum Verlagsprogramm:
www.chronos-verlag.ch

Umschlagbild: Unter Verwendung einer Karikatur von Thomas Wicker

ISBN 978-3-0340-1446-5

«Mein Freund, die Zeiten der Vergangenheit
Sind uns ein Buch mit sieben Siegeln.
Was ihr den Geist der Zeiten heisst,
Das ist im Grund der Herren eigner Geist,
In dem die Zeiten sich bespiegeln.»

Faust zu Wagner,
J. W. Goethe, Faust I

Inhalt

Einleitung

Der Titel des Buches nimmt das Thema der Antrittsvorlesung des Autors wieder auf, die er nach der Übernahme der Professur für Veterinärpathologie im April 1988 an der Universität Zürich hielt. Damals konzentrierte er sich auf die Darstellung der bis zu diesem Zeitpunkt erfolgten technischen Entwicklungen in der Veterinärpathologie und den einschlägigen Laboratorien. In einem Ausblick erfolgte eine Vorschau auf mögliche weitere Fortschritte bei der pathologischen Diagnose von Krankheiten bei Tieren.

Darüber sind beinahe 30 Jahre vergangen, und das Interesse des Autors hat sich Schritt für Schritt auf die historische Entwicklung des Fachgebiets Veterinärpathologie erweitert.

Einen besonderen Anstoss in diese Richtung gab das inspirierende inter- und transdisziplinäre Umfeld, das er als Fellow am Collegium Helveticum von 2009 bis 2017 erleben durfte. Die dort gepflegten Diskurse im Rahmen der verschiedenen Fellowprojekte haben den Horizont des Autors erheblich erweitert und die erneute Auseinandersetzung mit dem Thema «Können tote Tiere reden?» aus einem anderen Blickwinkel ermöglicht.

Prolog

«Können tote Tiere reden?» lautet die Frage im Titel dieses Buches. Ist das wirklich möglich? – Nein, im wörtlichen Sinn natürlich nicht, und doch gelingt es, durch die genaue Untersuchung der Körper, Organe und Gewebe toter Tiere Informationen zu gewinnen, die sich in Form von Veränderungen zeigen, die von der Norm abweichen. Deren Interpretation ermöglicht in der Folge Aussagen über die Art des Todes und über vor dem Tod bestehende Erkrankungen.
Ausgebreitet wird ein Panoptikum des tierischen Todes in sechs Kapiteln. Im Kapitel 1 wird gezeigt, dass der Mensch bereits vor Jahrtausenden tote Tiere untersucht hat.
Im Laufe der gemeinsamen Entwicklung (Koevolution) von Tier und Mensch entwickelte der Mensch Möglichkeiten und Methoden, um die Botschaften, die tote Tierkörper und deren Organe enthalten, zu erkennen und zu interpretieren und damit tote Tiere zum Reden zu bringen. Intuitiv erkannten Menschen in dieser Zeit, dass sie gemeinsam mit Tieren in einer Welt, einem Ökosystem leben. Sie lernten aus den Veränderungen, die sie an toten Tieren und ihren Organen beobachteten, Rückschlüsse auf diese Welt zu ziehen und diese für Orakel (zum Beispiel bei der Leberschau) und andere religiöse Zwecke zu nutzen. Diese empirisch-mythologische Phase bildete eine Grundlage für die weitere Entwicklung der Veterinärpathologie, die allerdings viel später begann. Erst im 19. und im 20. Jahrhundert setzte sich die Erkenntnis durch, dass viele Erkrankungen Mensch und Tier in gleicher Weise betreffen, gegenseitig übertragen werden und von der gemeinsamen Umwelt beeinflusst werden können. Heute subsumiert man diese Zusammenhänge und Abhängigkeiten unter dem Begriff *One Health–One Medicine.*

Die Kapitel 1–6 zeigen die Entwicklung auf dem Weg bis in die heutige Zeit, die Sprache der toten Tiere zu entziffern.
Warum wird zur Darstellung der Zusammenhänge und Entwicklungen der Veterinärpathologie gerade Zürich gewählt, weist doch der Ablauf der Geschichte der Veterinärpathologie dort im Vergleich zu derjenigen an anderen europäischen Ausbildungsstätten keine wesentlichen Besonderheiten auf? Da einerseits der Autor dieses Institut der Universität Zürich mehrere Jahrzehnte geleitet hat, andererseits sich die Quellenlage und Archivsituation in Zürich ohne kriegsbedingte Verluste im Laufe des 20. Jahrhunderts als nahezu optimal darstellt, bietet sich die Pars-pro-Toto-Darstellung der Zürcher Verhältnisse geradezu an.
Bis in die Mitte des 19. Jahrhunderts wurden die Fähigkeiten, tote Tiere zum Reden zu bringen, noch als «Kunst» angesehen, wie die Tatsache zeigt, dass Studierende der Veterinärmedizin damals als *studentes artes veterinariae* bezeichnet wurden.
Um tote Tiere im objektiv naturwissenschaftlichen Sinn zum Reden zu bringen, müssen verschiedene Voraussetzungen gegeben sein, damit aus der Kunst der Interpretation eine Wissenschaft wird. Weiter bedarf es einer geeigneten Infrastruktur in Form von Tierarzneischulen, die in den letzten Jahrzehnten des 18. Jahrhunderts zuerst in Frankreich (Lyon 1762, Alfort 1766, Limoges 1766) und in Wien (1767) aus unterschiedlichen Gründen geschaffen wurden (von den Driesch und Peters, 2003). Zürich gehörte mit der 1820 erfolgten Gründung seiner Tierarzneischule nicht zu den Pionieren der ersten Stunde, konnte daher von den Erfahrungen der bestehenden Schulen profitieren und ihre «Gründerväter» zur Ausbildung dorthin senden, wie dies das Kapitel 3 zeigt. Der internationale Austausch von Wissen, Fähigkeiten und Fertigkeiten unter den Tierarzneischulen und später Hochschulen beziehungsweise Fakultäten an den Universitäten war eminent wichtig und bleibt bis heute ein integraler Teil der Weiterbildung. In Zürich führte dies in der zweiten Hälfte des 19. Jahrhunderts zur Berufung einer Reihe von Lehrern und Professoren aus dem Ausland.
Neben einer geeigneten Infrastruktur sind ausgebildete und engagierte Menschen notwendig, um tote Tiere zum Reden zu bringen. Sie müssen sich dieser Aufgabe intensiv widmen, vorhandene Methoden verbessern und neue entwickeln. Diesen Menschen sind die Kapitel 3–7

gewidmet. Es werden vor allem diejenigen Personen erwähnt, die durch ihre leitende Funktion oder ihre wissenschaftlichen Beiträge hervortraten. Es sei dabei nicht vergessen, dass im Hintergrund eine grosse Zahl von motivierten Personen mitwirkten, die wesentliche Anteile an den Erfolg und die Entwicklung beisteuerten, tote Tiere zum Sprechen zu bringen. Die Direktoren der Tierarzneischule, später die Professoren für Veterinärpathologie stehen im Zentrum meiner Darstellung, da sie mit ihrer Persönlichkeit die Lehre und die Forschung und damit das Profil des Faches wesentlich geprägt haben. Soweit wie möglich wird auf den von ihnen geförderten akademischen Nachwuchs eingegangen. Die Leistungen der übrigen Mitarbeitenden (Assistierende, Oberassistierende, Laborpersonal, administratives und technisches Personal) können nur summarisch gewürdigt werden, weil die Quellenlage zu diesen Personen unvollständig ist.
Darüber hinaus hat sich der enge Kontakt zur «Menschenpathologie», die im 19. Jahrhundert eine ähnliche, beinahe parallele Entwicklung durchlief, für die Veterinärpathologie als äusserst fruchtbar erwiesen, wie sich zum Beispiel bei der Anwendung neuer Methoden und dem Einsatz moderner technischer Entwicklungen zeigt. Insbesondere der Einsatz des Mikroskops, die Präparation von Geweben sowie die Herstellung und Färbung von Gewebeschnitten haben dadurch riesige Fortschritte gezeitigt.
Warum will man tote Tiere überhaupt zum Reden bringen oder, anders gefragt, welche Erkenntnisse erhofft man sich von den toten Tieren und was haben die toten Tiere in Zürich im Laufe der letzten fast 200 Jahre erzählt? Dieser Frage geht das Kapitel 8 nach, das sich auf Aufzeichnungen und Protokolle der Untersuchungen aus dem Archiv des Instituts für Veterinärpathologie in Zürich stützt.
Die interessierte Leserin, der interessierte Leser mag sich aus dieser kurzen Übersicht diejenigen Kapitel auswählen, die ihr oder ihm besonders lesenswert erscheinen.
Neben dem Staatsarchiv des Kantons Zürich, dem Archiv der Universität Zürich, dem Schweizerischen Bundesarchiv sind die Vorarbeiten zur Geschichte der Zürcher Tierarzneischule in Form einer Reihe von Dissertationen (Storck, 1977; Hohl, 1979; Senn, 1981; Schläpfer, 1982; Wyler-Zerobin, 1995; Kleiner, 2008; Baumgartner, 2015) sowie biografi-

scher Informationen zu Tierärzten des 19. und 20. Jahrhunderts (Sackmann, 2010) besonders hilfreich gewesen und haben diese Arbeit erheblich erleichtert. Auch die elektronische Verfügbarkeit aller Ausgaben der *Neuen Zürcher Zeitung* seit 1780 im NZZ-Archiv (http://zeitungsarchiv.nzz.ch) hat die Möglichkeiten zur Recherche enorm erweitert und äusserst positiv beeinflusst.

1. Geschichte der Veterinärpathologie bis zum Beginn des 19. Jahrhunderts

Zusammenfassung

Bereits im Jungpaläolithikum findet man am Beispiel der Höhlenzeichnungen von Lascaux und Altamira Hinweise auf Untersuchungen von Tierkörpern und Organen, die man als erste Schritte zur Interpretation der Sprache toter Tiere ansehen kann. Später, in Mesopotamien, waren derartige Untersuchungen zur Erstellung von Orakeln weit verbreitet. Von dort gelangten diese Kenntnisse und Fähigkeiten zu den Etruskern und später zu den Römern. Im Mittelalter geriet dieses Wissen nicht zuletzt unter kirchlichem Einfluss weitgehend in Vergessenheit. Da die Untersuchung menschlicher Leichen verboten war, wurden Veränderungen an Organen von sezierten Tieren vereinzelt dazu benutzt, um Erkenntnisse über den Menschen zu gewinnen. Erst seit der Renaissance und insbesondere ab der Mitte des 18. Jahrhunderts begann eine systematische Untersuchung von toten Tieren mit dem Ziel, mehr über deren Krankheiten zu lernen. Schritt für Schritt gelang es somit, tote Tiere besser zum Reden zu bringen.

Jungpaläolithikum

Körper, Organe und Gewebe toter Tiere weisen strukturelle (morphologische) Veränderungen auf, die es als Pathologin beziehungsweise Pathologe zu erkennen und zu beurteilen gilt. Grundlagen für eine Interpretation dieser Veränderungen ist die Fähigkeit, diese zuerst als Bilder wahrzunehmen, zu erkennen und dann zu interpretieren. Unsere prähistorischen Vorfahren erlernten dies als Jäger bei ihren Beutetieren und sahen im wiederholten Auftreten solcher Bilder möglicherweise ein

Zeichen, dem sie im Laufe der Zeit eine übergeordnete, rituelle Bedeutung zuwiesen. Wandzeichnungen in den Höhlen von Lascaux,[1] Altamira[2] oder El Pindal[3] weisen auf solche Zusammenhänge hin. Dargestellt sind dort jagdbare Tiere wie Bisons, Mammuts oder Hirsche (Abb. 1A–B). Warum unsere Vorfahren diese Bilder schufen, ist nicht eindeutig geklärt. Besonders bedeutsam ist ein Mammut mit einem roten Fleck im Brustbereich, der als erste Darstellung eines Herzens interpretiert wird (Abb. 2). Auch wenn die folgenden Überlegungen hypothetisch sind, weist die Abbildung des Herzens doch darauf hin, dass unsere Vorfahren nach einer erfolgreichen Jagd das Körperinnere eines erlegten Beutetieres im Einzelnen inspizierten. Zur Zerlegung eines Tierkörpers mussten sie nicht nur über geeignetes Werkzeug verfügen, sondern sich im Laufe der Zeit auch gewisse Kenntnisse der Anatomie und Pathologie erworben haben.
Kann man sie daher schon als frühe Veterinärpathologen bezeichnen? Immerhin gelang es ihnen, tote Tiere in gewissem Sinn zum Reden zu bringen.

Berichte aus Mesopotamien

Zwischen dem Jungpaläolithikum und den ersten überlieferten Aufzeichnungen, die im weitesten Sinn erste Hinweise zur Veterinärpathologie liefern, liegt eine grosse Zeitspanne, über die keine Informationen

1 Die jungpaläolithische Höhle von Lascaux im französischen Departement Dordogne enthält einige der ältesten bekannten abbildenden Kunstwerke der Menschheitsgeschichte. Die Höhlenmalereien lassen sich der frankokantabrischen Höhlenkunst zuordnen. Die Malereien sind im Zeitraum von 15 000–17 000 v. Chr., allenfalls auch später, entstanden, zu einer Zeit, in der die Menschen als Grosswildjäger lebten. Vgl. https://de.wikipedia.org/wiki/H%C3%B6hle_von_Lascaux (4. 4. 2016).

2 Die Höhle von Altamira in der Nähe der Stadt Santillana del Mar in Kantabrien, Spanien, ist bekannt für ihre steinzeitliche Höhlenmalerei, die ebenfalls der frankokantabrischen Höhlenkunst zugerechnet werden. Vgl. https://de.wikipedia.org/wiki/H%C3%B6hle_von_Altamira (4. 4. 2016).

3 In der Höhle El Pindal in der Nähe von Ribadedeva, einer Gemeinde in der autonomen Region Asturien im Norden Spaniens, wurden ebenfalls verschiedene Wandzeichnungen und Werkzeuge entdeckt. Vgl. https://de.wikipedia.org/wiki/Ribadedeva (4. 4. 2016).

vorliegen. Erst beginnend mit dem 3. Jahrtausend vor unserer Zeitrechnung finden sich in Mesopotamien Keilschrifttexte und Bilder auf Tontafeln, die Hinweise auf die Untersuchung von Tierkörpern enthalten und die in den letzten Jahren Schritt für Schritt transkribiert worden sind (Maul, 2013). Durch die Jahrtausende war das empirische Wissen über den Bau von Tierkörpern stetig gewachsen, und nach und nach wies man der Beurteilung von Befunden an Tierkörpern und Organen im Rahmen der Eingeweideschau eine spirituelle Bedeutung bei der Erstellung von Orakeln zu, versuchte also, die Sprache der toten Tiere für den Menschen nutzbar zu machen.

Orakel hatten in altorientalischen Kulten eine besondere Bedeutung. Menschen gingen davon aus, dass Gottheiten den Kosmos erschaffen hatten und man zum Beispiel über eine Eingeweideschau die Absichten der Götter in Erfahrung bringen konnte, was man heute als Divination bezeichnet (Annus, 2010). «Der göttliche Wille wurde durch diese Untersuchung gezielt erfragt», schreibt dazu Rickenbach (1999).

Die Eingeweideschau erfolgte hauptsächlich an jungen männlichen Schafen[4] und umfasste neben der Beobachtung des Verhaltens der Tiere vor und bei dem Schlachten[5] die Untersuchung des Tierkörpers und der inneren Organe während und nach dem rituellen Schlachten. Das entspricht dem heutigen Vorgehen, bei dem zuerst eine «Lebendbeschau» und danach die «Fleischbeschau» erfolgt (Maul, 2013).

Bei der Eröffnung der Bauchhöhle eines Tierkörpers fällt nach dem Darm vor allem die Leber durch ihre Grösse und prominente Lage auf. Es ist gut vorstellbar, dass man diesem Organ daher eine besondere Bedeutung als Zentrum des Denkens und Fühlens zuschrieb (Rickenbach, 1999; Müller, 1967). Spezielle Beachtung fanden auch die mit der Leber verbundene Gallenblase, ihr Füllungszustand sowie die Konsistenz und Viskosität der darin enthaltenen Gallenflüssigkeit (Rickenbach, 1999). Weiter beurteilte man die anderen inneren Organe wie Darm, Lunge, Herz, Zwerchfell, Pansen, Netz-, Blätter- und Labmagen (Weidner, 1917).

4 Die Domestikation von Schafen erfolgte vor rund 10 000 Jahren im vorderen Orient. Sie gehören somit zu den ersten landwirtschaftlichen Nutztieren.

5 Dies entspricht der heute durchgeführten Lebendviehschau nach der schweizerischen Verordnung über das Schlachten und die Fleischkontrolle (VSFK) vom 23. 11. 2005 (SR 817.190, Stand 22. 9. 2015).

In den königlichen Archiven der Stadt Mari[6] finden sich mehr als 20 000 Tontafeln, die bis ins 3. Jahrtausend vor unserer Zeitrechnung zurückreichen. Sie sind seit 1933 ausgegraben worden und enthalten vielfältige Informationen zur Eingeweide- und Leberschau (Hepatoskopie) (Rickenbach, 1999; Maul, 2013), die durch einen Opferschaupriester, genannt *barû* (Seher), durchgeführt wurde. Er entnahm die Organe dem Tierkörper und beurteilte sie, ohne sie jedoch anzuschneiden.
Die aus der Leberschau hervorgehende Weissagung besteht aus der Beschreibung der Befunde und der darauf beruhenden Vorhersage, dem Orakel, das man heute als Diagnose und Prognose bezeichnen würde. Beim Verkünden des Orakels hielt der *barû* die Leber so, dass sich der linke Leberlappen zu seiner Rechten befand. Der rechte Leberlappen zeigte die für das Orakel verheissungsvollen, günstigen Informationen, der linke die ungünstigen, die jeweils gezählt und gegeneinander aufgerechnet wurden (Rickenbach, 1999). Maul (2013) hat die grosse Bedeutung der Orakel für politische Entscheidungen im alten Orient aufgrund von Keilschrifttexten eingehend dargestellt. Der *barû* kann somit als erster in der Literatur dokumentierter Veterinärpathologe bezeichnet werden.
Die ausgewerteten Tontafeln berichten über mehrere 1 000 Eingeweideschauen mit einer Vielzahl von Veränderungen an der Leber (Maul, 2013). Leiderer (1990) hat als Ethnologin und Ärztin diese historischen Berichte durch Vergleiche mit mehr als 200 Lebern von Schafen beschrieben, die in den Jahren 1984–1988 im Schlachthof München geschlachtet wurden. Sie beschränkt sich jedoch im Wesentlichen auf Beschreibungen, ohne pathologische Interpretationen nach heutigem Wissen durchzuführen.
Vor einer Eingeweideschau wurde dem *barû* eine Frage zum Beispiel über den Erfolg oder Misserfolg eines geplanten Kriegszuges gestellt, die dieser aus den Befunden an der Leber zu beantworten versuchte. Nicht selten wurde die Beurteilung der Leber zur Beantwortung besonders wichtiger Fragen nicht nur von einem, sondern von mehren *barû* durch-

6 Mari (heute *Tell Hariri,* Syrien) war als mesopotamischer Stadtstaat ein bedeutendes Kulturzentrum Vorderasiens, dessen Anfänge bis weit ins 3. vorchristliche Jahrtausend zurückreichen. Vgl. https://de.wikipedia.org/wiki/Mari_(Stadt) (4. 4. 2016).

geführt. Oft wurden zur Beantwortung politisch wichtiger Fragen Eingeweideschauen an mehreren Tieren von verschiedenen *barû*-Teams durchgeführt. Daraus erklärt sich die grosse Zahl der dokumentierten Untersuchungen (Maul, 2013). Aus heutiger, veterinärpathologischer Sicht kann man sagen, dass bei einer Hepatoskopie auf der Basis von morphologischen, strukturellen Befunden eine Diagnose erstellt wurde, die als Grundlage für eine nichtmedizinische Aussage über die Zukunft herangezogen wurde. Zu den Krankheiten, die durch diese Befunde beschrieben wurden, sind keine weiteren Informationen überliefert.

Auch heute noch gilt dieses Prinzip in der Veterinärpathologie. Man untersucht im Rahmen einer Sektion zum Beispiel ein Ferkel aus einem Wurf erkrankter Geschwistertiere, um basierend auf den Ergebnissen der Sektion (Befunde) eine Therapie und Prognose für die überlebenden Ferkel zu erarbeiten. Vermutlich verfügte ein *barû* über ein seit Jahrtausenden überliefertes empirisches Wissensspektrum, wodurch er die Befunde aus der Eingeweideschau zu deuten und damit eine Prognose zu stellen in der Lage war.

Eingehende, auf heutigem veterinärpathologischem Wissen beruhende Untersuchungen zur Interpretation der Beschreibungen der verschiedenen Befunde auf den Tontafeln fehlen weitgehend. Einzelne Befunde, die überliefert sind, sprechen für Befall mit grossem Leberegel (Fasziolose), Piroplasmose (Blutparasiten) und möglicherweise Echinokokkose (Fuchsbandwurm) (Lieber, 1988; Harrison und Turfa, 2010).

In Mari fand man sogar Tonmodelle von Schaflebern aus dem 2. Jahrtausend vor unserer Zeitrechnung, welche die Anatomie der Leber (Abb. 3A, C) mit Gallenblase genau wiedergeben. Man sieht einzelne Leberlappen und die Bereiche, an denen die Leber an den Vormägen anliegt. Ein Teil der aufgefundenen Tonmodelle zeigt überdies schriftliche Informationen zu den einzelnen Befunden (Abb. 3A) und wurde vermutlich zur Weitergabe des Wissens eines *barû* im Rahmen der Nachwuchsausbildung verwendet (Rickenbach, 1999; Maul 2013).

Über Griechenland zu den Etruskern

Vermutlich brachten reisende *barû* ihr Wissen von Mesopotamien nach Griechenland. Über die dortige technische Durchführung der Hepatoskopie liegen allerdings keine schriftlichen Aufzeichnungen vor. Jedoch wird in der Tragödie *Elektra* des griechischen Dichters Euripides (480–406) zumindest literarisch auf die Eingeweideschau hingewiesen (Elektra, 826–833). Platon berichtet im *Phaidros,* dass für ein Orakel die Hepatoskopie eine grössere Bedeutung als die Interpretation des Vogelfluges genoss (Rickenbach, 1999). Ausserdem wird die Hepatoskopie ikonografisch auf einer ganzen Reihe griechischer Vasen dargestellt (Rickenbach, 1999; Abb. 4).

Die Eingeweideschau und insbesondere die Hepatoskopie spielte bei den Etruskern zur Vorhersage der Zukunft eine grosse Rolle. Wie dieses Volk, dessen Sprache, soweit man heute weiss, einen nichtindoeuropäischen Ursprung hat, nach Mittelitalien gelangte, bleibt unbekannt. Schriftliche Aufzeichnungen der Etrusker sind bisher nicht interpretierbar. Hingegen gibt es Aufzeichnungen aus der spätrepublikanischen Zeit Roms, insbesondere Ciceros Schrift mit dem Titel *De divinatione,* in der sich einige, durchaus kritische Hinweise zur in der etruskischen Religion offenbar häufig durchgeführten Eingeweideschau finden (Moog, 2008; Maul, 2013).[7] Die dafür zuständigen Opferpriester der Etrusker bezeichnete man lateinisch als *haruspices.*

Im Jahr 1877 fand man auf einem Feld in Settima (Gemeinde Gossolengo bei Piacenza) ein etruskisches Lebermodell aus Bronze, das die Bedeutung der Hepatoskopie für die Etrusker unterstreicht (Abb. 3C) (Thulin, 1906). Dieses Lebermodell wurde wahrscheinlich als Anschauungsmaterial für die Ausbildung in Hepatoskopie für zukünftige *haruspices* verwendet (Rickenbach, 1999; Moog, 2008). Die *haruspices* können als weitere Vorläufer der Veterinärpathologen bezeichnet werden. Insbesondere Harrison und Turfa (2010) zeigen, dass die *haruspices* in der Lage waren, Fasziolose zu diagnostizieren und über die Divination hinaus offenbar mit pflanzlichen Wirkstoffen diesbezügliche Therapie-

7 Cicero schreibt unter anderem: «Da die Etrusker so religiös waren, opferten sie Opfertiere mit umso grösserer Sorgfalt und Häufigkeit und widmeten sich der Eingeweideschau.» Vgl. Rickenbach, 1999.

versuche unternahmen. *Haruspices* waren gefährdet, da offenbar seuchenartige Erkrankungen von Opfertieren auf Opferpriester übergegangen seien, wie 1822 Veith (1787–1876)[8] berichtet.
Die Eingeweideschau wurde in den folgenden Jahrhunderten im römischen Reich weiter durchgeführt, verlor aber nach und nach ihren Einfluss auf wesentliche politische Entscheidungen. Kaiser Konstantin verbot sie im Jahr 357 nach Christus, sie wurde danach aber wieder erlaubt (Maul, 2013). Insbesondere das Christentum versuchte in den folgenden Jahrhunderten diese heidnische Tradition auszurotten. Schliesslich veranlasste Papst Gregor II. (715–731) im Jahr 721 das in Rom tagende Konzil, alle diejenigen mit einem Fluch zu belegen, die eine Eingeweideschau veranlassten oder durchführten (Maul, 2013). Daraufhin nahm die Bedeutung der Hepatoskopie als Form der Divination beziehungsweise des Orakels so stark ab, dass die dadurch gewonnenen Kenntnisse der Veterinärpathologie Schritt für Schritt verloren gingen.
Obwohl Autopsien von menschlichen Leichen in der griechischen Kultur gestattet waren (Heitz, 2006), führte Galenos aus Pergamon (129–201) ausschliesslich Obduktionen an Tieren durch und ordnete die dadurch erworbenen Kenntnisse dem Menschen zu (Abb. 5; Veith, 1822; Heitz, 2006). Viele der so gewonnenen Erkenntnisse über die Anatomie des Menschen waren jedoch fehlerhaft, da trotz vieler Ähnlichkeiten anatomische Erkenntnisse, die an Tieren gewonnen werden, nicht direkt auf den Menschen übertragbar sind (Heitz, 2006).
In der Ära der Humoralpathologie (Vier-Säfte-Lehre), die vom 4. Jahrhundert vor unserer Zeitrechnung bis weit ins 19. Jahrhundert Anhänger hatte und alle Erkrankungen auf ein Ungleichgewicht der Verteilung der vier Säfte (gelbe und schwarze Galle, Blut und Schleim) zurückführte,

8 Johann Emanuel Veith, 1787 als Sohn eines Rabbiners in Kuttenplan (Chodová Planá) geboren. Von 1803 bis 1806 studierte er Philosophie und Medizin in Prag und ab 1809 in Wien. Noch vor seiner Promotion zum Dr. med. im Jahr 1812 begann er mit dem Studium der Tierheilkunde am k. k. Tierarznei-Institut in Wien, das er 1813 beendete. Ab 1816 war er erster Professor und ab 1819 Direktor des k. k. Tierarznei-Instituts. 1816 liess er sich taufen und begann neben seiner beruflichen Tätigkeit als Direktor und als homöopathischer Arzt ein Studium der Theologie. 1821 wurde er auf eigenen Wunsch als Direktor des k. k. Tierarznei-Instituts entlassen und trat dem katholischen Orden der Redemptoristen bei. 1832 wurde er Domprediger von St. Stephan in Wien und später Ehrendomherr in Salzburg. Vgl. Hörning, 1990.

wurden strukturell morphologische Veränderungen an den Organen eines Patienten – sei es Mensch oder Tier – nicht als wesentlich für eine Erkrankung und damit für eine Diagnose oder Therapie angesehen.

Renaissance

Im Mittelalter verstummten die toten Tiere, und die Kenntnisse zur Entschlüsselung ihrer Sprache gingen weitgehend verloren. Erst in der Renaissance setzte in der Medizin die Entwicklung neuer Erkenntnisse ein.

Leonardo da Vinci (1452–1519) gelangen bedeutende Fortschritte im Bereich der Anatomie des Menschen. Doch auch er löste sich nur langsam von der Vorstellung, dass Strukturen, die bei der Untersuchung tierischer Körper und Organe sichtbar wurden, direkt auf den Menschen übertragbar seien. Die Darstellung eines menschlichen Uterus mit Fetus zeigt nicht die Plazenta eines Menschen, sondern diejenige eines Rindes (Abb. 6, Pfeil).[9] Andererseits untersuchte und zeichnete Leonardo im Jahr 1513 gezielt tierische Organe, wie zum Beispiel das Herz eines Ochsen, dessen Darstellung der Wirklichkeit genau entspricht. Man könnte Leonardo damit als Vater der vergleichenden Anatomie bezeichnen (Da Vinci, 1983).

In den Folgejahren erlebten Sektionen von Tieren (Zootomie) vor allem als Grundlage für die Anatomie des Menschen wiederum einen grossen Aufschwung. Griff doch Andreas Vesalius (1514–1564) für sein Werk *De humani corporis fabrica* (1543), das beim Verleger Johann Froben in Basel gedruckt wurde und grossformatige Bildtafeln enthält, immer wieder auf Informationen aus Sektionen von Hunden und Schweinen zurück, obwohl er auch menschliche Leichen, zumeist von Hingerichteten, untersuchen konnte (von den Driesch und Peters, 2003). Aus den bei den Sektionen aufgefundenen pathologisch-anatomischen Veränderungen wurden jedoch keine Hinweise auf Erkrankungen bei Tieren abgeleitet. Die toten Tiere sprachen, aber nicht für ihre Artgenossen, sondern für den Menschen.

9 Vgl. http://embryo.asu.edu/pages/leonardo-da-vincis-embryological-drawings-fetus (4. 4. 2016).

Die Kunst der Zergliederung von Tierkörpern überlebte zumindest als Modell für den Menschen auch die Folgezeit. Erst Carlo Ruini (1530–1598), ein Senator aus Bologna, veröffentlichte 1598 eine Abhandlung über die Erkrankungen des Pferdes *(Anatomia del cavallo, infirmità et suoi rimedii)*. Dieses hervorragend bebilderte Werk behandelt die Anatomie des Pferdes ausführlich, geht aber nicht auf die pathologische Anatomie ein und bleibt ohne grossen Einfluss auf die Entwicklung der Veterinärpathologie (von den Driesch und Peters, 2003).
Erst im ausgehenden 17. Jahrhundert beginnt in der Humanmedizin mit den bahnbrechenden Berichten von Giovanni Battista Morgagni (1688–1771) aus Padua ein Umdenken. Er veröffentlichte 1761 das Werk *De sedibus et causis morborum per anatomen indagatis* (Abb. 7A), das unter anderem eine Zusammenstellung von 700 Fallberichten erkrankter menschlicher Patienten enthält, wobei sowohl über klinische Symptome als auch über Obduktionsbefunde berichtet wird. Unter anderem beschreibt Morgagni Echinokokkenblasen (Fuchsbandwurm), die sich in der Leber ausbreiten, und die Kompression der Blutgefässe in der Leber bei der Leberzirrhose (Franken, 1969). Als eine der Grundlagen diente Morgagni das 1679 vom Genfer Arzt Théophile Bonet (1620–1689) veröffentlichte Sammelwerk mit dem Titel *Sepulchretum sive anatomia practica [...]* Ausser seinen eigenen Studien zur pathologischen Anatomie von Erkrankungen enthält das Werk Befunde, die Bonet von den berühmtesten Ärzten Europas eingefordert und gesammelt hatte (Schweizer Ärzte als Forscher, Entdecker und Erfinder, 1945).

Situation in Zürich im 17. und 18. Jahrhundert

Nachdem die Zürcher Regierung im Jahr 1677 dem Zürcher Stadtarzt Johannes von Muralt (1645–1733)[10] die Erlaubnis erteilt hatte, begann er,

10 Von Muralt gilt als Begründer des anatomischen Unterrichts in Zürich. 1688 wurde er zum Stadtarzt *(Archiater)* ernannt und war für die Seuchenbekämpfung, das Hebammenwesen, die Apotheken und das städtische Spital zuständig. Vgl. dazu: Denkschrift der medizinisch-chirurgischen Gesellschaft des Kantons Zürich zur Feier des fünfzigsten Stiftungstages den 7. Mai 1860. Zürcher und Furrer, Zürich 1860; https://de.wikipedia.org/wiki/Johannes_von_Muralt_(Mediziner) (30. 11. 2016).

die menschliche Anatomie durch öffentliche Sektionen als Weiterbildung für Ärzte und Auszubildende zu lehren. In der Verfügung heisst es: «Es solle die Anatomie in Zürich geübt werden, aber nur an den Körpern von Maleficanten und solchen Personen, die mit merkwürdigen Krankheiten behaftet waren [pathologische Sektionen].»[11] Anfangs stand er damit in Konkurrenz zur Chirurgenzunft «Zum schwarzen Garten». Ab 1686 begründete von Muralt mit Vorträgen über den Bau und die Funktion des menschlichen Körpers die systematische wissenschaftlich-medizinische Aus- und Weiterbildung von Chirurgen in Zürich. Aus Mangel an menschlichen Leichen griff er bei den von ihm durchgeführten Zergliederungen auch auf Tierleichen zurück (Schweizer Ärzte als Forscher, Entdecker und Erfinder, 1945; Leisibach, 1982; Denkschrift der medizinisch-chirurgischen Gesellschaft des Kantons Zürich zur Feier des Fünfzigsten Stiftungstages den 7. Mai 1860. Druck von Zürcher und Furrer, Zürich 1860).

Diese «klinisch-pathologischen» Vorträge hatten nicht nur grossen Einfluss auf die weitere Entwicklung der Humanmedizin im 18. und 19. Jahrhundert, sondern auch auf die Veterinärmedizin, insbesondere in den im Entstehen begriffenen Tierarzneischulen. Auch tierische Patienten wurden von Klinikern behandelt, und der Erfolg oder Misserfolg der Therapie vom Behandelnden später über die Sektion überprüft. Das Medizinisch-chirurgische Institut in Zürich (1782–1833), Vorläufer der Medizinischen Fakultät der Universität Zürich, verfügte in seiner Sammlung über eine grosse Zahl von Tierskeletten, die nach der Gründung der Universität Zürich im Jahr 1833 an die Medizinische Fakultät übergingen und in die Sammlung für vergleichende Anatomie integriert wurden (Leisibach, 1982).

Aus dem 16. und 17. Jahrhundert liegen nur wenige wissenschaftliche Beschreibungen der Anatomie und Pathologie landwirtschaftlicher Nutztiere vor. Aus einem Briefwechsel zwischen von Muralt und Johan Conrad Peyer[12] vom Mai 1678 geht jedoch hervor, dass Peyer sich mit der

11 Denkschrift der medizinisch-chirurgischen Gesellschaft des Kantons Zürich zur Feier des fünfzigsten Stiftungstages den 7. Mai 1860. Zürcher und Furrer, Zürich 1860.

12 Johann Conrad Peyer (1653–1712), Vertreter der Schaffhauser Ärzteschule um Johann Jacob Wepfer (1620–1695), beschäftigte sich intensiv mit der

Untersuchung von Wiederkäuern und dem Wiederkäuen befasste. Im Jahr 1685 veröffentlichte er die Ergebnisse seiner Studien in einem umfangreichen Werk mit dem Titel *Merycologia,* das sich mit der vergleichenden Anatomie und Physiologie dieser Tiere befasst und für viele Jahrzehnte das Standardwerk zu diesem Thema blieb.[13]

Auch Claude Bourgelat[14] (1712–1779) weist im Vorwort eines ins Deutsche übersetzten Lehrbuchs der Arzneikunde (1766) auf die Bedeutung der Zergliederung von Tierkörpern bei der Ausbildung von Tierärzten hin.[15]

Die Erkenntnis, dass man Mikroskope für die Erkennung struktureller Veränderungen in Geweben gewinnbringend einsetzen kann, entwickelte sich im späten 18. Jahrhundert, nachdem durch technische Fortschritte die optischen Eigenschaften der Mikroskope deutlich verbessert wurden.

Durch diese neuen Erkenntnisse entwickelte sich die «Zellenlehre». Den Begriff «Zelle» prägte Robert Hooke (1635–1703) bei der mikroskopischen Untersuchung von pflanzlichem Material wie Kork, Farn und Sonnentau bereits 1665. Im Jahr 1694 wurden diese Untersuchungen unter dem Titel *Micrographia* (Abb. 7B) mit Druckerlaubnis der Royal Society veröffentlicht.[16] Doch erst die strukturell-mikroskopische Beurteilung von Pflanzen durch Mathias Jacob Schleiden (1804–1881) führte 1838 zur Formulierung der Zelltheorie, die Theodor Schwann (1810–1882) 1839 auf Tiere

menschlichen Anatomie und beschrieb 1677 erstmals die nach ihm benannten Peyer'schen Platten im Dünndarm.

13 Vgl. http://www.stadtarchiv-schaffhausen.ch/fileadmin/Redaktoren/Dokumente/Peyer_Johann_Conrad2.pdf (4. 4. 2016).

14 Claude Bourgelat war Autor verschiedener Bücher zur Hippologie und 1761 Gründer der weltweit ersten veterinärmedizinischen Schule in Lyon. Vgl. https://de.wikipedia.org/wiki/Claude_Bourgelat (4. 4. 2016).

15 «Die Zergliederung der Thiere, oder die vergleichende Anatomie z. E. hat ihnen [den Lehrlingen] nicht anders können begreiflich gemacht werden, als wenn man ihnen eine Sache unter einer Menge Gesichtspunkte gezeiget hat. Wir sind indessen doch endlich so glücklich gewesen, es dahin zu bringen, ihnen selbige auf eine so verständliche und fassbare Weise vor Augen zu legen, dass sie sich numehro im Zergliedern nach unsern blossen Beschreibungen richten können; ja viele unter ihnen werden dadurch, dass sie mit so leichter Mühe die Theile selbst entdecken können, so angelockt, dass sie sich einer Wissenschaft, welche für uns der Grund von allem ist, mit einer rechten Hitze ergeben.»

16 Vgl. https://de.wikipedia.org/wiki/Robert_Hooke#cite_note-21 (4. 4. 2016).

erweiterte und die zur Grundlage der Histopathologie bei Mensch und Tier wurde (Heitz, 2006). Bereits 1840 erschien das von Friedrich Andreas Gerber (1797–1872) herausgegebene *Handbuch der allgemeinen Anatomie des Menschen und der Hausthiere* in erster Auflage, das wie viele zuvor erschienenen Werke zur Anatomie ausgezeichnete Darstellungen der Makroanatomie aufweist. Daneben – und das zeichnet dieses Werk speziell aus – beinhaltet es mehr als 200 Gewebedarstellungen, zum Teil Lithografien mikroskopischer Bilder. Gerber hatte sie zuerst mit einer von ihm entwickelten, der Daguerreotypie vergleichbaren Methode hergestellt (Häsler, 2013a).[17] Es bleibt unklar, ob dazu zuvor Gewebeschnitte hergestellt oder – wie um diese Zeit üblich – Nativpräparate, Ausstriche oder Zupfpräparate beurteilt wurden (Abb. 8A–B). Nach der Bekanntmachung der Erfindung der Daguerreotypie im Jahr 1839 meldete Gerber seine Prioritätsansprüche an. Am 25. Mai 1839 wurden diese sogar im *New-York Mirror* publiziert.[18]

Verbesserungen der Präparationstechniken für Gewebe – die erste Herstellung von Gewebeschnitten an chemisch gehärteten Geweben unter Verwendung eines Handmikrotoms – ermöglichten einen konsequenten Einsatz der Mikroskopie in der Pathologie (Dhom, 2001; Gerlach, 2009). Von gefrorenem Gewebe wurden Schnitte unter Verwendung von Gefriermikrotomen hergestellt; eine Methode, die 1825 durch Jean Raspail (1794–1878) in der Botanik eingeführt wurde und ab 1864 von Julius Cohnheim (1839–1884; Gerlach, 2009) für menschliche und tierische Gewebe angewandt wurde.

Von den verschiedenen Medien, die zur Einbettung von Geweben versuchsweise eingesetzt wurden, hat sich schliesslich Paraffin bewährt und bis heute durchgesetzt. Erste Versuche mit Paraffin erfolgten durch den Wiener Botaniker Eduard Fenzl (1808–1879), ehe Edwin Klebs (1834–1913) aus Bern das Verfahren 1869 als «Einschmelzungs-Methode» publizierte.

17 Gerber schreibt dazu: «[...] dass keine Künstlerhand die natürliche Zartheit dieser Gegenstände wiedergeben könne, was nur die im Jahre 1836 von mir erfundene Kunst, welche Abbildungen von microscopischen Gegenständen durch das Sonnenmicroscop, mittels der zarten Hand der Natur selbst – gleichsam durch einen blossen Lichthauch herzaubert.» Vgl. Häsler, 2013a.

18 New-York Mirror, 25. 5. 1839, S. 377–384.

Neben den wissenschaftlichen und vergleichend anatomischen Erkenntnissen über Tiere entwickelten sich praktische Kenntnisse über strukturell morphologische Veränderungen an Tierkörpern schon früh auch bei Metzgern und Abdeckern (Wasenmeister). Eine Kontrolle von Schlachttieren und Fleisch für den menschlichen Verzehr wird seit Jahrtausenden durchgeführt und resultierte unter anderem in Speisevorschriften verschiedener Religionen, wie zum Beispiel denjenigen, die im Pentateuch und Talmud oder im Koran fixiert sind. Inwieweit dafür allein Aspekte der Gesundheit von Verbrauchern oder von Tieren und nicht auch andere Gründe verantwortlich waren, ist nicht klar (Bühler, 1906). Später – etwa ab der Mitte des 8. Jahrhunderts mit der Einführung der Sittengerichte durch die christliche Kirche – verbot man den Genuss von Fleisch kranker oder gestorbener Tiere, was jedoch in Zeiten von Nahrungsmangel aus Not nicht immer beachtet wurde (Bühler, 1906).

Im Mittelalter, zirka ab dem 13. Jahrhundert, bildeten Metzger wie verschiedene andere Berufsgruppen im deutschsprachigen Raum Zünfte oder Gilden (von den Driesch und Peters, 2003). An der Zürcher Zunftversammlung vom 16. Juli 1336 wurden die Viehhändler und Metzger in der Metzgerzunft (Zunft zum Widder)[19] zusammengefasst und gleichzeitig die Rechte und Pflichten der Zünfter geregelt. Viehhändler und Metzger hatten allerdings schon Jahrzehnte vorher in der städtischen Metzg beim Zürcher Rathaus zusammengearbeitet (Abb. 9). Die Pflichten der Qualitätskontrolle übernahmen sehr erfahrene Zunftmitglieder, meist die Zunftmeister, bei der Beurteilung des Schlachtviehs (Lebendbeschau) und des Schlachtproduktes, des Lebensmittels Fleisch. Die Qualitätsstandards wurden in Erlassen festgeschrieben. Anlass zu Beanstandungen gab vor allem Fleisch von «räudigen» und «blättrigen» (Pocken) Tieren, insbesondere Schafen. Häufig wurde «finniges» Fleisch beanstandet, worunter man Schweinefleisch mit einer lokalisierten Umfangsvermehrung, zum Beispiel durch Tuberkulose, Tumoren oder andere entzündliche Veränderungen, verstand.

Beanstandetes Fleisch wurde nicht entsorgt, sondern zu deutlich niedrigeren Preisen an der sogenannten Freibank verkauft (Bühler, 1906; von

19 Vgl. https://www.zunft-widder.ch/zunft-geschichte.html (4. 4. 2016).

den Driesch und Peters, 2003). Ein Ende fanden die verbrieften Rechte der Metzger erst Mitte der 1850er-Jahre.[20]

Das Erkennen von Organveränderungen bei Schlachttieren erbrachte einen praktischen Fortschritt für die Veterinärpathologie, der sich in den im Kanton Zürich erstmals 1732 erlassenen Vorschriften über die Verwendung von geschlachteten beziehungsweise «umgestandenen» Tieren zeigt.[21] Diese Vorschriften wurden in der Folgezeit allerdings nur unvollständig befolgt und daher 1755 und in den folgenden Jahrzehnten regelmässig verschärft (Bühler, 1906).

«Umgestandene», totgeborene, notgeschlachtete Tiere oder «verseuchte Viehstücke», die nicht in den Verkehr gebracht werden durften, mussten zur Beseitigung auf einem besonderen Wagen zum Wasenplatz gefahren werden. Dem Tier musste für den Transport mit einem Tuch das Maul verbunden werden (Bühler, 1906). Als Wasenplätze waren nur solche Orte erlaubt, «dahin niemals kein gesundes Vieh kommt, und kein Wasser nahe bey durchlauft». Vorgeschrieben war im Kanton Zürich, eine mindestens 4 Ellen (rund 2,4 Meter) tiefe Grube. Der Tierkörper war mit ungelöschtem Kalk oder Asche zu bestreuen und mit einem grossen Haufen Erde zu bedecken (Bühler, 1906).[22]

Der Wasenplatz beziehungsweise die Abdeckerei der Stadt Zürich befand sich von 1689 bis 1834 auf dem Gelände des heutigen Freibads Letzigraben im Grenzgebiet von Altstetten, Albisrieden und Wiedikon. Bei Ausgrabungen konnten dort Überreste von Pferden und einem Hund aufgefunden werden (Kelly, 1911).[23]

Der Arbeitsablauf in einer Abdeckerei lässt sich wie folgt rekonstruieren und gliederte sich folgendermassen (Bühler, 1906):

20 Ebd.

21 Dort heisst es unter anderem: «Von dem wirklich angesteckten Vieh (Zungenkrebs = Maul- und Klauenseuche) solle die Milch weggeschüttet, und gar nicht gebraucht werden; zumahlen sich niemand unterstehe, das Fleisch von dergleichen Vieh zu essen, oder zu verkaufen.» Vgl. Bühler, 1906.

22 Vgl. http://www.hls-dhs-dss.ch/textes/d/D26226.php (6. 12. 2016).

23 Vgl. https://www.stadt-zuerich.ch/hbd/de/index/archaeologie_denkmalpflege_u_baugeschichte/publikationen/online-publikationen/2006_deschler-erb_stopp_letzigrabentierskelette.html (4. 4. 2016).

1. Tötung des Tieres entweder durch Schlag auf den Kopf oder einen Herzstich, wenn es nicht bereits eines natürlichen Todes gestorben war;
2. Abziehen der Haut, um sie den Gerbern zu verkaufen; der Erlös entsprach einem Grossteil des Einkommens der Abdecker;
3. Zerlegung des Tierkörpers;
4. Deponierung der Tierkörperteile.

Die bei der Ausgrabung des Zürcher Wasenplatzes vorgefundenen Skelettreste weisen Spuren einer fachgerechten Zerteilung der Tierkörper auf, was zeigt, dass die Abdecker ihr Handwerk beherrschten und über vertiefte praktische Kenntnisse der Tieranatomie und auch Tierpathologie verfügten (Bühler, 1906). Aufzeichnungen mit Einzelheiten darüber liegen nicht vor.

Obwohl die Wasenmeister anhand der auftretenden Organbefunde durchaus über Kenntnisse zur Erkennung von Tierkrankheiten verfügten und diese zur Behandlung von erkrankten lebenden Tieren in illegaler Weise auch nutzten (Storck, 1977), wurde damit kein wesentlicher Fortschritt für die Veterinärpathologie erreicht.

Ab 1834 erfolgte im Kanton Zürich durch das «Gesetz betreffend die Beseitigung todter Tiere mit Aufhebung der Wasenmeisterstelle» die Aufhebung des Wasenmeisteramts als Zweig des öffentlichen Gesundheitswesens. Die Entsorgung von Tierkörpern wurde neu den Gemeinden übertragen, die in der Folge viele einzelne Wasenplätze einrichteten (Kelly, 1911). Ab 1898 verfügte die Stadt Zürich über eine professionelle, öffentliche Kadaververwertung, weshalb die Wasenplätze in den Gemeinden des Kantons Zürich aufgelöst wurden (Kelly, 1911).[24]

24 Vgl. http://www.hls-dhs-dss.ch/textes/d/D7862.php (4. 4. 2016).

2. Die ersten Jahrzehnte der Tierarzneischule

Zusammenfassung

Um tote Tiere zum Reden zu bringen, müssen zwei wesentliche Vorbedingungen erfüllt sein. Zum einen ist dazu eine entsprechende Infrastruktur notwendig, wie sie zum Beispiel eine Tierarzneischule bietet, zum anderen braucht es entsprechend ausgebildete Spezialisten. Beides konnte an der tierärztlichen Lehranstalt (Tierarzneischule) in Zürich im 19. Jahrhundert Schritt für Schritt verwirklicht werden.

Die Entwicklung der Schule lässt sich nach Zschokke (1920) in drei wesentliche Abschnitte gliedern: nach der Gründung 1820 folgte eine 14 Jahre dauernde Phase als Provisorium, danach war die Schule in einer zweiten Phase ab 1834 ein regulärer Teil des Zürcher Bildungswesens und schliesslich ab 1902 in einer dritten Phase Teil der Universität Zürich.

Vorgeschichte

«Mit der Bildung der Tierärzte war es zu Anfang dieses Jahrhunderts [19. Jahrhundert] übel bestellt», bemerkte der kantonale Erziehungssekretär Johann Emmanuel Grob (1834–1909)[25] im Jahr 1889 im Rückblick auf die Zeit vor der Gründung der Tierarzneischule in Zürich (Grob, 1889). Zu dieser Zeit übten im Kanton Zürich Hufschmiede, Hirten, Metzger, Laienpersonen und Wasenmeister die Tierheilkunde aus. In der *Neuen Zürcher Zeitung* vom 10. Oktober 1806 war zum Beispiel ein Artikel über eine «Regierungs-Verordnung des Kantons St. Gallen» über Kurpfuscher zu lesen, der die Situation auch für andere Kantone

25 Johann Emanuel Grob: 1866–1869 Studium der Theologie, Ordination und Pfarrtätigkeit, 1882–1901 Regierungsrat (Erziehungsdirektion, Sanitätsdirektion, Direktion des Innern).

beispielhaft schildert: «[...] verschärfte Massnahmen gegen den durch Afterärzte [Quacksalber] auf Schleichwegen fortgeschriebenen Unfug; einer derselben hatte seine Zunft in einem [...] Befundschein, durch eine charakteristische Unterschrift bezeichnet: Doktor des Viehs wie auch der Menschen.»

Mit den Worten, es wären «die mörderischen Hände unwissender Charletans zu binden, prahlerische Landstreicher und Pfuscher aus dem Land zu verscheuchen», prangerte Johann Heinrich Rahn (1749–1812)[26] in ähnlicher Weise die mangelhafte Qualität der Ausbildung von Ärzten in Zürich an und forderte deren Verbesserung. Er bezog sich hierbei auf die Zeit vor der 1783 erfolgten Gründung des Medizinisch-chirurgischen Instituts, einer Schule zur Ausbildung von Ärzten, die von der Regierung unterstützt wurde und als Vorläufer der 1833 gegründeten Medizinischen Fakultät der Universität Zürich gilt (Leisibach, 1982).

Die tierärztliche Tätigkeit im Kanton Zürich war ab 1754 durch das «Gesetz betreffend das Medizinalwesen» geregelt, das für «Menschen-» und Tierärzte ein Patent vorschrieb, das ab 1668 im Anschluss an eine erfolgreiche Prüfung vom Zürcher Sanitätsrat[27] erteilt wurde, einem Gremium, das aufgrund der Erfahrungen einer Pestepidemie gegründet worden

26 Johann Heinrich Rahn war einer der Mitbegründer und Lehrer des Medizinisch-chirurgischen Instituts in Zürich.

27 Von 1668 bis zum Ende der Helvetik (1803) bestand im Kanton Zürich ein Sanitätsrat, der von der Regierung eingesetzt wurde. Die Behörde bestand aus Mitgliedern des Kleinen und des Grossen Rats sowie Medizinern, die nur in Zeiten drohender Seuchen zur Bekämpfung und Verhütung ansteckender Krankheiten bei Mensch und Tier tätig wurde. Nachdem im Laufe des 18. Jahrhunderts sich Seuchenfälle jedoch gehäuft hatten, trat der Sanitätsrat regelmässig zusammen. Mit der Mediationsverfassung von 1803 wurde der Sanitätsrat durch das Sanitätskollegium ersetzt. Mitglieder waren weiterhin Ratsmitglieder und Ärzte, in Veterinärangelegenheiten wurde seit 1791 der Obervieharzt beigezogen. Erster Obervieharzt war Heinrich Freudweiler (1769–1836), der um 1785 an der Ecole vétérinaire royal in Lyon studiert hatte. Vgl. Häsler, 2014. – Dieses Gremium hatte die Oberaufsicht über alles, was die Gesundheit von Mensch und Tier betraf. Die Oberaufsicht über das Veterinärwesen beinhaltete Folgendes: Seuchenpolizei, Prüfung, Patentierung der Tierärzte und fachliche Aufsicht über diese. Nicht examinierten und nicht patentierten Personen wurde durch das Sanitätskollegium das «Vieharznen» untersagt. Ab 1817 erhielt der Obervieharzt einen Adjunkten, der im Nebenamt eine tierärztliche Praxis betreiben durfte. Diesen beiden Fachleuten vertraute das Kollegium auch die Weiterbildung der Tierärzte an. Vgl. Kelly, 1911.

war (Abb. 10; Baumgartner-Oehen, 2015). Daneben praktizierten bis zur Gründung der Tierarzneischule – und auch noch danach – staatlich anerkannte Tierärzte, die nach einer Lehre bei einem anerkannten praktischen Tierarzt vom kantonalen Sanitätsrat beziehungsweise -kollegium aufgrund einer Prüfung das Recht zur Ausübung einer tierärztlichen Praxis und zum Führen des Titels Tierarzt erhielten (Kleiner, 2008; Storck, 1977). Ab 1776 erhöhte man die Anforderungen an die Ausbildung, indem die notwendige Lehrzeit auf zwei Jahre verlängert wurde. Alternativ konnte in der Zeit vor und nach der Gründung der Tierarzneischule in Zürich eine Ausbildung anerkannt werden, die an einer der bereits zahlreichen im Ausland existierenden Tierarzneischulen erfolgte war.[28] Zum Beispiel berichtet die *Neue Zürcher Zeitung* am 10. April 1824 Folgendes: «Dem schweizerischen Geschäftsträger in Paris[29] sind von dem Staatsrathe und Direktor der Stutereyen und der Landwirthschaft, Vicomte de Castelbajac, Abdrucke des Verbalprozesses[30] der jüngsten Preisvertheilung bey der Thierazneyschule in Lyon mitgetheilt worden, zu Handen der Familien von drey in dieser Anstalt studierenden Schweizer-Jünglingen, welche Prämien erhalten haben.»[31] Einer dieser drei Absolventen war der Winterthurer Abraham Pfau (1802–1865), der nach seinem Studium in seiner Heimatstadt eine Praxis betrieb und später einen Fallbericht einer Eibenvergiftung von zwei Pferden mit

28 Vor der Gründung der Zürcher Tierarzneischule gab es in Europa die folgenden Ausbildungsstätten für Tierärzte: Lyon seit 1762, Alfort seit 1766, Limoges seit 1766, Wien seit 1767, Turin seit 1769, Göttingen seit 1771, Kopenhagen seit 1773, Padua seit 1774, Dresden seit 1774, Skara seit 1775, Giessen seit 1777, Hannover seit 1778, Freiburg i. Br. seit 1783, Bologna seit 1784, Karlsruhe seit 1784, Turku seit 1786, Ferrara seit 1786, Budapest seit 1787, Marburg seit 1789, Berlin seit 1790, München seit 1790, Mailand seit 1791, London seit 1791, Würzburg seit 1791, Modena seit 1791, Madrid seit 1792, Neapel seit 1798, Charkow seit 1805, Bern seit 1806, Wilna seit 1806, St. Petersburg seit 1807, Schwerin seit 1812, Parma seit 1815, Jena seit 1816. Vgl. von den Driesch und Peters, 2003.

29 Nikolaus Georg Karl Joseph von Tschann (1777–1847), 1805–1814 Legationssekretär in Paris, 1814–1847 schweizerischer Geschäftsträger in Paris. Vgl. http://www.hls-dhs-dss.ch/textes/d/D13449.php (24. 4. 2016).

30 Procès-verbal de la séance publique annuelle tenue á l'école royale d'économie rurale et vétérinaire de Lyon, le 27 oct. 1823, pour la distribution des diplômes et des prix aux élèves. Imprimerie de Mad. Huzard. Janvier 1824, S. 8.

31 Staatsarchiv des Kantons Zürich (StAZH), MM 1.87, RRB 1824/0287, Beschluss des Regierungsrats des Kantons Zürich vom 3. 4. 1824.

Sektionsbefunden publizierte (Pfau, 1831; Sackmann, 2010). Pfau, offenbar ein gut ausgebildeter Tierarzt, wurde im Jahr 1828 als einer von wenigen Tierärzten Mitglied der Medizinisch-chirurgischen Gesellschaft des Kantons Zürich.[32]

Skeptisch beschreibt Zschokke (1920) in einem Rückblick auf 100 Jahre Tierarzneischule die ausländischen Institute: «Aber was bedeutet eine solche Ausbildung! Die Lehrzeit macht mit einigen Krankheitsnamen und 20–30 Heilkräutlein bekannt, und von den Lehranstalten wurden diejenigen mit kürzester Kursdauer besucht, wie Karlsruhe,[33] wo das Studium ein Semester dauerte, oder Freiburg i. B. mit zwei Semestern. Daneben florierte das Pfuschertum.»

Gründung

Die Initiative zur Gründung der Tierarzneischule in Zürich ergriff der Arzt Dr. Johann Jakob Römer (1763–1819) (Abb. 11).[34] Als Aktuar des kantonalzürcherischen Sanitätsrats beziehungsweise -kollegiums hatte er

32 Denkschrift der Medizinisch-chirurgischen Gesellschaft des Kantons Zürich zur Feier des fünfzigsten Stiftungstages den 7. Mai 1860. Zürcher und Furrer, Zürich 1860.

33 Die Tierarzneischule in Karlsruhe passte 1844 die Ausbildung an, modernisierte den Inhalt und dehnte die Dauer des Unterrichts auf sechs Semester aus. Studiengebühren für in- und ausländische Studierende wurden nicht erhoben. Vgl. Neue Zürcher Zeitung, 31. 10. 1844.

34 Johann Jacob Römer absolvierte nach einer kaufmännischen Lehre in Bergamo ab 1784 die medizinische Ausbildung am Medizinisch-chirurgischen Institut in Zürich und promovierte 1786 in Göttingen. Neben seiner ärztlichen Praxis hielt er 1787–1798 Vorlesungen über Botanik und «Pathologia generalis» am Medizinisch-chirurgischen Institut in Zürich. Ab 1797 amtete er als Professor für Botanik und Direktor des Botanischen Gartens «zur Katz». Vgl. dazu: Fankhauser und Hörning, 1987; Heitz, 2006; Storck, 1977; Leisibach; 1982. – Gemeinsam mit anderen Zürcher Ärzten war er 1788 an der Gründung der «Helvetischen Gesellschaft correspondierender Ärzte und Wundärzte» beteiligt, die sich jedoch im Verlauf der politischen Umwälzungen in der Schweiz 1798 wieder auflöste. Ab 1810 war Römer Mitglied im «Comite» der Medizinisch-chirurgischen Gesellschaft des Kantons Zürich. Er verfasste mehrere *Neujahrsblätter* der Naturforschenden Gesellschaft in Zürich, der ältesten Vereinigung von Naturforschern in der Schweiz, deren Mitglied er war; unter anderem *Schweizer Käfer und Schmetterlinge* (1809), *Insekten und Spinnen der Südschweiz* (1812), *Schweizer Schmetterlinge und Käfer* (1813) und *Conrad Gessner* (1819). Vgl. Guyer, 1974. –

unter anderem die Aufgabe, Tierseuchen auf dem Land zu überwachen und zu bekämpfen. Im Verlauf dieser Tätigkeiten in den letzten Jahrzehnten des 18. und dem ersten Jahrzehnt des 19. Jahrhunderts konnte er grosse Erfahrung sammeln und sich auch bei schwer zu diagnostizierenden Infektionskrankheiten, wie zum Beispiel der Lungenseuche des Rindes, Expertenwissen erarbeiten.[35] Er erkannte dabei den Mangel an gut ausgebildeten Tierärzten (Biografie J. J. Römer, 1987). Wirth (1829c) und Meyer (1863) berichten später über ein Beispiel von Römers Arbeit wie folgt: «Da die Sanitätsbehörden des Königreichs Württemberg eine von den Kantonen Zürich und Thurgau verordnete Viehhandelssperre wegen eines Ausbruches von Lungenseuche der Rinder auf ihrem Territorium nicht zu akzeptieren bereit waren und die ‹Contagiosität› der Erkrankung in Abrede stellten, sandten die Zürcher Behörden Dr. Römer im Februar 1807 in offizieller Mission dorthin, um die dort aufgetretenen Fälle zu untersuchen. Der ihm beigeordnete Obertierarzt Walz aus Stuttgart lehnte die Ansicht, dass es sich bei der Lungenseuche um eine übertragbare Erkrankung handle, vollständig ab.» Da sich Römer und Walz nicht einigen konnten, blieb die Handelssperre bestehen (Meyer, 1863). Erst am 5. Mai 1807 beschloss der Kleine Rat des Kantons Zürich:[36] «Auf den, von dem Sanitätscollegio eingesandten Missionsbericht des Herrn Doctor Römer, wird die allgemeine Viehsperre [wegen des Auftretens der Lungenseuche des Rindes] gegen die Würtembergischen Gegenden ab 15ten des Monats auf wenige Örter [Hüfingen, Schwennin-

Römer publizierte zu verschiedenen Themen, zum Beispiel über Botanik, Insekten, Präparation von Tieren usw. Vgl. Fankhauser und Hörning, 1987.

35 Mit Beschluss vom 10. Januar 1818 bewilligt der Zürcher Kleine Rat eine Erhöhung des Gehalts «des Herrn Doctor Römer, als Actuar des Sanitäts-Collegii» von bisher jährlich 320 auf 480 Franken und bewilligt eine «Gratification» für die verflossenen Jahre von 320 Franken. Dies wurde damit begründet, «dass die Geschäfte des Sanitäts-Collegii in den letzten 12 Jahren sich würklich sehr beträchtlich vermehrt, und der gegenwärtige Herr Actuar sich besonders auch in Beziehung auf die Veterinair-Angelegenheiten durch seine vorzüglichen Kenntnisse in diesem Fach, vorzügliche Verdienste erworben habe». StAZH, MM 1.65, RRB 1818/0034.

36 Der Kleine Rat geht auf die städtische Ratsverfassung aus dem 14. Jahrhundert zurück. Nachdem dieses Gremium im Verlauf der Helvetischen Revolution 1798 abgeschafft worden war, wurde es 1803 wieder etabliert und übte bis 1831 die Funktion einer Kantonsregierung aus. Vgl. http://www.hls-dhs-dss.ch/textes/d/D10236.php (22. 5. 2016).

gen, Hausen ob Verena, Neuhausen ob Egg] eingeschränkt. Dem Sanitätscollegio sowohl wird sein sorgfältiger Antrag als dem Herrn Doctor Römer der erstattete ausführliche Bericht über den auf seiner Sendung beobachteten Sanitätszustand in jenen ennetrheinischen Gegenden, obrigkeitlich verdankt.»[37]

Basierend auf seinen Erfahrungen auf dem Gebiet der Veterinärmedizin unterbreitete Römer dem Sanitätskollegium am 7. Dezember 1818 die Schrift *Für junge Tierärzte des Kantons Zürich,* in der er die Etablierung einer Tierarzneischule in Zürich vorschlug. Der Kleine Rat des Kantons Zürich beschloss am 24. November 1819, diese Petition unter anderem mit folgender Begründung anzunehmen: «Die traurigen Erfahrungen bei den Prüfungen [der Tierarztkandidaten] führt uns dazu, damit sie [die Tierärzte] nach den Regeln der Vernunft und Erfahrung und ohne Vorurteil und Aberglaube handeln.» Am 25. Januar 1820 erliess der Kleine Rat die «Verordnung einer Unterrichtsanstalt für junge Leute, welche sich der Thierheilkunde widmen wollen» (Zschokke, 1920; Höfliger, 1963), welche die Errichtung einer Schule mit einer Probezeit von drei Jahren ermöglichte. Römer verstarb 1819 im Alter von 55 Jahren. Er erlebte die Realisierung des von ihm geplanten Projekts, die Eröffnung der Tierarzneischule am 16. Februar 1820, nicht mehr.

Die Verordnung des Kleinen Rats zur Gründung der Unterrichtsanstalt enthält im Absatz 7 ein detailliertes Ausbildungsprogramm, das wie folgt zusammengesetzt war:

«Der Unterricht begreift in sich folgende Fächer der Thierheilkunde:
a) Die Lehre von der äussern Bildung und Beschaffenheit der Thiere,
b) Thierzergliederungskunde, –
c) Physiologie, –
d) Gesundheits-Erhaltungskunde, –
e) Allgemeine Krankheitslehre, –
f) Semiotik (Symptomatologie), –
g) Allgemeine Heilkunde, –
h) Arzneymittellehre, –
i) Chirurgie, –

37 StAZH, MM 1.22, RRB 1807/0579, Missionsbericht des Herrn Doctor Römer.

j) Geburtshülfe, –

k) Besondere Krankheitslehre und Heilkunde, mit vorzüglicher Rücksicht auf Seuchen und gerichtliche Thierheilkunde.»

Die Absätze 8–10 beschreiben einen Stundenplan und bestimmen die Verteilung der Lehrveranstaltungen auf das Winter- und das Sommersemester.
Warum wurde eine Tierarzneischule gerade zu dieser Zeit gegründet? Zur Beantwortung dieser Frage ist ein kurzer Blick auf die damals in der Schweiz herrschenden Verhältnisse angezeigt. Im 18. Jahrhundert setzten sich Schritt für Schritt die Ideen der Aufklärung durch. Unter anderem erfolgten in der zweiten Hälfte des 18. Jahrhunderts Reformen der Landwirtschaft – zum Beispiel durch den Zürcher Bauern Jakob Gujer.[38] Der Kleinjogg genannte Musterbauer propagierte nach Erfahrungen auf seinem eigenen Betrieb die Stallhaltung für Nutztiere im Gegensatz zur bisher vorherrschenden Weidehaltung, um damit Mist und Gülle besser zu sammeln und gezielt als Dünger auf die Felder auszubringen. Damit konnten die Böden verbessert werden, was eine Steigerung der landwirtschaftlichen Erträge ermöglichte (Schmid, 2016). Die intensivere Betreuung der Nutztiere im Stall führte einerseits zu deren zahlenmässiger Zunahme, was sich wie die höheren Erträge der Felder positiv auf die Ernährungslage auswirkte und ein Bevölkerungswachstum auslöste. Diese Massnahmen linderten die Hungersnot der Jahre 1770/71, und es konnten die rund 160 000 Einwohner des Kantons Zürich, von denen circa 30 Prozent in der Textilindustrie tätig waren, besser ernährt werden (Wehrli-Keyser, 1932). Damit stieg allerdings die Nachfrage nach einer intensivieren tierärztlichen Betreuung der landwirtschaftlichen Nutztiere, was zu einem höheren Bedarf an Viehärzten führte.
In der gleichen Zeit blühten die Wissenschaften in Zürich auf. 1746 entstand zum Beispiel die Physikalische Gesellschaft, die sich später in Naturforschende Gesellschaft (Rübel, 1947) umbenannte. Auch das Medizinisch-chirurgische Institut nahm im Jahr 1782 seine Tätigkeit auf

38 Jakob Gujer (1716–1786) trat für eine Rationalisierung der bäuerlichen Arbeit ein, mit der eine Intensivierung der Produktion erreicht werden konnte. Er verbesserte die Düngung und erkannte darüber hinaus die Bedeutung der Kartoffel als Volksnahrungsmittel.

mit dem das Ziel, einerseits den bisher handwerklich ausgebildeten Barbierchirurgen eine zusätzliche theoretisch-klinische Qualifikation zu bieten, andererseits angehenden einheimischen Ärzten eine Ausbildung ohne ein mit erheblichen Kosten verbundenes auswärtiges Studium zu ermöglichen. Die Qualität der medizinischen Ausbildung sollte verbessert und die Zahl der Absolventen erhöht werden, um den steigenden Bedarf an Ärzten für die wachsende Bevölkerung decken zu können (Leisibach, 1982). Die Dozierenden wurden zum grossen Teil aus dem Kreis der Mitglieder der Naturforschenden Gesellschaft rekrutiert (Rübel, 1947). Johann Jacob Römer stellte sich vermutlich eine vergleichbare Institution für die Veterinärmedizin vor, insbesondere da in Bern im Rahmen der Gründung der Bernischen Akademie bereits 1806 eine Tierarzneischule gegründet worden war.

Zu dieser Zeit ermöglichte die politische Situation der Schweiz die Existenz einer zentralen gesamtschweizerischen Ausbildungsstätte für Tierärzte nicht. Die alte Eidgenossenschaft, zusammengesetzt aus 13 vollberechtigten Orten, die über verschiedene Bündnisse und die Tagsatzung miteinander verbunden waren, bestand bis ins Jahr 1798, als dieses System unter dem Einfluss der Französischen Revolution und infolge des Einmarsches französischer Truppen im Februar/März 1798 zusammenbrach. Auf Druck Frankreichs entstand die nach französischem Vorbild aufgebaute, zentralistische Helvetische Republik.

Dem Ministerium des Innern, dem das Gesundheitswesen unterstellt war, gelang es aufgrund der politischen und militärischen Wirren im Land nicht, ein effizientes Vorgehen für die Bekämpfung von Tierseuchen aufzubauen, obwohl inzwischen die Einsicht gewachsen war, dass für eine Gesundheitsversorgung der Nutztiere und Pferde gut ausgebildete Tierärzte nötig seien (Häsler, 2014).

Durch die Mediationsakte vom 19. Februar 1803 erhielten die Kantone ihre Souveränität wieder zurück, die meisten machten sich ans Werk und verbesserten unter anderem die Organisation des Gesundheitswesens.

In der Schweiz – wie auch in benachbarten Ländern – hatten die Tierseuchen, die insbesondere im 18. und Anfang 19. Jahrhundert häufig und verlustreich in mehr oder weniger regelmässigen Abständen wüteten, ebenfalls einen wesentlichen Einfluss auf die Entstehung von Tierarzneischulen.

Tierseuchen

Die Geschichte des Auftretens von Viehseuchen in der Schweiz hat Bühlmann (1916) für die Jahre ab 1712 eingehend recherchiert und dargestellt. Zuvor werden Viehseuchen mit Bezeichnungen wie zum Beispiel Rinderpest, Lungensucht oder Gebresten beschrieben, aber nicht genau voneinander unterschieden.[39] Zwischen 1712 und 1820 waren in der Schweiz Tierseuchen bei landwirtschaftlichen Nutztieren beinahe allgegenwärtig und führten zu grossen wirtschaftlichen Verlusten. In dieser Zeitspanne trat nur während 18 Jahren keine Tierseuche auf (Tab. 1; Bühlmann, 1916).

Am häufigsten diagnostizierte man im 18. Jahrhundert eine als Lungenseuche des Rindes bezeichnete Erkrankung, über die erstmals zwischen 1709 und 1713 berichtet wird.[40] In den darauffolgenden Jahrzehnten trat sie regelmässig auf (Wirth, 1829a, 1829b, 1829c, 1831a und 1831b). Nur dank verstärkter veterinärpolizeilicher Massnahmen an den Grenzen konnte sie in der Schweiz 1895 endgültig eliminiert werden.[41]

Als weitere Seuche wurde in der Schweiz zwischen 1712 und 1715 die Rinderpest beobachtet (Bühlmann, 1916), wobei diese jedoch nicht immer die gleichen klinischen Symptome aufwies (Wirth, 1822, 1829a, 1829b, 1829c, 1831a und 1831b). Dies führte dazu, dass man diese Erkrankung bis 1890 mit insgesamt 91 verschiedenen Namen bezeichnete (Blancou, 2003). Im Laufe des 18. und 19. Jahrhunderts fielen dieser Krankheit in Europa vermutlich rund 200 Millionen Rinder zum Opfer (Barret und Rossiter, 1999).[42]

Neben dem Rotz beim Pferd wurde der Milzbrand, eine ebenfalls häufige Seuche, beobachtet, über den ab etwa 1712 bei Rind, Schaf, Ziege und

39 Vgl. http://www.hls-dhs-dss.ch/textes/d/D26226.php (4. 4. 2016).

40 Im Kanton Zürich trat die Lungenseuche erstmals im 18. Jahrhundert und zwar in mehreren Wellen auf. Meyer (1863) berichtet, dass nur in den Jahren 1751 und 1757 im Kanton Zürich keine Fälle von Lungenseuche registriert wurden.

41 Vgl. http://www.hls-dhs-dss.ch/textes/d/D26226.php (4. 4. 2016).

42 Die Krankheit ist ab 1994 innerhalb des Global Rinderpest Eradication Programme (GREP) mit einer weltweit koordinierten Kampagne bekämpft und ausgerottet worden. Vgl. https://de.wikipedia.org/wiki/Rinderpest (4. 4. 2016). – Damit ist es nach der Ausrottung der Pocken zum zweiten Mal in der Geschichte gelungen, eine Infektionskrankheit zu tilgen. Vgl. Gilbert, 2009.

Tab. 1: Tierseuchen in der Schweiz im 18. und Anfang 19. Jahrhundert

Jahr	Dauer	Lungen-seuche	Rin-der-pest	Zungen-krebs (MKS)	Milzbrand	Unbekannte Seuchen	Leberegel-seuche	Lungen-fäule	Total
1712–1715	4	x	x		x	x		x	20
1716–1717	2	–	–		–	–		–	0
1718	1				x				1
1719	1					x			1
1720–1722	3					–			0
1723–1729	7				x	x			14
1729–1731	3	x	x		x				9
1731–1738	8	x	x	x					24
1739	1	–	–	–					1
1740–1744	5		x		x				10
1745–1747	3	x	x						6
1748	1	–	–						0
1749	1	x			x				2
1750–1751	2	x							2
1752–1754	3	–							0
1755–1759	5	x			x				10
1760–1762	3	–			–				0
1763–1766	4			x					4
1766–1775	10	x–					20		
1776–1780	5	x				x	x		15
1781–1783	3	–				–	–		0
1784–1788	5	x							25
1788–1796	9	x	x						18
1797–1799	3		x		x				6
1800–1805	6	x	x	x					18
1806–1808	3	–	–	–					0
1809–1820	12			x					12
Total	108	61	51	30	29	17	5	4	197

x: festgestellt
Quelle: Bühlmann, 1916.

Schwein berichtet wurde;[43] beides sind Erkrankungen, die auf den Menschen übertragbar sind.

Die Maul- und Klauenseuche (Wirth, 1822, 1829a, 1829b, 1829c, 1831a und 1831b; Bühlmann, 1916), die abgeschwächt ebenfalls den Menschen befallen kann, trat ab etwa 1730 in Wellen immer wieder auf. In Europa wurde sie erstmals 1514 in Venedig eindeutig beschrieben und als Zungenkrebs bezeichnet. 1587 erreichte sie das eidgenössische Gebiet. Mit den Diagnosen «fliegender Krebs [Geschwür], Überzunge oder Zungenpresten» bezeichnete man sie bei Hornvieh, Schweinen und Pferden. In den 1730er-Jahren wütete der «fliegende Krebs» auch im Kanton Zürich (Scheuchzer, 1732) und flaute erst 1740 ab, trat danach jedoch immer wieder (1763–1766, 1800–1805 und 1809–1820) auf (Bühlmann, 1916).

Einen weiteren Anstoss zur Gründung einer Tierarzneischule in Zürich mögen nicht zuletzt die durch schlechtes Wetter bedingten Missernten der Jahre 1771 und 1772[44] sowie 1815–1819 in der Schweiz und im Speziellen im Kanton Zürich gegeben haben, die eine erhebliche Verknappung der verfügbaren Lebensmittel – bei einem gleichzeitigen Bevölkerungswachstum auf rund 200 000 Menschen (Fritzsche und Lemmenmeier, 1994) – nach sich zogen. Die Missernten verursachten zudem einen Futtermangel bei Nutztieren, die in der Folge vorzeitig geschlachtet werden mussten, was zu einer Verknappung der Lebensmittel tierischen Ursprungs führte und die Hungersnot weiter verschärfte. Ausgelöst wurden die Missernten durch klimatische Veränderungen, 1810–1819 mit dramatisch reduzierten Durchschnittstemperaturen (Gerste, 2015). Der Ausbruch des Vulkans Tambora auf der heute indonesischen Insel Sumbawa im April 1815 hatte einen ungeahnt grossen Einfluss auf das weltweite Klima. Wie man durch retrospektive Auswertung von grönländischen und antarktischen Gletscherbohrkernen herausgefunden hat, breitete sich nach der Eruption eine Gas- und Asche-

43 Sackmann (1994) berichtet über ein seuchenhaftes Auftreten von Milzbrand in der Schweiz in den Jahren 1807 und 1811 sowie in mehreren darauffolgenden Jahren bis etwa 1839.

44 Zur Hungersnot von 1771 vgl. Neue Zürcher Zeitung, 4. 3. 1817, S. a5: «Kleinjogg (Kl.) und der Prophet (Pr.) 1771. Kl.: Kein Verdienst und theures Brot, Arme Leute, grosse Noth, Pr.: Es soll noch ganz anders kommen, Streng ist Gottes Zorn entglommen! Hunger, Pestilenz bricht ein, Krieg und Mord wird allgemein, Meere treten aus den Schranken, Berge stürzen, Hügel wanken [...].»

wolke in einer Höhe von rund 43 Kilometern nahezu über den gesamten Globus aus. Dies führte zu verminderter Sonneneinstrahlung, was eine globale Abkühlung zur Folge hatte (Gerste, 2015; Behringer, 2015). In der Schweiz – wie in anderen Ländern weltweit – wuchsen die Gletscher an, und die Niederschlagsmengen stiegen zum Teil dramatisch an.[45] Das auf den Vulkanausbruch folgende Jahr 1816 ging für Europa und Nordamerika als «Jahr ohne Sommer», das Jahr 1817 als «Jahr des Hungers» in die Geschichtsschreibung ein. Nach einer Periode von Missernten folgte damit insbesondere für Europa und die Schweiz ein absoluter Tiefpunkt bei der Versorgung mit Nahrungsmitteln, was durch eine Verteuerung der wenigen noch verfügbaren Lebensmittel zusätzlich verschärft wurde (Behringer, 2015). Auch Spätfolgen der Napoleonischen Kriege verschärften die Verknappung von Lebensmitteln erheblich. Die Ärzte im Kanton Zürich waren durch die Betreuung der vom Hunger betroffenen Bevölkerung so stark belastet, dass im Jahr 1817 der «Frühlingscongress» der Medizinisch-chirurgischen Gesellschaft mangels Beteiligung ausfallen musste. Das in den folgenden Jahren in Zürich beobachtete «Überhandnehmen der gemütskranken Menschen» und die «Ausbreitung des religiösen Mystizismus» wurden als Folgen der durch die Missernten bedingten Verteuerung der Lebensmittel angesehen.[46] Insgesamt fielen diesen Hungersnöten in Europa rund 90 000 Menschen zum Opfer.[47] Eine grosse Zahl Notleidender wanderte unter schrecklichen Umständen in die USA aus.[48] In Genf kam es zu Unruhen

45 Vgl. Neue Zürcher Zeitung, 30. 7. 1816, S. a1: «Frankfurt, 9. Juli. Seit gestern wird in der Juden-Synagoge um trocknes Wetter gebetet, was in anderthalb Jahrhunderten, während welcher man wohl oft den Himmel um Regen ansprach, nicht geschehen ist.»

46 Denkschrift der medizinisch-chirurgischen Gesellschaft des Kantons Zürich zur Feier des fünfzigsten Stiftungstages den 7. Mai 1860. Zürcher und Furrer, Zürich, 1860.

47 In der Schweiz schneite es in der Folge beinahe monatlich bis auf Höhen unter 900 Meter. Vgl. Neue Luzerner Zeitung, 17. 4. 2010. – Diese Zusammenhänge wurden erst vor wenigen Jahren aufgeklärt. Vgl. dazu: Graf, 2002; Bagattini, 2015; Behringer, 2015.

48 Zu einem Brief, den der Geheime Hofrat Jung in Frankfurt aus Philadelphia betreffend der Auswanderung von Deutschen und Schweizern erhalten hatte, vgl. Neue Zürcher Zeitung, 26. 10. 1816: «[...] ein Schiff brachte 320 Personen nach einer Reise von 105 Tagen nach Amerika [...]. Dreissig Kinder und neun Erwachsene verschmachteten schon auf dem Wege und wurden ins Meer ge-

mit Plünderungen, die man auch als «Erdäpfelkrieg» bezeichnet. Sie konnten nur durch den Einsatz des Militärs beendet werden.[49] Trotz dieser Ereignisse wuchs die Bevölkerung des Kantons Zürich von 180 000 Personen im Jahr 1800 auf 232 000 Personen im Jahr 1830 (Fritzsche und Lemmenmeier, 1994).

Zur Milderung der Not beschloss zum Beispiel der Landammann des Kantons Glarus, eine freiwillige ausserordentliche Sondersteuer zu erheben;[50] und aus dem Ausland trafen Spenden ein.[51] Die grösste im Betrag von 100 000 Rubeln erfolgte durch den russischen Zaren Alexander I., dessen Reich von den wetterbedingten Missernten nicht betroffen war (Behringer, 2015).

Die Hungersnot hatte darüber hinaus weitere Konsequenzen. So gründete zum Beispiel im ebenfalls stark betroffenen Königreich Württemberg König Wilhelm I., der 1816 an die Macht gelangt war und ein im Vergleich zu seinem Vater aufgeklärtes Regime führte, zur Verbesserung der landwirtschaftlichen Produktion und damit zur Milderung der Hungernot 1818 die landwirtschaftliche Unterrichts-, Versuchs- und Musteranstalt in Hohenheim bei Stuttgart, aus der die heutige Universität Hohenheim hervorging (Behringer, 2015).

Im Kanton Zürich hatte die Hungersnot im Jahr 1818 vergleichbare Konsequenzen. Der Zürcher Politiker und Ingenieur Hans Konrad Escher von der Linth (1767–1823)[52] gründete auf Anregung des Zürcher Stadt-

worfen. [...] Jene, die am Leben blieben, stellten ein Bild der Armseligkeit und des Hungers dar, das sich nicht beschreiben lässt.»

49 Neue Zürcher Zeitung, 4. 11. 1817, S. a3.

50 Neue Zürcher Zeitung, 27. 8. 1816, S. a2.

51 Neu Zürcher Zeitung, 15. 8. 1816, S. 1: «Pfarrer Dr. Ebel aus Preussen übersandte dem Ratsschreiber von Appenzell eine Summe von 1760 Gulden Reichswährung und 4 Säcke Reis zur Unterstützung der vielen Nothleidenden zu Appenzell, Hundwil, Urnäsch, Schwellbrunn und Rehtobel.»

52 Zürcher Wissenschaftler, Bauingenieur, Seidenfabrikant, Maler, Kartograf und Politiker. Sein Hauptwerk war die Regulierung der Linth. Nachdem er sich im Rahmen der Helvetischen Gesellschaft bereits in den 1790er-Jahren mit der Not am Walenseee befasst hatte, übernahm er 1804 im Auftrag der Tagsatzung die Leitung des Korrektionsprojekts. Die Bauarbeiten nach Plänen von Tulla begannen 1807 und dauerten bis 1816. Die erfolgreiche Verbesserung der Lebensbedingungen in der Linth-Region machten Escher schon zu Lebzeiten, vor allem aber nach seinem Tod 1823 zu einer wichtigen Schweizer Symbolfigur. Vgl. https://de.wikipedia.org/wiki/Hans_Conrad_Escher_von_der_Linth (30. 10. 2016).

arztes Caspar Hirzel (1725–1803)[53] als private Initiative auf dem Bläsihof bei Winterberg nahe Winterthur eine landwirtschaftliche Armenschule. Diese markiert im Kanton Zürich den Beginn einer geregelten landwirtschaftlichen Ausbildung, die ab 1853 durch die landwirtschaftliche Schule Strickhof weitergeführt wurde. Neben einer landwirtschaftlichen Ausbildung erhielten die Zöglinge dort Unterricht in Lesen und Schreiben sowie im Unterhalt von Geräten und Werkzeugen (Schmid, 2016).
Im Weiteren bestand in diesen Jahren ein offensichtlicher Mangel an befähigten Tierärzten zur Betreuung des Viehbestandes im Kanton Zürich (Tab. 2). Da keine genauen Angaben zur Gesamtzahl der im Kanton Zürich patentierten Tierärzte verfügbar sind, lässt sich dieser Mangel nur an einem indirekten Vergleich zeigen. Zur Zahl der landwirtschaftlichen Nutztiere, die im Kanton Zürich gehalten wurden, liegen mit circa 85 000 Tieren Angaben aus den Jahren 1816 und 1817 vor. Diese Anzahl Tiere wurde von insgesamt 17 Tierärzten betreut, die 1816–1822 vom «Sanitätscollegium des Kantons Zürich» patentiert worden waren.[54] Für einen Bestand von circa 199 000 Tieren etwa gleicher Artzusammensetzung wurde im Jahr 2013 im Kanton Zürich rund 290 Tierärztinnen und Tierärzten ein eidgenössisches Diplom erteilt. Trotz erheblicher Unterschiede der Rahmenbedingungen zeigt dieser Unterschied deutlich auf, wie gross vor 200 Jahren der Mangel an Tierärzten war.
Alle diese Zusammenhänge und die zuvor geschilderten Umstände beförderten die Gründung der Tierarzneischule in Zürich wesentlich.
Warum wurde im Kanton Zürich eine weitere Tierarzneischule gegründet, obwohl in Bern seit 1806 eine solche bestand? Darüber hinaus betrieb der Obertierarzt im Thurgau, Johann Georg Juppli (1797–1840), ge-

53 Ab 1751 zweiter Stadtarzt in Zürich, ab 1761 erster Stadtarzt. Ab 1747 Sekretär und ab 1790 Präsident der Naturforschenden Gesellschaft in Zürich, 1762 Mitbegründer und erster Vorsteher der Helvetischen Gesellschaft; 1778 Mitglied des Kleinen Rats, 1785 Hardherr und 1788 Obervogt im Neuamt. Im Buch Die *Wirthschaft eines philosophischen Bauers* (1761) beschrieb Hirzel das landwirtschaftliche Mustergut Jakob Gujers, genannt Kleinjogg, in Wermatswil. Vgl. http://www.hls-dhs-dss.ch/textes/d/D11953.php (30. 10. 2016).

54 Medicinisch-chirurgische Zeitung, fortgesetzt von D. Johann Nepomuck Ehrhardt. Dritter Band. 1823. Innsbruck, gedruckt mit Rauchischen Schriften, S. 254–255.

Tab. 2: Viehbestand des Kantons Zürich in den Jahren 1816, 1817 und 2013

Tierart	Jahr		
	1816	1817	2013
Rinder	68 502	68 002	93 233
Pferde	2 836	2 672	5 420
Schafe	2 417	1 859	2 425
Ziegen	2 658	2 738	2 425
Schweine	7 587	5 535	38 856
Hunde	1 935	1 704	56 425
Total	85 935	82 510	198 784

Quellen: 1816, 1817: Neue Zürcher Zeitung, 13. 11. 1818, S. a3; 2013: Bundesamt für Statistik (BFS), Landwirtschaftliche Betriebszählungen und landwirtschaftliche Betriebsstrukturerhebungen, 2013, http://www.sbv-usp.ch/fileadmin/sbvuspch/06_Statistik/Tierhaltung/se_2013_0302.pdf (7. 11. 2016).

meinsam mit dem Tierarzt Sebastian Fey (1791–1825)[55] in Erlen (TG) eine private Ausbildungsstätte für Tierärzte (Senn, 2014), die vom Sanitätsrat des Kantons Thurgau unterstützt wurde.[56]

Vermutlich boten die schlechten Erfahrungen mit einer zentralen Regierung in der Helvetischen Republik sowie insbesondere die nach dem Ende der Mediationszeit wiedererlangte kantonale Souveränität keine förderliche Voraussetzung zur Gründung einer gesamtschweizerischen, zentralen Tierarzneischule.

55 Sebastian Fey begann mit einem Stipendium des Kantons Thurgau eine Ausbildung zum Tierarzt in Wien, die er aber nach einem Jahr aus finanziellen Gründen abbrach. Vgl. Senn, 2014.

56 Auf dem Titelblatt von Fey (1820) findet sich die folgende Fussnote: «Der Sanitäts-Rath des Cantons Thurgau veranstaltete im Jahr 1818 für angehende Thierärzte, denen noch gründliche Kenntnisse in der Thierarzneykunde mangelten, einen drey Monathe dauernden Lehr-Curs. Die dadurch verursachten Auslagen und Unkosten fielen zum Theil auf Rechnung des Staates.»

Die Rolle von Ärzten an Tierarzneischulen

Welche besondere Rolle kam den Ärzten bei der Gründung und der Durchführung des Unterrichts an der Zürcher Tierarzneischule zu?
Die Grenzen zwischen der Human- und der Veterinärmedizin waren zu dieser Zeit fliessend. In der Eröffnungsrede zur Gründung der «Gesellschaft schweizerischer Thierärzte» (heute GST/SVS) vom Jahr 1813 umschreibt der erste Präsident die Beziehung zwischen Human- und Veterinärmedizinern wie folgt: «Die Thierheilkunde ist für jetzt nur noch ein Produkt der Medizin, angewandte Heilkunde. Physiologie, Pathologie und Therapie aus ihr entlehnt, die zwey ersten so wie sie sind beybehalten, und die letzte nur quantitativ verändert. Darum muss unser Institut auch aus Medizinern bestehen, die Thierheilkunde gehört haben, oder sich damit abgegeben. Ihre philosophischen, naturhistorischen, physikalischen Kenntnisse in Beziehung auf Veterinärkunde sind uns unentbehrlich, aber ohne diese Beziehung zu unseren Zwecken schädlich.»[57]
Der Arzt Johann Emmanuel Veith[58] (1787–1876) äusserte sich im Jahr 1820 für Österreich in ähnlichem Sinn: «Nach der in den österreichischen Staaten für die medizinisch-chirurgischen Studien fest gesetzten Lehrordnung sind die angehenden Ärzte und Wundärzte zur Anhörung einiger veterinärischer Vorträge verpflichtet, welche die Seuchen der nutzbaren Haussäugethiere, und die darauf sich beziehenden Momente der medizinischen und Veterinär-Polizey zum Gegenstande haben.» (Veith, 1820) Zumindest im Kaisertum Österreich nahm der «thierarzneikundige Medicus» eine Schlüsselstellung bei der Bekämpfung von Seuchen bei Tieren und anderen veterinärpolizeilichen Aufgaben ein. 1781 versandte die kaiserliche Hofkanzlei in Wien ein «Zirkular» an die Länderstellen, das forderte, bei der Bestellung von «Kreis- und Landphysici» (amtliche Ärzte) sei künftig ein Zeugnis über die erlernte «Vieharzneikunst» vorzulegen, die an der 1767 gegründeten Wiener Tierarzneischule gelehrt wurde (Huter, 1969).

57 Organisation der Gesellschaft schweizerischer Thierärzte mit dem Programm und der Eröffnungsrede am Tag der ersten Versammlung. Zug, gedruckt bey Beat Joseph Blunschi, 1813. Nachdruck als Neujahrsgabe 2004 der Schweizerischen Vereinigung für Geschichte der Veterinärmedizin.

58 https://www.deutsche-biographie.de/gnd119034964.html#adbcontent (3. 12. 2016).

Inwieweit dies auch für die Ausbildung von Ärzten im Kanton Zürich galt, ist unklar. Zumindest lag die Bekämpfung von Tierseuchen im Kanton Zürich in den Händen des Sanitätskollegiums, das amtliche Ärzte, wie zum Beispiel Johann Jacob Römer (1763–1819), mit solchen Aufgaben betraute. Neben ihm, der die Initiative zur Gründung der Zürcher Tierarzneischule ergriff hatte, war ein weiterer Arzt und Tierarzt, Conrad Wirth (1793–1849), beteiligt, er wurde zweiter Hauptlehrer der Schule. Wiederum ein Arzt, Franz Carl Stadlin (1777–1829), war im Jahr 1812 einer der Mitbegründer der «Gesellschaft schweizerischer Thierärzte». Im Jahr 1811 hatte er sich an der Gründung der Medizinischen Gesellschaft der Innerschweiz beteiligt, zu deren erstem Präsidenten er gewählt wurde (Kühn, 1994; Anonym, 1831). Später folgte Hans Rudolf Zangger (1826–1886), der nach seiner Ausbildung zum Tierarzt in Zürich von 1842 bis 1845 das Studium der Medizin an der Universität Zürich absolvierte[59] und ab 1855 Direktor der Tierarzneischule war.

Was bedeutet dies für das Verhältnis von Ärzten und Tierärzten in Zürich zu Beginn des 19. Jahrhunderts? Bis zur Mitte des 18. Jahrhunderts unterteilte man die Ärzte in Barbierchirurgen und «wirkliche», gelehrte Ärzte. Während sich die gelehrten (internistischen) Ärzte als Hüter der medizinischen Wissenschaften verstanden, vermochten die handwerklich ausgebildeten, weniger geachteten Barbierchirurgen (Wundärzte, Feldscherer, Geburtshelfer) das Gebiet der Chirurgie bis ins frühe 18. Jahrhundert als ihr Tätigkeitsfeld zu verteidigen. Danach verlor sich dieser Gegensatz, indem akademisch ausgebildete Ärzte zunehmend das Gebiet der Barbierchirurgen übernahmen oder Letzteren an meist privat gegründeten medizinisch-chirurgischen Ausbildungsstätten, zum Beispiel am 1782 in Zürich gegründeten Medizinisch-chirurgischen Institut, eine bessere Grundausbildung ermöglicht wurde (Mörgeli, 2007). Im Gegensatz dazu verblieb der Beruf des Tierarztes bis in die zweite Hälfte des 19. Jahrhunderts ein überwiegend handwerklicher Beruf.

Seit dem frühen 19. Jahrhundert sahen es einige Ärzte als eine ihrer Pflichten an, sich für die Veterinärmedizin im Rahmen der öffentlichen

59 Dazu wurde Zangger durch Regierungsratsbeschluss vom 30. März 1847 eine Unterstützung von 400 Franken für das beginnende Studienjahr zugesprochen. Vgl. StAZH, MM 2.95, RRB 1847/0508, S. 423.

Gesundheit einzusetzen, die man heute als *veterinary public health* bezeichnen würde. Dieser durchaus nicht neue gemeinsame Einsatz für menschliche und tierische Gesundheit wird heute unter dem modernen Oberbegriff *One Health– One Medicine*[60] zusammengefasst.
Eine Abgrenzung der Tätigkeitsfelder von Ärzten und Tierärzten erfolgte für den Kanton Zürich in der im Jahr 1833 erlassenen «Examenordnung für die Cantonalprüfung» (Bopp, 1840), in der es im Paragrafen 33 heisst: «[...] sie [die Tierärzte] sollen sich der Ausübung der Menschenheilkunde, die sie nicht erlernt haben, gänzlich enthalten.» Andererseits waren es Ärzte, die im Sanitätsrat beziehungsweise -kollegium entscheidenden Einfluss hatten und im Kanton Zürich die Aufsicht über die Tierheilkunde und die Tierärzte ausübten.[61]
Dass der Vergleich der Tätigkeit von «Menschen-» und «Thierärzten» zu Beginn des 19. Jahrhunderts nicht ohne Polemik ablief, zeigen zwei Bücher, in denen die unterschiedlichen Standpunkte in den Vorworten klar zum Ausdruck kommen. Ludwig Heinrich von Bojanus (1776–1829), ein Tierarzt und Zoologe, vertrat 1805 die Ansicht, dass «der praktische Thierarzt ein blosser Handwerker und nichts weiter seyn soll».[62] Dieser Aussage widersprach 1810 Johann Conrad Heinrich Sander (1773–1815)[63] mehrfach vehement, wie zum Beispiel in der folgenden Passage, die aus heutiger Sicht politisch unkorrekte Äusserungen enthält: «Es ist wahr, der praktische Thierarzt kömmt unablässig mit der gemeinsten Volksklasse in Berührung, zu deren Begriffen und Ansichten er sich bequemen muss, wenn er heilen soll, und sich nicht Quacksalber, Scharfrichter u. s. w. vorgezogen sehen will. Allein der praktische Menschenarzt – hat der es bloss mit gebildeten und angesehenen Leuten zu thun?

60 Vgl. http://www.cdc.gov/onehealth/people-events.html (4. 4. 2016).

61 Vgl. http://www.svgvm.ch/index.php?id=625 (4. 4. 2016).

62 Ludwig Heinrich von Bojanus, Zoologe, studierte Medizin an den Universitäten Jena, Wien und Berlin. Danach bildete er sich in Veterinärmedizin jeweils für kurze Zeit in Alfort, London, Hannover, Kopenhagen, Dresden und Wien weiter und lehrte ab 1804 als Professor für Veterinärkunde an der damals russischen Universität Vilnius. Vgl. https://de.wikipedia.org/wiki/Ludwig_Heinrich_von_Bojanus (19. 12. 2017).

63 Johann Conrad Heinrich Sander, Lehre zum Tierarzt, Studium der Veterinärmedizin in Kopenhagen und Hannover, fürstlicher Tierarzt in Hildesheim, später Obertierarzt des Herzogtums Braunschweig, Teilnahme am napoleonischen Feldzug nach Russland, Tod in der Nähe von Warschau. Vgl. Schrader, 1863.

Ist er nicht oft trotz seiner oft vorzüglichen Kenntnisse und Geschicklichkeiten verdammt, seinen Erwerb von der niedrigsten und gemeinsten Volksklasse einzig und allein zu ziehen, ohne dass er im Stande ist, durch eigene Konnexionen und Empfehlungen auch nur zur Kur eines einzigen angesehenen und grossen Mannes zu gelangen?»

Diese Polemik hielt für viele weitere Jahrzehnte mehr oder weniger offen an, wie die von Hermann Pütz (1826–1898)[64] in einer 1873 veröffentlichten Stellungnahme zeigt: «Es ist ein erfreuliches Zeichen der Zeit, dass die namhaftesten Grössen der sog. Menschenmedizin, wie Virchow, Voit, Pettenkofer und andere für die Rechte der Veterinärmedizin eintreten. Wir dürfen uns deshalb um die Zukunft unserer Wissenschaft nicht ängstigen, wenn auch gegenwärtig viele Menschenärzte ihre Wissenschaft für vornehmer halten, wie die Veterinärmedizin. – Gönnen wir es diesen Helden, sich vorderhand noch in ihren Privilegien zu sonnen, bis man allgemein zur Erkenntnis gekommen sein wird, dass der wahre Werth einer Wissenschaft und Person anderswo zu suchen ist, als im Objekt mit welchem sie sich beschäftigen.»

Andererseits weist Veith bereits 1822 auf die besondere Bedeutung der zwischen der «Menschen-» und der Veterinärmedizin vergleichenden Pathologie hin und schreibt: «Die Geschichte der Arzneywissenschaft in den zwey letzten Jahrzehnten liefert an der neuerlichen Wiederauffindung der Kuhpocke eines der auffallendsten Beispiele hiervon. Kaum war pathologisches Verhältnis zur Menschenpocke bekannt gemacht und bestätigt [...] führte dies zur Entdeckung einer höchst merkwürdigen Analogie zwischen den Pocken der meisten Haussäugethiere.»

Michel und Wirth, die ersten beiden Lehrer an der neu gegründeten Tierarzneischule, hielten engen Kontakt zu den ärztlichen Gesellschaften im Kanton Zürich, insbesondere zur Medizinisch-chirurgischen Gesellschaft, indem sie dieser 1820 als Mitglieder beitraten und dort regelmässig über Fälle aus ihrer tierärztlichen Praxis referierten.[65] Weiters

64 Hermann Pütz, studierte Veterinärmedizin in Berlin, von 1869 bis 1877 Professor und Direktor der Tierarzneischule Bern, danach war er bis 1897 Professor für Veterinärwissenschaft und Direktor der Veterinärklinik der landwirtschaftlichen Anstalt der Universität Halle. Vgl. http://www.catalogus-professorum-halensis.de/puetzhermann.html (12. 19. 2017).

65 Michel, 1821: «Beschreibung und Vorweisung einer Missgeburt einer Kuh»; Michel, 1825: «Beobachtung einer von einem wüthenden Hund gebissenen Kuh»;

nahmen sie zum Beispiel am Herbstkongress der zürcherischen Gesellschaft der Ärzte von 1823 teil und referierten über die «Verschiedenheit der Menschen- und Tierheilkunde».[66]

Michel und Wirth als Hauptlehrer

Nach der Eröffnung der Tierarzneischule in Zürich am 16. Februar 1820 begann die Ausbildung mit zwölf Schülern im Amtshaus des Obertierarztes Johann Caspar Michel (1794–1833) in Aussersihl im Haus «zum Feldegg» an der Badenerstrasse 109 (Abb. 12). Als Ausbildungsräume dienten Michels Wohnstube, die, weil heizbar, in das Auditorium umgewandelt worden war, und ein Schopf als Anatomie- und Sektionslokal (Zschokke, 1920; Höfliger, 1963).

Gemäss dem Abschnitt 17 der «Verordnung einer Unterrichtsanstalt für junge Leute, welche sich der Tierheilkunde widmen wollen», des Kleinen Rats vom 25. Januar 1820 (Zschokke, 1920; Höfliger, 1963) wurden auf Antrag des Sanitätskollegiums zwei Hauptlehrer für die Tierarzneischule bestimmt. Als erster Hauptlehrer wurde Johann Caspar Michel[67] von Zürich gewählt, der seit 1817 für den Kanton Zürich als Ober-

Michel, 1830: «Beobachtung der Tollkrankheit bei einem Rinde veranlasst durch den Biss eines verdächtigen Fuchses»; Wirth, 1843: «Fall von Übertragung des Rotzes auf einen Menschen». Vgl. dazu: Denkschrift der medizinisch-chirurgischen Gesellschaft des Kantons Zürich zur Feier des fünfzigsten Stiftungstages den 7. Mai 1860. Zürcher und Furrer, Zürich 1860; Neue Zürcher Zeitung, 11. 5. 1843.

66 Neue Zürcher Zeitung, 11. 10. 1823, S. a4.

67 Michel erhielt zuerst eine Ausbildung als Hufschmied. Mit einem Stipendium der Zürcher Regierung studierte er ab 1813 Veterinärmedizin an der Königlichen Zentraltierarzneischule in München. Dort erwarb er während seiner Ausbildung bei Conrad Ludwig Schwab (1780–1859) unter anderem Kenntnisse der Veterinärpathologie im Unterricht über «Dissection», der «Generalen Pathologie» und der «Pathologia practica s. specialis», die er später in seinen Unterricht und Tätigkeit in Zürich einfliessen liess. Vgl. dazu: von den Driesch, 1990; Storck, 1977; Biografie C. L. Schwab, 1988. – Conrad Ludwig Schwab studierte ab 1798 an der Münchner Tierarzneischule und promovierte 1809 in Landshut. Von 1810 bis 1851 war er dort Professor für mehrere Fachgebiete. Schwab publizierte einige wichtige Fachbücher über Veterinärpathologie: Materialien zu einer pathologischen Anatomie der Hausthiere. München 1815; Entwurf einer allgemeinen Pathologie der Hausthiere. München 1818 und 1820. Vgl. Biografie C. L. Schwab,

tierarzt (entspricht in etwa dem heutigen Kantonstierarzt) im Auftrag des Sanitätskollegiums tätig war. Als zweiten Hauptlehrer wählte man Dr. med. Conrad Wirth (1793–1849) von Stammheim,[68] der neben dieser Tätigkeit als Arzt in der damaligen Gemeinde Enge praktizierte.

Im Jahr 1846 richtete Wirth ein Gesuch für eine Gehaltszulage an den Regierungsrat des Kantons Zürich, der es an seiner Sitzung vom 23. Juli 1846 behandelte.[69] Der Regierungsrat verfügte, dass Wirth «in Anerkennung seiner vieljährigen Dienste sowie seiner Stellung als Lehrer an der Thierarzneischule für das laufende Jahr eine Gratifikation bewilligt werde, deren Betrag aus dem Credit für die Thierarzneischule zu nehmen ist, selbst wenn dieser dadurch überschritten werde». Im Weiteren beschloss der Regierungsrat «Herrn Wirth anzuzeigen, dass bei der Aufsichtskommission der Thierarzneischule[70] dermalen Berathungen statt finden über die Frage, ob durch gesetzliche Bestimmungen der zweijährige Cursus auf drei Jahre auszudehnen sei, in welchem Falle dann auch eine Veränderung in den Besoldungsverhältnissen des Herrn Wirth eintreten würde».

Die beiden Hauptlehrer verfügten über einen unterschiedlichen Hintergrund. Michel war ein für die damalige Zeit traditionell sehr gut ausgebildeter Tierarzt mit einem Studium in München und Wien, der als Obertierarzt des Kantons Zürich vielfältige Erfahrungen gesammelt hatte. Wirth hingegen, der ebenfalls über eine umfassende Ausbildung verfügte, war Arzt und Tierarzt. Michel vertrat in seinen Vor-

1988. – Michel setzte seine Ausbildung in Wien am k. k. Thierarznei-Institut fort. Zu Beginn des Jahres 1817 wurde er vom Zürcher Sanitätskollegium zum Obertierarzt gewählt. 1821 gab er gemeinsam mit J. A. Ithen ein Jahr lang die Zeitschrift *Monatsschrift für Rindviehkunde* heraus. Vgl. Schrader, 1863.

68 Wirth wuchs unter sehr einfachen Bedingungen auf. Nach dem Abschluss der Schule absolvierte er von 1811 bis 1814 eine Lehre in der Meier'schen Apotheke in Zürich. Danach durchlief er eine Lehrzeit als Tierarzt beim späteren Obertierarzt Johann Caspar Michel und bestand das Examen zum Tierarzt im Kanton Thurgau. Es folgte eine Ausbildung zum Arzt in Zürich mit Abschlussexamen vor dem Zürcher Sanitätsrat 1819. Nach der Patentierung zum Tierarzt im Kanton Zürich wählte man ihn am 16. Februar 1820 zum zweiten Hauptlehrer an der Tierarzneischule. Im Jahr 1832 wurde er als Mitglied der Veterinärsektion in den Gesundheitsrat des Kantons Zürich aufgenommen und 1834 Vollmitglied dieser Behörde. 1847 wurde er Bezirksarzt des Bezirks Zürich. Vgl. Schrader, 1863.

69 StAZH, MM 2.93 Regierungsratsbeschluss (RRB) 1846/1183.

70 Siehe dazu, S. 56.

lesungen eher konservative fachliche Ansichten (Michel, 1820b und 1826; Abb. 13B), während Wirth im Laufe der Jahrzehnte zu einem ausgewiesenen Experten für übertragbare Erkrankungen bei Tieren sowie Menschen wurde (Wirth, 1822, 1829a, 1829b, 1829c, 1831a, 1831b, 1838, 1839 und 1844; Wirth und Bleigenstorfer,[71] 1845). In seinem *Bericht an die Versammlung Schweizerischer Thierärzte in Aussersihl, 1840, über den Stand und Fortgang der Veterinärwissenschaften* (Hirzel, 1842) bezeichnete Johann Jakob Hirzel (1806–1855), wie Wirth Lehrer an der Tierarzneischule in Zürich, Letzteren in der Rezension seines Buches über die Seuchen (Wirth, 1838) etwas verklausuliert als «Kontagionisten». Dieser Begriff bedeutet, dass Wirth – im Gegensatz zur Mehrheit der zeitgenössischen Wissenschaftler, die zu dieser Zeit eher die Theorie der Miasmen vertraten – ein Forscher und Lehrer gewesen sein soll, der die Kontagiosität von epidemischen Erkrankungen[72] vertrat. Er tat dies, noch bevor Jacob Henle[73] (1840–1910) in seinem richtungweisenden Werk *Von den Miasmen und Contagien und von den miasmatisch-kontagiösen Krankheiten* als einer der Ersten die Idee eines *contagium animatum* veröffentlichte (Ackerknecht, 1948).

Das Sanitätskollegium war eingeladen, der Regierung einen umfassenden Bericht über die Entwicklung und den Erfolg der Tierarzneischule zu erstatten, bevor die Probezeit von drei Jahren im Jahr 1823 ablief. Er sollte als Grundlage für die Entscheidung über das Weiterbestehen

71 Bliggenstorfer wird in der Literatur auch mit dem Namen Bleigenstorfer bezeichnet.

72 Ackerknecht (1948) schreibt dazu: «In der ersten Hälfte des 19. Jahrhunderts, d. h. kurz vor ihrem endgültigen und überwältigenden Sieg, erlebten die Ansteckungstheorien und das contagium vivum merkwürdigerweise ihre tiefste Abwertung und schwächste Stunde in ihrer langen und stürmischen Karriere, während der ‹Antikontagionismus› kurz vor seinem Ende seinen höchsten Grad an Akzeptanz, Elaboriertheit und wissenschaftlicher Respektabilität erreichte.»

73 Jacob Henle (1809–1885) formulierte die Theorie der Mikroorganismen, die sein Schüler Robert Koch experimentell untermauerte. Henle hielt in Heidelberg zwischen 1847 und 1852 populärwissenschaftliche «Anthropologische Vorträge», die auch Gottfried Keller besuchte. Keller, der offenbar von den Vorträgen sehr beeindruckt war, stellte Henle später in der Gestalt eines Anthropologie-Professors in seinem *Grünen Heinrich* dar. Vgl. Ajouri, 2007. – Der ersten Ehefrau Henles, Elise Egloff aus Tägerwilen, die Henle in Zürich kennengelernt hatte, setzte Keller in der Novelle «Regine» ein literarisches Denkmal. Vgl. https://de.wikipedia.org/wiki/Elise_Egloff (4. 4. 2016).

der Schule dienen. Mit Genugtuung vermerkte der Bericht, «dass die Schule einem wesentlichen Bedürfnis Abhilfe schaffte, zur Hebung des Standes der Tierärzte geführt habe und so für den Wohlstand der Viehbesitzer erspriessliche Folgen zeitigen könne» (Höfliger, 1963). Daraufhin erteilte der Kleine Rat des Kantons Zürich am 29. März 1823 die Bewilligung eines weiteren Provisoriums von vier Jahren. 1828 und 1831 wurde das Provisorium wiederum um je zwei Jahre verlängert,[74] ehe die Tierarzneischule 1832 aus dem mehrfach verlängerten provisorischen Status entlassen wurde, indem der Regierungsrat den Gesundheitsrat einlud, «unverzüglich einen Gesetzesvorschlag über die neue Einrichtung dieser Lehranstalt vorzuberaten, und dem Regierungsrathe mit Beförderung zu hinterbringen, damit solcher dem Grossen Rathe [kantonales Parlament] in der nächsten Wintersitzung vorgelegt werden könne».[75]

Situation nach dem Tod Michels

Nach dem Tod Michels (1833) konnte die Existenz der Tierarzneischule nach den Vorgaben des neu verabschiedeten «Gesetzes betreffend die Thierarzneischule vom 13. Januar 1834» sowie der Vollziehungsverordnung vom 12. April 1834 gesichert werden. Darin heisst es: «[...] die Thierarzneischule ist nach den Forderungen der Wissenschaft und nach den Bedürfnissen des Cantons Zürich zu erweitern und einzurichten» (Bopp, 1840; Zschokke, 1920). Diese Anpassung erfolgte als Teil der Erneuerung des gesamten Unterrichtswesens im Kanton Zürich, nachdem die Volksversammlung in Uster vom 21. November 1830 (Ustertag) zum Sturz des «alten» politischen Systems geführt und eine neue Verfassung mit gleichberechtigter politischer Vertretung von Stadt und Land im Kanton Zürich erreicht hatte. In der Folge beschloss der Grosse Rat neben der Schaffung einer kantonalen Mittelschule (Gymnasium,

74 StAZH, MM 1.104, RRB 1828/0826, Protokoll des Kleinen Rats vom 21. 10. 1828, S. 88–89; StAZH, MM 1.113, RRB 1831/0010, Protokoll des Kleinen Rats vom 8. 1. 1831, S. 12–14.

75 StAZH, MM 2.9, RRB 1832/1993, Protokoll des Regierungsrats vom 24. 10. 1832, S. 94.

Industrieschule) und der Hochschule (1833, später Universität Zürich) auch den Ausbau der Tierarzneischule (Fritzsche und Lemmenmeier, 1994).

Aufsichtskommission

Nach der neuen gesetzlichen Regelung von 1834 war die Tierarzneischule nicht mehr dem Sanitätskollegium,[76] sondern dem Erziehungsdepartement unterstellt und wurde vom Erziehungsrat beaufsichtigt.[77] Dieser berief mit Schreiben vom 15. Februar 1834 eine im Reglement vorgesehene Aufsichtskommission, bestehend aus vier Mitgliedern (Tab. 3), zu einer konstituierenden Sitzung ein, die ihre Funktion bis zur Eingliederung der Tierarzneischule in die Universität im Jahr 1902 ausübte. Danach ging die Regelung der akademischen Angelegenheiten auf die Hochschulkommission über, sodass die Aufsichtskommission sich danach im Wesentlichen nur noch um die Angelegenheiten des Tierspitals kümmerte. Endgültig aufgelöst wurde sie 1926.[78]
Die vier Aufsichtskommissionsmitglieder (Tab. 4, 5) trafen sich bereits am 22. Februar 1834 zu einer ersten Sitzung.[79] Zur dringlichen Behandlung an der konstituierenden Sitzung hatte der Erziehungsrat die folgenden Punkte überwiesen:

76 Am 19. Oktober 1833 erliess der Regierungsrat des Kantons Zürich für die Neuschaffung des Gesundheitsrats ein Reglement. In § 2 heisst es: «[...] dieses Collegium hat (unter anderem) die Sorge für Pflege der thierärztlichen Wissenschaft und Kunst und die Oberaufsicht über die veterinärischen Unterrichtsanstalten zu tragen. Der Gesundheitsrath wählt dazu eine Veterinär-Section.» Vgl. Bopp, 1840.

77 StAZH, MM 12.17, RRB 1834/0766, Protokoll des Regierungsrats vom 26. 4. 1834, S. 92–108.

78 StAZH, RRB 1197 vom 10. 6. 1926; StAZH, UU 19.8, Protokolle der Aufsichtskommission der Tierarzneischule Zürich, Beschluss der Aufsichtskommission Nr. 216, 10. 6. 1926. – Mit dem 1847 erlassenen Gesetz über die Tierarzneischule wurde die Aufsichtskommission der Tierarzneischule auf fünf Mitglieder vergrössert. Vgl. StAZH, UU 19.2, Protokolle der Aufsichtskommission der Tierarzneischule Zürich 1844–1848, S. 9–14.

79 StAZH, UU 19.1, Protokolle der Aufsichtskommission der Tierarzneischule.

- Festlegung der Lehrfächer und deren Verteilung auf die Lehrstellen,[80]
- Besoldung der Hauptlehrer,
- Frage der Eignung des Geländes des zuvor aufgehobenen kantonalen Scharfrichter- und Wasenmeisteramts[81] am Schanzengraben im Selnau-Quartier.[82]

Die Aufsichtskommission entschied unter anderem, dass Wirth als zweiter Lehrer das Fach Tierzergliederungslehre zu unterrichten habe, obwohl dieses ursprünglich für den ersten Lehrer Hirzel vorgesehen war,[83] und dass Wirth, wie schon seit vielen Jahren, weiter für die allgemeine Pathologie verantwortlich zu sein habe.

Hirzel unterrichtete über das Gesamtgebiet der Veterinärpathologie hinaus zusätzlich «Gerichtliche und polizeiliche Thierheilkunde» (Zschokke, 1920; Hohl, 1979).

Nach Ansicht der Aufsichtskommission waren die bisherigen Lokalitäten im Haus des verstorbenen Hauptlehrers Michel an der Badenerstrasse 109 (Abb. 12)[84] in keiner Weise mehr befriedigend (Höfliger, 1963). Sie unterstützte den Vorschlag des Erziehungsrats, auf das Gelände des aufgeho-

80 Für den ersten Lehrer wurden die folgenden Fächer vorgeschlagen: «Thierzergliederungskunde, Viehzucht und Fütterungslehre für die Hausthiere, Krankheits- und Heilungslehre der Thierkrankheiten im Speziellen, Chirurgie und Operationslehre bey den Thieren, Geburtshülfe bei den Thieren, Praktischer Unterricht im Krankenstalle»; für den zweiten Lehrer und den Hilfslehrer: «Chemie, Naturgeschichte der Säuge- und besonders der Hausthiere, Lehre von der äusseren Bildung und Beschaffenheit der Thiere, Naturlehre des belebten Thierkörpers, Allgemeine Krankheits- und allgemeine Heilungslehre der Thierkrankheiten, Heilmittellehre für die Thierheilkunde, Naturgeschichte der Giftpflanzen und der zur Fütterung dienenden Gräser und Früchte, Seuchenlehre der Hausthiere, Gerichtliche Thierheilkunde, Theoretischer und praktischer Unterricht im Hufbeschlag».

81 Bericht über die Sitzung des Grossen Rats vom 13. 1. 1834, in: Neue Zürcher Zeitung, 15. 1. 1834, S. 1.

82 Die Aufsichtskommission hielt fest, dass am neuen Ort «ein hinreichend geräumiger Hörsaal, hinreichend Stallungen und ein notdürftig brauchbares Local für den Unterricht in Thierzergliederungskunde vorhanden sei, was den dringlichsten Anforderungen der Schule einstweilen entsprach einschliesslich einer anständigen und hinreichend geräumigen Wohnung für den ersten Lehrer». StAZH, UU 19.1, Protokolle der Aufsichtskommission der Tierarzneischule ab 1834.

83 Siehe dazu S. 60.

84 Das Haus, genannt das Enderliche Haus, war Michel 1823 vom Kleinen Rat zur Pacht überlassen und für die Bedürfnisse der Tierarzneischule umgebaut wor-

benen kantonalen Wasenmeister- und Scharfrichteramts[85] umzuziehen. Ab Winter 1835 konnte damit die räumliche Situation der Tierarzneischule wesentlich verbessert werden. Sie bestand neu aus einem Wohnhaus mit einem Schuppen (Abb. 17), der zu einem Anatomiegebäude mit Sammlungsraum und einer Küche zur «Verfertigung von Präparaten» umgebaut wurde.[86] Sogar etwas Land für zukünftige Erweiterungen stand zur Verfügung (Zschokke, 1920).[87] An diesem Standort wurden Tierärzte bis zum Ende des Wintersemesters 1962/63 ausgebildet.

Der durch die Neuregelung des Wasenmeister- und Scharfrichteramts arbeits- und wohnungslos gewordene Scharfrichter Ulrich Vollmar[88] wandte sich mit einer schriftlichen Eingabe an den Regierungsrat, in der er seine Bereitschaft erklärte, die bisherige Tätigkeit bei Bedarf weiter auszuüben. Der Regierungsrat beschloss am 26. April 1834, «dem Ulrich Vollmar solle einstweilen für ein Jahr von 1sten May 1834 bis 30. April 1835 (auf Rechnung des dem Polizeyrathe eröffneten ausserordentlichen Credites) die Summe von Fr. 300.– unter nachfolgenden Bedingungen verabfolgt werden:

den. Vgl. StAZH, MM 1.84, RRB 1823/0804, Protokoll des Kleinen Rats vom 20. 9. 1823, S. 296–297.

85 Die Entsorgung von Kadavern von Tieren erfolgte im Kanton Zürich zentral durch einen angestellten Wasenmeister. Ab 1834 wurde diese Aufgabe den Gemeinden übertragen und das Wasenmeisteramt aufgehoben. Todesurteile wurden in dieser Zeit nicht mehr vollstreckt. Vgl. Kelly, 1911.

86 Das Haus des ehemaligen Scharfrichters wurde im Juni 1987 abgerissen, da an dieser Stelle die neue Börse gebaut werden sollte. Eine politische Gruppierung aus Grüner Partei, POCH und Heimatschutz hatte unter der Parole «Zum Henker mit der Börse» mit einer kurzfristigen Blockade noch versucht, die Abrissarbeiten zu verhindern. Der Widerstand wurde von der Kantonspolizei allerdings rasch aufgelöst. Vgl. Tagesanzeiger, 2. 6. 1987, S. 17.

87 Vgl. StAZH, MM 2.17, RRB 1834/0951, Protokoll des Regierungsrats vom 29. 5. 1834, S. 247.

88 Familie aus Zürich, deren Herkunft und Verbreitung ungeklärt ist. Sie übte das Amt des Scharfrichters in Zürich zwischen 1587 und 1831, in Winterthur vom 17. bis ins 19. Jahrhundert, in Schaffhausen zwischen 1636 und 1856 und im württembergischen Reutlingen zwischen 1700 und 1808 aus. Wegen ihres unehrlichen Berufs besassen sie meistens kein vollwertiges Bürgerrecht. Die Zweige der Familie, welche sich vom Makel der Henkersfamilie befreien konnten, änderten ihren Namen in Steinfels oder Schönenberger. Da die Heirat in die Familie eines Scharfrichters zu einem Ehrverlust führte, blieb den Volmar häufig nur die Möglichkeit, Angehörige aus anderen Henkersfamilien zu heiraten. Vgl. http://www.hls-dhs-dss.ch/textes/d/D23850.php (21. 6. 2016).

1) Hat derselbe ausgefällte Todesurtheile zu vollziehen, und zu diesem Ende hin die nöthigen Geräthschaften unter seiner Verantwortlichkeit in Verwahrung zu nehmen.
2) Soll er die Funktionen des Wasenmeisters, wie zum Beispiel die Behandlung und das Abdecken wuthverdächtiger oder wuthkranker Thiere ferner ausüben; und
3) hat er die Geschäfte eines Abwartes bey der Thierarzneyschule provisorisch zu besorgen, sowie auch allfällige Aufträge, welche ihm diessfalls von dem Erziehungsrathe und Gesundheitsrathe ertheilt werden, zu verrichten.»[89]

Mit dem neuen Gesetz verbesserte sich die finanzielle Situation der Tierarzneischule. Das Budget für die Schule musste nun zu zwei Dritteln aus dem Fonds der Stempelabgaben für Gesundheitsscheine des Rindviehs bestritten werden, zu einem Drittel erfolgte die Finanzierung zulasten der Staatskasse.

Bereits an einer der nächsten Sitzungen, am 30. Mai 1834, beschloss die Aufsichtskommission ein Geschäftsreglement für ihre künftige Arbeit, das auch die Wahl der Mitglieder regelte. Den Präsidenten wählte der Erziehungsrat, ein Mitglied delegierte der Erziehungsrat und eines der Gesundheitsrat.[90] Die Kommission war gemäss dem Reglement für die administrative und die disziplinarische Führung der Tierarzneischule verantwortlich und hatte die Aufnahme oder Entlassung von Lehrern und Schülern, die Abschlussprüfungen und alle Anschaffungen auf Antrag der Lehrer zu begutachten und zur Entscheidung an den Erziehungsrat weiterzuleiten. Alle Anfragen der Lehrer waren auf dem Dienstweg über die Aufsichtskommission an den Erziehungsrat zu richten.[91] Wie die Aufzeichnungen in den Protokollbüchern der Aufsichtskommission zeigen, wurden diese weitreichenden Befugnisse der Aufsichtskommission bis zum Ende des 19. Jahrhundert schrittweise beschnitten. Wichtige Entscheidungen, wie zum Beispiel über den Lehrplan, den Umfang des zur Verfügung stehenden Personals und dessen Besoldung, gingen

89 StAZH, MM 12.17, RRB 1834/0760, Protokoll des Regierungsrats vom 26. 4. 1834, S. 85–86.

90 StAZH, UU 19.1, Protokolle der Aufsichtskommission der Tierarzneischule Zürich ab 1834.

91 Ebd.

nach und nach an den Erziehungsrat, die Erziehungsdirektion und den Regierungsrat über.[92]

Die Mitglieder der Aufsichtskommission waren gemäss dem Paragrafen 10 des Geschäftsreglements und den Paragrafen 21 und 22 des Reglements für die Tierarzneischule zu jährlichen «Visitationen» des Unterrichts zum Zweck der Beurteilung von Lehrern und Schülern verpflichtet.

Darüber hinaus legte der Paragraf 43 des Geschäftsreglements fest, dass die Aufsichtskommission «jährlich einen schriftlichen Bericht über den Gang des Unterrichts und den Zuständen an der ihnen übergebenen Schule von den Lehrern der Schule einzufordern» und mit ihrem eigenen Bericht an den Erziehungsrat zu leiten hatte.[93] Die Berichtsperiode lief über zwei Semester, jeweils von Ostern des vorherigen bis Ostern des laufenden Jahres. Ein Beispiel aus der Periode 1836/37 berichtet über die vorgeschriebenen «Visitationen» des Unterrichts und über den Verlauf sowie die Ergebnisse von Prüfungen, an denen Mitglieder der Kommission teilnahmen.[94]

Die Tierarzneischule entwickelte sich unter der straffen Leitung sehr gut, und es konnten zusätzlich zu den zwei Hauptlehrern zwei Hilfslehrer angestellt werden.

Ab 1834 stand dem ersten Hauptlehrer Johann Jakob Hirzel (1806–1855)[95] von Wetzikon Hans Rudolf Bliggenstorfer (1794–1860)[96] von Stallikon als Hilfslehrer zur Seite. Als zweiter Hauptlehrer wurde Johann Conrad Wirth (1792–1849) bestätigt, als Hilfslehrer stellte man ihm Heinrich Kol-

92 StAZH, UU 19.1–6, Protokolle der Aufsichtskommission der Tierarzneischule Zürich 1844–1895.

93 StAZH, UU 19.1, Protokolle der Tierarzneischule, Geschäftsordnung für die Aufsichtskommission der Tierarzneischule.

94 StAZH, UU 19.1, Protokolle der Tierarzneischule, Jahresbericht für die Tierarzneischule vom 28. 4. 1837.

95 Johann Jakob Hirzel absolvierte vier Jahre Lehrzeit bei einem Tierarzt, studierte von 1825 bis 1827 an der Tierarzneischule in Zürich und wurde 1834 Bezirkstierarzt, von 1848 bis 1855 wirkte er als Direktor der Tierarzneischule in Zürich. Vgl. Zschokke, 1920.

96 Bliggenstorfer studierte Veterinärmedizin in Zürich und wurde später Lehrer der ambulatorischen Klinik und Geburtshilfe an der Tierarzneischule in Zürich. Gleichzeitig war er Bezirkstierarzt in Wiedikon. Vgl. Schrader, 1863.

Tab. 3: Mitglieder der Aufsichtskommission der Tierarzneischule Zürich in den Jahren 1834, 1850, 1856, 1862, 1872 und 1882

Mitglieder	1834[1]	1850[2]	1856[3]	1862[3]	1872[3]	1882[3]
Dr. Zehnder	x					
Oberrichter Amman[4]	x					
Arzt Wirth	x					
Leutnant Freudweiler	x					
Dr. Conrad Rahn Escher (1802–1881), Zürich;[5] Präsident		x	x			
Bezirksrichter J. G. Frei, Weiningen		x	x	x	x	x
Alt Statthalter Caspar Freudweiler (1809–1867)		x	x			
Dr. Wilhelm Hausheer, Wollishofen		x	x	x		
Seminardirektor Heinrich Zollinger (1818–1859), Feuerthalen[6]		x				
Erziehungsrat Dr. Johannes Honegger (1811–1855),[7] Thalwil			x			
Regierungsrat Heinrich Fenner (1814–1891),[8] Winterthur; Präsident				x		
Erziehungsrat Johann Jakob Schäppi (1819–1908),[9] Horgen				x		
Bezirkstierarzt H. Kraut, Pfäffikon				x		
Prof. Arnold L. Cloetta (1828–1890),[10] Zürich; Präsident					x	
Erziehungsrat H. Bosshard, Hottingen					x	
Tierarzt K. Frei (1839–1893),[11] Aussersihl					x	
Dr. Carl Meyer, Zürich					x	x
Regierungsrat Johann Caspar Zollinger (1820–1882),[12] Zürich; Präsident						x
Prof. Friedrich Goll (1829–1903),[13] Zürich						x
Tierarzt Adolf Trachsler (1846–1903),[11] Oerlikon						x

[1] StAZH, RRB 1197 vom 10. 6. 1926; StAZH, UU 19.8, Protokolle der Aufsichtskommission der Tierarzneischule Zürich, Beschluss Nr. 216 der Aufsichtskommission vom 10. 6. 1926. – Mit dem im Jahr 1847 erlassenen Gesetz über die Tierarzneischule wurde die Aufsichtskommission der Tierarzneischule auf fünf Mitglieder vergrössert. Vgl. StAZH, UU 19.2, Protokolle der Aufsichtskommission der Tierarzneischule Zürich 1844–1848, S. 9–14.
[2] Vgl. Hohl, 1979.
[3] Vgl. Senn, 1981.
[4] Oberrichter Amman, Mitglied der Justizkommission des Obergerichtes. Vgl. Staatshandbuch der schweizerischen Eidgenossenschaft für das Jahr 1857, Verlag E. Fischer u. Comp, Bern 1857.
[5] Vgl. http://www.hls-dhs-dss.ch/textes/d/D13512.php (12. 8. 2016).
[6] Vgl. http://www.hls-dhs-dss.ch/textes/d/D45459.php (12. 8. 2016).
[7] Vgl. https://www.briefedition.alfred-escher.ch/kontexte/personen/korrespondenten-und-erwahnte-personen/H/Honegger%20Johannes/#correspondent=Honegger%20Johannes (12. 8. 2016).
[8] Vgl. Schmid, 2003.
[9] Vgl. http://www.alt-zueri.ch/turicum/strassen/s/schaeppistrasse/schaeppistrasse.html (12. 8. 2016).
[10] Vgl. https://de.wikipedia.org/wiki/Arnold_Leonhard_Cloetta (12. 8. 2016).
[11] Vgl. Sackmann, 2010.
[12] Vgl. https://de.wikipedia.org/wiki/Liste_der_Regierungsräte_des_Kantons_Zürich (12. 8. 2016).
[13] Vgl. https://de.wikipedia.org/wiki/Friedrich_Goll_(Neuroanatom) (12. 8. 2016).

Tab. 4: Mitglieder der Aufsichtskommission der Tierarzneischule Zürich in den Jahren 1886, 1896, 1910, 1913 und 1923

Mitglieder	1886[1,3]	1896[1]	1902[1,2]	1910[2]	1913[2]	1922[2]
Bezirksrichter J. G. Frei, Weiningen	x					
Prof. Friedrich Goll (1829–1903),[4] Zürich	x	x				
Regierungsrat J. Emmanuel Grob (1834–1909);[5] Präsident	x	x				
Prof. E. Schär, Riesbach	x					
Alt Regierungsrat Adam Hafter (1834–1914),[6] Hottingen	x	x				
Eduard Fierz-Wirz (1852–1922), Riesbach	x	x	x	x	x	x
Heinrich Bertschinger, Pfäffikon	x					
Prof. Arnold Lang, Zürich		x	x			
Bezirksratsschreiber Rudolf Huber		x	x			
Direktor Jakob Lutz (1845–1921),[7] Strickhof		x				
Regierungsrat Albert Locher (1849–1914);[8] Präsident			x	x	x	
Bezirkstierarzt Albert Weber (1850–1910),[9] Uster			x	x		
Regierungsrat Heinrich Ernst (1847–1934);[10] Präsident				x		
Dr. Othmar Schnyder (1873–1952),[9] Tierarzt, Horgen				x	x	
Kantonsrat Emil Heller (1860–1950),[11] Eglisau					x	x
Fuhrhalter Alfred Stiefel, Zürich					x	
Dr. Hans Bär (1879–1944),[9] Kantonstierarzt, Winterthur						x
Regierungsrat Heinrich Mousson (1866–1944);[12] Präsident						x
Alt Kantonsrat Eduard Heusser, Zürich						x

[1] Vgl. Schläpfer, 1982.
[2] Vgl. Künzle, 1987.
[3] Vgl. Senn, 1981.
[4] Vgl. https://de.wikipedia.org/wiki/Friedrich_Goll_(Neuroanatom) (12. 8. 2016).
[5] Vgl. http://www.hls-dhs-dss.ch/textes/d/D5903.php (12. 8. 2016); Schmid, 2003.
[6] Vgl. http://www.hls-dhs-dss.ch/textes/d/D5899.php (12. 8. 2016).
[7] Vgl. http://www.hls-dhs-dss.ch/textes/d/D3663.php (12. 8. 2016).
[8] Vgl. http://www.hls-dhs-dss.ch/textes/d/D3662.php (12. 8. 2016).
[9] Vgl. Sackmann, 2010.
[10] Vgl. http://www.hls-dhs-dss.ch/textes/d/D5908.php (12. 8. 2016).
[11] Vgl. http://www.hls-dhs-dss.ch/textes/d/D6372.php (12. 8. 2016).
[12] Vgl. http://www.hls-dhs-dss.ch/textes/d/D5910.php (12. 8. 2016).

ler (1811–1880; Abb. 14)[97] aus der Enge zur Seite (Zschokke, 1920).[98] Nachdem Koller Zürich bereits 1835 verlassen hatte, um einem Ruf nach Bern zu folgen, wurde Tierarzt Schlatter (keine näheren Angaben verfügbar) als Prosektor[99] eingestellt (Zschokke, 1920).[100]
Erschwert wurde die personelle Situation durch eine schwere Lungenerkrankung von Hirzel, die diesen zu mehreren längeren Abwesenheiten zwang. Sein Unterricht wurde in diesen Zeiten von den anderen Lehrern vertretungsweise übernommen.[101]
Die Voraussetzungen für den Eintritt der Schüler wurden in der Zeit des Provisoriums der Tierarzneischule durch eine vorgängig zu absolvierende praktische Lehrzeit bei einem Tierarzt ergänzt. Darüber hinaus verlangte man von den Auszubildenden ab 1820 Kenntnisse des Lesens und Schreibens (zum Beispiel Abfassen eines Aufsatzes). Der Lehrstoff wurde in zwei halbjährigen Kursen vermittelt.[102] Diese einjährige theoretische Ausbildungszeit erwies sich als unzulänglich, und daher verlängerte man sie 1834[103] auf zwei Jahre bei gleichzeitiger Ergänzung des Lehrstoffes um naturwissenschaftliche Fächer, Viehzucht und Fütterungslehre sowie eine praktische Ausbildung im Tierspital. Die Fächer

97 Heinrich Koller absolvierte seine Ausbildung zum Tierarzt in Zürich und Bern sowie in Wien, Berlin, Alfort und Lyon. Nach der kurzen Tätigkeit in Zürich war er ab 1835 Professor an der Tierarzneischule in Bern.

98 Vgl. StAZH, MM 2.17, RRB 1834/0755, Protokoll des Regierungsrats vom 26. 4. 1834, S. 81–82.

99 Hilfslehrer für die Anatomie. Vgl. https://de.wikipedia.org/wiki/Prosektor (29. 3. 2017).

100 StAZH, UU 19.1, Protokolle der Aufsichtskommission, Jahresbericht der Tierarzneischule Zürich 1835/1836.

101 StAZH, UU 19.1, Protokolle der Aufsichtskommission.

102 Der Unterricht war gemäss dem «Gesetz wegen der Einrichtung der Thierarzneischule» vom Januar 1834 wie folgt geregelt: «§ 2. Der Unterricht soll der Fassungskraft der Schüler angemessen ertheilt, dabei alles, was in das Gebiet der Speculation, möglichst vermieden werden. Zur Ertheilung desselben haben sich die Lehrer an passende Handbücher zu halten, und wenn sie für einzelne Fächer keine finden sollten, Hefte zu dem betreffenden Zwecke auszuarbeiten.» Vgl. Bopp, 1840.

103 Bericht über die Sitzung des Grossen Rats vom 13. 1. 1834, in: Neue Zürcher Zeitung, 15. 1. 1834, S. a1.

«Thierzergliederungskunde»[104] «gerichtliche Thierheilkunde» wurden im Gesetz von 1834 ausdrücklich erwähnt (Bopp, 1840).[105]
Die Beschaffung von Tierkörpern für den Unterricht in Zootomie (Tierzergliederungskunde) oblag den Teilnehmern, da im Kredit für allgemeine Lehrmittel dafür kein Betrag vorgesehen war. Daher wurde der Wasenmeister verpflichtet, «zum Todtschlagen bestimmte Pferde der Thierarzneischule zu überlassen»[106] (Höfliger, 1963). Diese Vorschrift gab immer wieder Anlass zu Problemen. So beklagte sich Johann Caspar Michel im Semesterbericht vom 20. März 1824, dass Tierbesitzer und praktizierende Tierärzte sich in vielen Fällen weigerten, Körper von toten Tieren über den Wasenmeister der Tierarzneischule zukommen zu lassen. Als Folge standen für diese Berichtsperiode nur zwei Tierkörper für den praktischen Unterricht in Anatomie und Zootomie zur Verfügung (Storck, 1977).

Pathologisch-anatomische Sammlung

Zur Verwendung im Unterricht und zu dessen Illustration wurde an der Tierarzneischule in Zürich eine Sammlung von anatomischen und pathologisch-anatomischen Präparaten bestehend aus Knochen und Organen angelegt, welche die Hauptlehrer vermutlich als ihren persönlichen Besitz betrachteten. Die Präparate stammten hauptsächlich von Patienten, die an der Tierarzneischule behandelt worden, verstorben oder getötet worden waren. Einzelne Präparate stellten praktizierende Tierärzte aus der Umgebung zur Verfügung. Die knöchernen Präparate wurden durch Mazeration gewonnen, wozu auf dem Gelände im Selnau-Quartier eine Mazerationsgrube vorhanden war.[107] Daneben

104 «Gesetz wegen der Einrichtung der Thierarzneischule» vom Januar 1834, § 3: «Mit dem Unterrichte in der Thierzergliederungskunde ist Anleitung zum Seziren verbunden, ohne dass die Schüler hierfür ein besonderes Honorar, wohl aber die hierzu nöthigen Cadaver zu bezahlen haben.» Vgl. Bopp, 1840.

105 StAZH, UU 19.1, Protokolle der Aufsichtskommission der Tierarzneischule ab 1834.

106 Jahresbericht der Thierarzneischule Zürich pro 1887 und 1888, in: Schweizer-Archiv für Thierheilkunde, 1889, Bd. 31, S. 261–342.

107 Mazerationspräparate (von lateinisch *macerare*, «einweichen») sind Präparate, die durch Zersetzung von Weichteilgeweben hergestellt werden. Diese Technik

stellte man sogenannte Feuchtpräparate von Organen oder Gewebeteilen her, die in Glasbehältern aufbewahrt wurden.[108] Aus der ersten Zeit liegen dazu keine Aufzeichnungen und kein Katalog vor.

Im Jahr 1834 ergänzte man die an der Schule vorhandenen Lehrsammlungen durch den Ankauf von Skeletten und anderen Präparaten aus dem Besitz des 1833 verstorbenen Johann Caspar Michel (Grob, 1889; Höfliger, 1963), ohne dass genaue Angaben zur Anzahl und Art der Objekte vorliegen. Mit dem Erwerb dieses Nachlasses konnte auch Michels Bibliothek für die Lehrer und Schüler der Tierarzneischule erworben werden, die 1835 durch eine Schenkung von 41 Büchern aus dem Besitz der Gesellschaft schweizerischer Tierärzte ergänzt werden konnte (Grob, 1889; Höfliger, 1963). Weitere Ergänzungen der Bibliothek fanden anschliessend regelmässig statt.[109]

Den Lehrsammlungen wurde ein so grosser Wert beigemessen, dass die Schüler laut dem «Gesetz betreffend die Thierarzneischule vom 13. Januar 1834» neben dem Schulgeld jährlich 1 Franken[110] zur Äufnung der Sammlungen beisteuern mussten (Grob, 1889; Zschokke, 1920). Im neuen «Gesetz über die Thierarzneischule vom 2. März 1847» wird der

wird insbesondere für Knochenpräparate eingesetzt, kommt aber auch in der Histologie zur Anwendung. Vgl. https://de.wikipedia.org/wiki/Mazerationspräparat (5. 8. 2016).

108 Ein Feuchtpräparat (auch Nasspräparat genannt, bei Aufbewahrung in Alkohol auch Spirituspräparat) ist die bekannteste Form eines Präparats. Es stellt eine anatomische Struktur in einer Aufbewahrungslösung in einem Präparateglas oder Präparatekasten dar. Vgl. https://de.wikipedia.org/wiki/Feuchtpräparat (5. 8. 2016).

109 Das Protokoll der Sitzung der Aufsichtskommission vom 28. April 1837 listet unter anderem den Erwerb der folgenden Lehrbücher für die allgemeine und die spezielle Pathologie auf: Funke, K. W.: Handbuch der speciellen Pathologie der grössten nutzbaren Haussäugethiere, 2 Bände. Leipzig 1836; Dieterichs, J. F. E.: Handbuch der speziellen Pathologie und Therapie für Thierärzte und Landwirthe, 2. Auflage. Berlin 1835; Heyne, A.: Untersuchungen über die Erkenntnis, Ursachen, Behandlung der Entzündung und ihrer Übergänge bei den nutzbaren Haus-Säugethieren. Wien 1833; Heyne, A.: Untersuchungen über die Erkenntnis, Ursachen, Begleitung und Behandlung der Fieber bei den nutzbaren Haus-Säugethieren. Wien 1833; Meuth, E.: Anleitung zur Fleischbeschau. Mannheim 1833.

110 Entspricht 2009 nach dem historischen Lohnindex 115 Franken. Vgl. http://swistoval.ch (19. 12. 2017).

jährliche Beitrag der Schüler an die Sammlungen bestätigt.[111] Auch für den Erziehungsrat und den Grossen Rat waren die Sammlungen an den kantonalen Lehranstalten sehr bedeutsam, wie dies eine am 18. April 1838 an die Aufsichtskommission der Tierarzneischule gerichtete dringliche Anfrage zeigt: «Da nach Beschluss des Grossen Rathes zu den Rechnungen über die Kantonalen Lehranstalten Inventarien über die bey diesen Anstalten befindlichen Sammlungen und Lehrmittel sollen beygelegt werden, so hat die mit diesem Gegenstand beauftragte Commission des Erziehungsrathes beschlossen, die früher eingesandten Inventarien den betreffenden Docenten zurück zu senden, mit der Einladung, dieselben beförderlich zu vervollständigen und hierauf an den Unterzeichneten [Präsident der Kommission Prof. Escher] zurück zu senden. Demzufolge wird H. Hirzel, Lehrer an der Thierarzneischule eingeladen, beförderlich ein vollständiges Inventar der Sammlungen der Anstalt an die Aufsichtscommission zu übersenden.»[112]
Das daraufhin erstellte «Vollständige Verzeichnis der Sammlungen Thierarzneischule» war wie folgt unterteilt: I. Anatomische Präparate, II. Pathologische Präparate, III. Anatomische und chirurgische Instrumente, Werkzeuge und Gerätschaften, IV. Chemische und physiologische Instrumente und Werkzeuge, V. Arzneistoffe, VI. Schmiedewerkzeuge, VII. Verschiedene Gerätschaften.[113] Bei den seit 1834 üblichen jährlichen Visitationen der Tierarzneischule durch Mitglieder der Aufsichtskommission wurde der Zustand der verschiedenen Sammlungen beurteilt. Das Verzeichnis der pathologisch-anatomischen Sammlung für das Jahr 1837 weist 40 verschiedene Präparate auf. In den darauffolgenden Jahren erweiterte man die Sammlung jährlich um einige Präparate, was im Jahresbericht jeweils hervorgehoben wurde. Die Verantwortung für die anatomischen und pathologisch-anatomischen Sammlungspräparate übergab man basierend auf dem «Reglement für die Zootomie» dem Lehrer der Anatomie und seinem Hilfslehrer. Für die Unterstützung bei der Präparation konnten laut Reglement «Schüler»,

111 Entspricht 2009 nach dem historischen Lohnindex 112 Franken. Vgl. http://swistoval.ch (19. 12. 2017).

112 StAZH, UU 19.1, Protokolle der Aufsichtskommission der Tierarzneischule Zürich 1838.

113 StAZH, UU 19.1, Protokolle der Aufsichtskommission der Tierarzneischule Zürich, Verzeichnis der Sammlungen an der Tierarzneischule Zürich, 1837.

das heisst Studierende an der Tierarzneischule, herangezogen werden.[114] In den Folgejahren scheinen die Sammlungen in einen Dornröschenschlaf verfallen zu sein.

Die nächste gründliche Beurteilung der Sammlungen im Verlauf einer Visitation durch die Aufsichtskommission ist erst für den 9. Januar 1844 dokumentiert. Darüber erstatten die Visitatoren einen ausführlichen Bericht, in dem es unter anderem heisst: «Die Sammlungen bestehen: aus der anatomischen, nämlich einer Sammlung von Skeletten und Einzel-Knochen der Hausthiere, letztere zum Theil sehr unansehnlich, von ersteren einige recht bearbeitet (das Verdienst des gegenwärtig als Prosektor fungierenden Eleven)[115] u. einer geringen Zahl anatomisch pathologischer Präparate, die aber in unzweckmässigen Gläsern aufbewahrt sind. Kataloge sind nicht vorhanden.»

In der Folge beschloss die Aufsichtskommission: «Die Lehrerschaft wird eingeladen, bis Ende dieses Jahreskurses für Herstellung vollständiger Verzeichnisse über alle jene Sammlungen (anatomische, anatomisch-pathologische, pharmazeutische, physikalische und chemische) sowie der vorhandenen Instrumente u. Geräthschaften, besorgt zu sein; Sei der erste Lehrer, Hr. Hirzel, eingeladen, ein Gutachten darüber abzugeben, wie für bessere Aufbewahrung derselben an einem der Feuchtigkeit weniger ausgesetzten Orte in den vorhandenen Lokalitäten gesorgt werden könnte.»[116]

In den Jahresberichten für 1844, 1845 und 1846 wird jeweils im Einzelnen über den «Zuwachs und Abgang der Sammlungen an der Thierarzneischule» berichtet und bei einzelnen Präparaten auf deren Herkunft von praktizierenden Tierärzten hingewiesen (Tab. 5).[117]

Bereits 1849 erlahmte die Initiative der Lehrer zur Vergrösserung der Sammlungen und Weiterführung der Katalogisierung wieder, sodass die Aufsichtskommission einschritt und Folgendes protokollierte: «Nachdem die Kataloge der Sammlungen durchgegangen waren, zeigte sich, dass dieselben sehr lückenhaft sind. Es wird daher beschlossen:

114 StAZH, UU 19.1, Protokolle der Aufsichtskommission der Tierarzneischule Zürich, Reglement für die Zootomie vom 22. 4. 1843.

115 Vermutlich Rudolf Zangger.

116 StAZH, UU 19.2, Protokolle der Aufsichtskommission 1844–1848, S. 486–488.

117 Ebd., S. 502–504.

1. Die Lehrerschaft in einer Zuschrift auf die Lückenhaftigkeit der Sammlungen und die Nothwendigkeit einer Vervollständigung derselben aufmerksam zu machen und zu dem sie dazu einzuladen, dass jeder betreffende Lehrer seine Abtheilungen möglichst zu vervollständigen trachte, und darüber der Aufsichtsbehörde beförderlich Bericht und Antrag mache.
2. Herr Bezirksrichter Frei übernimmt die spezielle Aufsicht der Sammlungen für das kommende Schuljahr.»

Daraufhin erstellte man ein von 1849 bis 1857[118] fortlaufendes, umfangreiches Verzeichnis der pathologisch-anatomischen Präparate der Sammlung, welches von 1866 bis 1875 erneut ergänzt wurde. Eine Auswertung der Einträge im Katalog für das Jahr 1849 zeigt, dass darin zum Teil ältere Präparate aufgelistet sind, die möglicherweise aus Michels Nachlass stammten. Um welche Präparate es sich im Einzelnen handelte, lässt sich heute nicht mehr feststellen (Tab. 5).

Über die weitere Entwicklung der pathologisch-anatomischen Sammlung bis heute ist nichts dokumentiert. Eine Ausnahme bildet die Bewilligung der Aufsichtskommission der Tierarzneischule vom 9. Mai 1891, die besagt, dass einer «Einverleibung einer Zahl von Schädeln und Skeletten, die der gegenwärtigen Sammlung der Tierarzneischule angehören, in diejenige des zoologischen Instituts der Hochschule» nichts im Weg stehe.[119]

118 Im Besitz des Instituts befinden sich zwei von Hand geschriebene Kataloge, nämlich der *Catalog für die Sammlungen der Thierarzneischule in Zürich. C. Pathologische Abteilung,* der Einträge von 1849–1851 enthält, und der *Catalog der pathologisch-anatomischen Sammlung,* der gegliedert in verschiedene Organe die Zeit bis 1875 abdeckt.

119 StAZH, UU 19.6, Protokolle der Aufsichtskommission der Tierarzneischule 1883–1895, Eintrag 321 vom 9. 5. 1891.

Tab. 5: Auszug aus dem «Catalog der pathologisch-anatomischen Sammlung der Thierarzneischule Zürich» (Einträge bis 1849)

Präparat	Anzahl
Total	157
Trockenpräparate (Knochen u. Ä.)	83
Weingeist-Präparate	73
Ausgestopfte Präparate	1
Patienten	
Hunde	10
Katzen	1
Pferden	10
Rinder	20
Schafe	1
Ohne Angaben	115
Diagnosen (eindeutig)	
Aneurisma Gekrösearterie (Pferd)	3
Dilatation Dickdarm (Hund)	1
Doppelmilz	1
Lipoma pendulans	1
Geschwür Schleimhaut	1
Fibrinöse Endocarditis (Rind)	2
Fibrinöse Membran Darm (Rind)	1
Inkarzerierter Dünndarm	1
Lipom Unterhaut	2
Luxation Hüftgelenk	1
Melanom (Pferd)	3
Missbildung	5
Parasiten	19
Pneumonie Lungenseuche	1
Rotz	1
Teratom	1
Thrombose Arterie Dickdarm (Pferd)	1
Tumoren	5

Weitere Entwicklung des Unterrichts

Die Ankündigung für den zweiten und dritten Durchgang des zweijährigen Ausbildungskurses und die Voraussetzungen zur Bewerbung für eine tierärztliche Ausbildung an der Tierarzneischule in Zürich erfolgte über Anzeigen in der *Neuen Zürcher Zeitung*, erstmals am 29. März 1839 und am 4. April 1842 (Tab. 6). Eine öffentliche Ausschreibung erfolgte vermutlich aus zwei Gründen. Zum einen wollte man auf die bessere gesetzliche Verankerung der Tierarzneischule hinwiesen und gleichzeitig neue «Eleven» gewinnen, da die Zahl der Auszubildenden in den davor liegenden Jahren auf neun Personen gesunken war. Zum anderen wollte man der Bevölkerung zeigen, dass die Tierarzneischule inzwischen eine hohe Qualität erreicht hatte und ihr Bestand daher gerechtfertigt sei.

Die Ausschreibung in der *Neuen Zürcher Zeitung* vom 29. März 1839 enthält auch eine Einladung für die öffentlich durchgeführte Semesterprüfung an der Tierarzneischule: «Jedermann, der an Zöglingen oder an der Anstalt Interesse nimmt, sei am Samstag, den 30. März von 2 bis 5 Uhr freundlich eingeladen.»

1851 erfolgte die Ausschreibung des geänderten Curriculums zusätzlich im *Archiv für Thierheilkunde* (Vorlesungen, 1850).

Zur Aufrechterhaltung des Unterrichts in verschiedenen Fächern wurden in der Zeit ab 1843 Johann Alois Renggli[120] (* 1821, † unbekannt, verschollen; Abb. 15B) sowie Hans Rudolf Zangger[121] (1826–1882; Abb. 15A)

120 Renggli wurde an Ostern 1841 in die Schule aufgenommen. Da er als ausserkantonaler Schüler, aus Entlebuch (LU), an der Tierarzneischule Zürich studierte, wurden die Vorlesungen, die er besuchte einzeln in den jeweiligen Jahresberichten erwähnt, zum Beispiel Wintersemester 1843/44: «Leistungen von Alois Renggli aus Entlebuch, Kt. Luzern: Schulbesuch: er frequentierte nur theilweise die Kollegien bei Hr. Wirth und Hrn. Bleikensdorfer; 1845: Herr Alois Renggli von Entlebuch Kt. Luzern besuchte den klinischen Unterricht u. die Vorlesungen über Anatomie u. Chemie fleissig und mit gutem Erfolg.» StAZH, UU 19.2, Protokolle der Aufsichtskommission der Tierarzneischule Zürich, S. 516, 531.

121 Zangger wurde an Ostern 1843 in die Schule aufgenommen. Im Laufe seiner Ausbildung erhielt er regelmässig die folgenden Beurteilungen: Schulbesuch: fleissig; Fähigkeit: gut; Sittlichkeit: gut. Diese Bewertungen wurden in den Jahresberichten der Aufsichtskommission der Tierarzneischule vermerkt. Vgl. StAZH, UU 19.2, Protokolle der Aufsichtskommission der Tierarzneischule Zürich, S. 516, 531.

jeweils für kürzere oder längere Zeiten gemäss dem «Reglement für Zootomie vom 22. April 1843» eingeteilt.[122] Damit wurde die Praxis begründet, Schüler beziehungsweise Studierende in die tägliche Arbeit und den Unterricht an der Tierarzneischule zu integrieren, wie es heute noch üblich ist. Wer in diesen Jahren den Unterricht in Veterinärpathologie durchführte, ist nicht eindeutig belegt.

Ein Vorschlag zur Änderung des «Gesetzes betreffend die Thierarzneischule» wurde von der Aufsichtskommission der Tierarzneischule im März 1847 gemeinsam mit der Lehrerschaft im Jahresbericht der Tierarzneischule für das Jahr 1846/47 dem Erziehungsrat zur Kenntnis gebracht und in einem Entwurf vorbereitet.[123] Der Erziehungsrat leitete das Geschäft am 30. September 1847 an den Regierungsrat weiter, der es am 28. März 1848 beriet[124] und den folgenden Beschluss fasste: «Auf den Gesetzentwurf wird eingetreten und derselbe mit Ausnahme einiger Redaktionsveränderungen unverändert angenommen.» Am 26. Juni 1848 trat das neue Gesetz in Kraft, mit dem die Ausbildungsdauer von zwei auf drei Jahre verlängert und der Unterricht angepasst und erheblich verbessert wurde. Es folgte eine komplexe Revision des Stundenplans (Tab. 7, 8). Die Jahreskurse wurden in Sommer- und Wintersemester gegliedert. Das Sommersemester enthielt einerseits Fächer wie Naturgeschichte, spezielle und angewandte Botanik, organische Chemie, allgemeine Chirurgie, Tierzucht pathologische Anatomie, chirurgische Anatomie, Chirurgie, spezielle Pathologie und Therapie und ambulatorische Klinik, die in den Jahreskursen 1, 2 und 3 von den Studenten jeweils einmal gehört wurden, und anderen Fächern wie allgemeine und spezielle Anatomie und Physiologie, allgemeine Pathologie, allgemeine Therapie und Klinik im Krankenstall, die für die Jahreskurse 1 und 3 und 2 und 3 gemeinsam unterrichtet und wiederholt wurden. Im Wintersemester wurde ähnlich verfahren (Tab. 7 und 8). Vergleicht man den Zürcher Lehrplan mit demjenigen der Wiener Tierarzneischule, die von 1812 bis 1852 der Medizinisch-chirurgischen Fakultät der Universi-

122 StAZH, UU 19.1, Protokolle der Aufsichtskommission der Tierarzneischule Zürich.

123 StAZH, UU 19.2, Protokolle der Aufsichtskommission der Tierarzneischule Zürich 1844–1848, S. 9–14, 30–40.

124 StAZH, MM 2.97, RRB 1847/1531; StAZH, MM 24.29, RRB 1848/0020; Neue Zürcher Zeitung, 19. 3. 1848.

Tab. 6: Ankündigung der Kurse an der Tierarzneischule Zürich in der «Neuen Zürcher Zeitung»*

Datum	Durch	Kursdauer (Jahre)	Voraussetzungen				Studiengebühren (in Fr. bzw. Fr. von 2009)					
			Alter (Jahre)	Schule	Unterlagen	Prüfung	Einschreibung		Schulgeld/Jahr		Beitrag Sammlung / Jahr	
							Fr.	Fr. (2009)[8]	Fr.	Fr. (2009)[8]	Fr.	Fr. (2009)[8]
29. 3. 1839	Aufsichtskommission	2[6]		Zürcher Kantonsbürger								
4. 4. 1842	Aufsichtskommission	2	16	Sekundarschule		Ja	8	935	12	1403		
7. 4. 1846	Aufsichtskommission	2	16	Sekundarschule		Ja	8	898	12	1348		
24. 3. 1849	Aufsichtskommission		15	Sekundar-/ Kantonsschule		Ja	8	935	12	1403	1	117
22. 3. 1850	Direktor J. J. Hirzel[1]		16		Geburts-/Taufschein, Sitten-/Schulzeugnis	Deutsch, Arithmetik, Naturgeschichte	8	945	12	1417		
30. 3. 1852	Direktor J. J. Hirzel[2]											
21. 3. 1853	Direktor J. J. Hirzel				Geburts-/Taufschein, Sitten-/Schulzeugnis							
7. 3. 1856	Interimsdirektor R. Zangger[7]	3	16	Vollst. Sekundarschule	Sittenzeugnis, Impfschein							
6. 9. 1871	Direktor R. Zangger, Professor[5]	3	17	Vollst. Sekundarschule	Geburts-/Taufschein, Sitten-/Schulzeugnis, Impfschein	Ja	12	781	40	2603		
14. 9. 1872	Direktor R. Zangger, Professor[5]	3	17	Vollst. Sekundarschule	Geburts-/Taufschein, Sitten-/Schulzeugnis, Impfschein	Ja	12	716	40	2386		
21. 8. 1879	Direktor R. Zangger, Professor[3]	3	17		Geburts-/Taufschein, Sitten-/Schulzeugnis, Impfschein	Ja, Vorbildungen nach eidg. Medizinalprüfung (1878)						
15. 9. 1880	Direktor R. Zangger, Professor	3	17			Ja, Vorbildungen nach eidg. Medizinalprüfung (1878)						
29. 9. 1881	Direktor R. Zangger, Professor	3	17			Ja, Vorbildungen nach eidg. Medizinalprüfung (1878)						
15. 12. 1886	Direktor J. Meyer,	3	17		Ausweis wissenschaftlicher Vorbildung, Sittenzeugnis							
14. 9. 1887	Direktor J. Meyer, Professor[4]	3	17		Heimatschein, Altersnachweis, Schulzeugnis							

1 Revidierter Unterricht B. Wintersemester: Chemie, 5 Std.; allgemeine Botanik, 3 Std.; angewandte Botanik, 4 Std.; Anatomie und Sezierübungen, 6 Std.; Physiologie, 6 Std.; Diätetik, 3 Std.; Tierzucht, 4 Std.; Arzneimittellehre mit Rezeptierkunde, 5 Std.; spezielle Pathologie und Therapie, 5 Std.; Seuchenlehre 5 Std.; spezielle Chirurgie 3 Std.; Geburtshilfe 3 Std.; gerichtliche Tierheilkunde 4 Std.; Klinik im Tierspital und ambulatorische, hauptsächlich bujatrische Klinik, 7 Std.
Revidierter Unterricht: Lehrmittel: chemisches Labor, botanischer Garten, physikalisches und Naturalienkabinett der Hochschule, Anatomie, Tierspital, ambulatorische Klinik, Beschlagschmiede, anatomische, physiologische, pathologische etc. Sammlungen der Anstalt. Vgl. Neue Zürcher Zeitung, 22. 3. 1850.

2 Unterricht durchgeführt von: Physik: Hofmeister; Chemie: Schweizer; Zoologie und Botanik: Menzel; Anatomie, Physiologie, Chirurgie mit Operationskurs: Zangger; Diätetik, Tierzucht und Exterieur: Renggli; allgemeine und spezielle Pathologie und Therapie: Hirzel; Geburtshilfe und ambulatorische Klinik: Bliggensdorfer. Vgl. Neue Zürcher Zeitung, 20. 3. 1852.

3 Nach drei Semestern können die Zöglinge die erste (propädeutische) Staatsprüfung ablegen. An das dritte Schuljahr reiht sich unmittelbar die eidgenössische Schlussprüfung an.

4 Aufnahmeprüfung erstmals auf Grundlage des Regulativs für eidg. Medizinalprüfungen vom 1. Juli 1891.

5 Studienplan: Erstes Jahr. Wintersemester: Physik, wöchentlich 6 Std. von R. Hofmeister; Chemie, 6 Std. von O. Meister; allgemeine Botanik, 3 Std. von A. Guillebeau; Anatomie, 9 Std. von H. Berdez; Histologie, 3 Std. von O. Bollinger. Sommersemester: Chemie, spezielle Botanik, 3 Std. nebst wöchentlichen Exkursionen; Zoologie, 6 Std. von Guillebeau; Physiologie, 7 Std. von Bollinger; histologische Übungen, 3 Std. von demselben; Reiten, 3 Std. von Hafner. Zweites Jahr. Wintersemester: Sezierübungen, 12 Std. von Berdez und Guillebeau; allgemeine Pathologie und pathologische Anatomie, 6 Std. von Bollinger; Arzneimittellehre und Rezeptierübungen von J. Meyer; Pathologie und Therapie, 9 Std. von R. Zangger; Klinik im Tierspital, 6 Std. von demselben. Sommersemester: chemische Arbeiten im Laboratorium, 6 Std. von Meister; Pathologie und Therapie, 6 Std. von Zangger; chirurgische Krankheiten, 6 Std. von Meyer; Operationslehre, 6 Std. von Berdez; Hufbeschlag, 3 Std. von demselben; Klinik im Tierspital, 9 Std. von Zangger. Drittes Jahr. Wintersemester: Geburtskunde, 3 Std. von Meyer; Exoprieren und Beschlag, 5 Std. von Berdez; Klinik im Tierspital, 6 Std. von Zangger; ambulatorische Klinik, 3 Std. von Meyer; Reiten 2 Std. von Hafner. Sommersemester: gerichtliche und polizeiliche Tierheilkunde, 5 Std. von Meyer; Tierzucht, 4 Std. von Zangger; landwirtschaftliche Enzyklopädie, 4 Std. von Berdez; mikroskopische Übungen für pathologische Anatomie, 3 Std. von Bollinger; Klinik, 9 Std. von Zangger; ambulatorische Klinik, 3 Std. von Meyer; Reiten, 2 Std. von Hafner. Vgl. Neue Zürcher Zeitung, 6. 9. 1871.

6 Zweiter Durchgang des zweijährigen Kurses.

7 Studienplan: 1. Schuljahr. Sommersemester: Physik (I. Teil), 3 Std. wöchentlich, mit Benutzung des physikalischen Kabinettes (Prof. Hofmeister); Chemie (I. Teil), 4 Std. im chemischen Laboratorium (Prof. Dr. E. Schweitzer); Botanik nebst Exkursionen, 4 Std.; Zoologie (I. Teil), 3 Std. (Hr. Renggli); spezielle Anatomie, 3 Std. (R. Zangger). Wintersemester: Physik (II. Teil), 3 Std.; Chemie (II. Teil), 5 Std.; allgemeine Botanik 2 Std.; Zoologie (II. Teil) 3 Std.; Anatomie mit Sezierübungen, 7 Std.; Einleitung in die Physiologie, 3 Std. (R. Zangger). 2. Schuljahr. Sommersemester: angewandte Botanik mit einer Exkursion wöchentlich; Physiologie, 6 Std.; Exterieur, 3 Std. (R. Zangger); Diätetik und Tierzucht, 6 Std. (Hr. Renggli); allgemeine Pathologie und Therapie, 5 Std. (R. Zangger); Klinik im Tierspital, 5 Std.; konsultatorische Klinik, täglich. Wintersemester: spezielle Anatomie (II. Teil) mit Sezierübungen, wiederholt, 7 Std.; Arzneimittellehre mit Rezeptierkunde, 5 Std.; pathologische Anatomie, 5 Std.; chirurgische Krankheiten (I. Teil), 4 Std.; spezielle Pathologie und Therapie mit Inbegriff der Seuchen (I. Teil), 6 Std.; Klinik im Tierspital und konsultatorische Klinik, wie im Sommer. 3. Schuljahr. Sommersemester: chirurgische Krankheiten (II. Teil), 4 Std.; spezielle Pathologie (II. Teil), 6 Std.; chirurgische Anatomie und Operationslehre, 3 Std.; Geburtshilfe, 3 Std. (Hr. Bezirkstierarzt Blickenstorfer); konsultatorische und Spitalklinik, wie im zweiten Jahr; ambulatorische Klinik, wöchentlich drei Mal (Hr. Bezirkstierarzt Blickenstorfer). «Die erledigte Lehrstelle der Klinik, Pathologie und Therapie mit Arzneimittellehre wird noch vor Beginn des Kurses besetzt werden.» Vgl. Neue Zürcher Zeitung, 7. 3. 1856.

8 Historischer Lohnindex nach http://swistoval.ch (19. 12. 2017).

* Im Bericht für das Wintersemester 1843/44 vom 2. 4. 1844 schreibt die Aufsichtskommission der Tierarzneischule, dass die Daten der Semesterprüfungen, der Unterrichtsbeginn, die Unterrichtsfächer und andere Angaben regelmässig in den folgenden Zeitungen zu veröffentlichen seien: *Amtsblatt, Zürcher Freitagszeitung, Landbote* (Winterthur), «Zürichzeitung» *(Neue Zürcher Zeitung), Schweizerbote* (Luzern und Aarau), *Erzähler, Glarnerzeitung* und *Bündnerzeitung* Vgl. StAZH, UU 19.2, Protokolle der Aufsichtskommission der Tierarzneischule, S. 495–499. Zur *Zürcher Freitagszeitung* und zum *Erzähler* vgl.: http://www.hls-dhs-dss.ch/textes/d/D43059.php (23. Juli 2016); http://www.hls-dhs-dss.ch/textes/d/D43040.php (23. 7. 2016)

Tab. 7: Stundenplan für das Sommersemester ab 1847

Fächer, die nur einmal gehört werden	Fächer, die wiederholt werden	Stunden
I. Klasse (27 Stunden)		
Physik		6
Naturgeschichte des Thierreiches		6
Botanik spezielle mit Exkursionen		
	I. u. II. Klasse miteinander	27
	Allgemeine Anatomie u. Physiologie	6
	Spezielle Anatomie	4
II. Klasse (35 Stunden)		
Organische Chemie		4
Angewandte Botanik		3
Allgemeine Chirurgie		3
	II. u. III. Klasse miteinander	
	Allgemeine Pathologie	5
	Allgemeine Therapie	3
	Klinik im Krankenstalle	5
III. Klasse (31 Stunden)		
Thierzucht		4
Pathologische Anatomie		3
Chirurgische Anatomie		2
Operative Chirurgie		4
Spezielle Pathologie u. Therapie (chronische Krankheiten)		3
Ambulatorische Klinik		2

Quelle: StAZH, UU 19.2, Protokolle der Aufsichtskommission der Tierarzneischule Zürich, 16. 1. 1847.

tät Wien unterstellt war, so sind beide bezüglich der veterinärmedizinischen Fächer vergleichbar.[125] Abweichend wurden in Zürich hingegen im dreijährigen Ausbildungszyklus zusätzlich naturwissenschaftliche Grundlagenfächer wie Physik, anorganische und organische Chemie sowie Botanik unterrichtet (Tab. 9 und 10).

Die Aufnahmebedingungen an die Tierarzneischule wurden nun auf das Niveau einer dreijährigen Sekundarschule erhöht, das Eintrittsalter

125 Veterinärmedizinische Universität Wien (Hg.): 250 Jahre Veterinärmedizinische Universität Wien. Verantwortung für Tier und Mensch. Wien 2015.

Tab. 8: Stundenplan für das Wintersemester ab 1847

Fächer, die nur einmal gehört werden	Fächer, die wiederholt werden	Stunden
I. Klasse (28 Stunden)		
Unorganische Chemie		5
Allgemeine Botanik		3
Gesundheitserhaltungslehre		4
	I. u. II. Klasse miteinander	28
	Anatomie, Fortpflanzung mit Präparieren	6
	Spezielle Physiologie	5
	Arzneimittellehre mit Rezeptierkunst	5
II. Klasse (36 Stunden)		
Exteriör		4
	II. u. III. Klasse miteinander	
	Spezielle Chirurgie	3
	Spezielle Pathologie und Therapie (akute Krankheiten)	6
	Klinik im Krankenstalle	5
	Ambulatorische Klinik	2
III. Klasse (31 Stunden)		31
Gerichtliche Thierheilkunde		4
Geburtshülfe		2
Hufbeschlag		3
Seuchen		6

Quelle: StAZH, UU 19.2, Protokolle der Aufsichtskommission der Tierarzneischule Zürich, 16. 1. 1847.

wurde jedoch auf 15 Jahre gesenkt (Zschokke, 1920; Hohl, 1979).[126] Auf der Grundlage des neuen Gesetzes erliess der Regierungsrat am 13. Oktober 1849 ein «Reglement für die Thierarzneischule», das die allgemeine und die spezielle Pathologie – neben anderen – als wichtigste Fächer bezeichnete und die Studierenden anhielt, im Rahmen der «Secierübungen beim Tödten der hiezu erforderlichen Thiere und bei Beseitigung der Kadaver unter Aufsicht des Prosektors Hülfe zu leisten».[127]

126 StAZH, MM 2.97, RRB 1847/1531; StAZH, MM 24.29, RRB 1848/0020.
127 StAZH, MM 2.106, RRB 1849/2154.

Veterinärpathologie in den Anfangsjahren

Eine Tätigkeit, die einer Veterinärpathologie ähnlich war, wurde von den Wasenmeistern bereits vor der Gründung der Tierarzneischule ausgeübt. Ihnen stand das Recht zu, bei der Entsorgung von Tierkörpern die Kadaver zur Feststellung von Krankheiten zu häuten, zu öffnen und dann zu vergraben. Dadurch erwarben sie empirisch gewisse grobe Kenntnisse der pathologischen Anatomie. Zangger (1852) verurteilte dies im Nachhinein aufs Schärfste.[128] In anderen Ländern, zum Beispiel in Preussen, versuchte man, diesen Missstand zu beheben, nicht indem man die veterinärpathologische Tätigkeit Tierärzten übergab, sondern durch die «Allgemeine Gewerbeordnung vom 17. Januar 1845», die für den Betrieb einer Abdeckerei eine polizeiliche Genehmigung mit Befähigungsnachweis und eine Betriebsgenehmigung verlangte (Wehmer, 1887).
Abweichungen von der Zürcher Regelung ergaben sich etwa ab der Mitte des 18. Jahrhunderts, wenn Tierseuchen festgestellt wurden oder wenn Tierkörper im Rahmen eines «gerichtlichen» Verfahrens untersucht werden mussten. Diese Untersuchungen wurden bis zur Einführung (1791) der Funktion eines «obrigkeitlichen Vieharztes» (Obervieharzt), der dem Sanitätsrat und ab 1803 dem Sanitätskollegium unterstellt war, zumeist von Ärzten durchgeführt (Kelly, 1911; Storck, 1977). Sie waren als Mitglieder des Sanitätsrats beziehungsweise Sanitätskollegiums mit der Seuchenüberwachung beauftragt.
So berichtete 1815 der Regierungs- und Medizinalrat Johann Joseph Kausch[129] (1751–1825) detailliert über die Sektionsbefunde der Rinder-

128 Vgl. Zangger (1852): «Da wo todte Thiere Wasenmeistern verfallen, welche die Zerschneidung des Cadavers nach dem Gewinnst von Fett, Fleisch, Mist etc. berechnen und einrichten, dabei noch mit der Zeit geizen, kann natürlich von einem gehörigen Befunde keine Rede sein, und zu den vielen Nachtheilen, welche die Wasenmeistereien der Thierheilwissenschaft und dem Publikum bringen, kommt also der neue: sie stehen der Entwicklung der pathologischen Anatomie entgegen. Schätzen wir uns daher glücklich, dass dieses unheilvolle Institut bei uns (im Kt. Zürich) längst den Abschied erhalten hat, und bekämpfen wir dasselbe da, wo es noch wuchert!» Vgl. dazu: Gesetz über die Beseitigung todter Thiere und die Aufhebung der Wasenmeisterstellen vom 13. Januar 1834; Bopp, 1840.

129 Johann Joseph Kausch studierte in Halle Medizin, wo er 1773 promovierte und sich anschliessend, nach einer zweijährigen wissenschaftlichen Reise, in Tra-

pest[130] und grenzte die Veränderungen differentialdiagnostisch klar von der Lungenfäule[131] und dem Milzbrand ab.
Die «gerichtliche» Tierheilkunde, die im Unterrichtskatalog für die Tierarzneischule in Zürich bereits 1820 als Unterrichtsfach genannt wurde (Zschokke, 1920),[132] erlangte damit eine besondere Bedeutung für die weitere Entwicklung der Veterinärpathologie.
Die Funktion des «obrigkeitlichen Vieharztes» wurde anfänglich im Nebenamt zu einer tierärztlichen Praxis ausgeübt. Als erster Tierarzt übernahm von 1791 bis 1810 Heinrich Freudweiler (1769–1836), der seine tierärztliche Ausbildung 1785 an der Ecole vétérinaire royale in Lyon beendet hatte, das Amt des obrigkeitlichen Vieharztes (Häsler, 2014). Er zeichnete für die bisher von Ärzten durchgeführte Kontrolle bei Tierseuchen und deren Bekämpfung verantwortlich, erstellte Gutachten bei Rechtsstreitigkeiten zum Beispiel über Währschaftsfragen[133] und übte

chenberg als praktischer Arzt niederliess, wo er auch am Hof des Fürsten Hatzfeld in ärztlicher Eigenschaft tätig war. In Anbetracht seiner hervorragenden Verdienste um die «Medicinalpolizei» und die «Medicina forensis» wurde er zum «wirklichen Regierungs-Medicinalrathe» nach Liegnitz berufen. Kausch erfreute sich nicht nur als «Medicinalbeamter» und Arzt einer hohen Verehrung, wobei er vorzugsweise die «Staatsmedicin» förderte, die er in zahlreichen Veröffentlichungen, wie zum Beispiel in den dreibändigen *Memorabilien der Heilkunde, Staatsarzneiwissenschaft und Thierheilkunde,* 1813–1819, bearbeitete. Vgl. http://www.deutsche-biographie.de/sfz40249.html (23. 4. 2016).

130 «In der Rinderpest gibt es ausser den Erisionen kein karakteristisches Sektionsdatum.»

131 Alte summarische Bezeichnung verschiedenartiger beim Rind vorkommender entzündlicher Lungenerkrankungen, die zu einer teilweisen Umwandlung des Lungengewebes in eine weiche, eiterartige oder käsige Masse führen. In dieser Auffassung ist die Lungenfäule identisch mit der Perlsucht, mehrfach wurde auch die Lungenseuche des Rindes so bezeichnet. Vgl. http://www.retrobibliothek.de/retrobib/seite.html?id=110658 (23. 4. 2016).

132 Als wichtige Lehrbücher der ersten Jahrzehnte des 19. Jahrhunderts für die «gerichtliche Thierarzney» nennt Johann Georg von Am-Pach auf Grünfelden (1819) unter anderem: Ryss, A.: Gerichtliche Thierarzneykunde. Würzburg 1808; Ammon, W.: Über die Unzulänglichkeit der gesetzlichen Hauptmängel. Nürnberg, Altdorf 1809; Sanders Beyträge zur praktischen und gerichtlichen Thierarzneykunde. Berlin 1810.

133 Gesetze zur Regelung von Währschaftsfragen gehen hauptsächlich auf das römische Recht *(corpus iuris civilis)* sowie das germanische Recht zurück *(leges barbarorum)*. Sie regeln Normen für den Kauf und Verkauf von Lasttieren und Sklaven im Sinn einer Haftverbindlichkeit für alle erheblichen, verborgenen und zur Zeit des Kaufes vorhandenen Mängel. Solche Regelungen bestanden

darüber hinaus die fachliche Aufsicht über die tierärztlich tätigen Personen aus. Von 1810 bis 1817 blieb das Amt des Obertierarztes in Zürich aus unbekannten Gründen unbesetzt. Erst im Jahr 1817 wurde Johann Caspar Michel (1794–1833) auf Vorschlag des Sanitätskollegiums zum «Oberthierarzt» gewählt, ehe er 1820 erster Hauptlehrer an der Zürcher Tierarzneischule wurde.

Michel publizierte seine Erfahrungen in der gerichtlichen Tierheilkunde als «obrigkeitlicher Vieharzt» in einem Artikel im *Archiv für Thierheilkunde* mit detaillierten Sektionsberichten zum Beispiel über eine angeborene und eine erworbene Zwerchfellshernie bei zwei Pferden, einen Fall von Tollwut bei einer Kuh, einen Fall einer thromboembolischen Peritonitis und Befall mit Echinococcus granulosus bei einer Kuh, zwei Fälle von Humerusfrakturen bei Pferden und einen Fall einer hochgradigen thrombotischen Endocarditis bei einem Pferd (Michel, 1820b). Weitere Fallberichte, die auch Sektionsbefunde enthielten, folgten (Michel 1820a). Später, im Jahr 1826, verfasste er unter Zusammenfassung seiner bisherigen Erfahrungen ein Lehrbuch der gerichtlichen Tierheilkunde (Michel, 1826; Abb. 13B). Dieses Werk enthält detaillierte Anweisungen über das schrittweise Vorgehen vor und bei der Durchführung einer gerichtlichen Sektion und gibt eine genaue Sektionsanleitung mit Hinweisen zur Protokollierung, die durchaus heutigen Vorstellungen entspricht (Tab. X). Weiter schreibt Michel (1826), dass der Tierarzt auch bei «geringfügig erscheinenden Fällen» eine Sektion immer selbst vornehmen soll, wobei er «nicht den Abdeckersknecht zu machen habe, denn durch diesen kann er ohne Nachteil für die Sektion immerhin die Haut abziehen lassen».[134] Michel integrierte diese Kenntnisse und Erfahrungen in seinen Unterricht

bis 1911 nur in den Kantonen Aargau, Basel, Luzern, St. Gallen, Thurgau, Zürich und Schaffhausen. Vgl. Michel, 1826. – Ab diesem Jahr wurde die Gewährleistung im Viehhandel, die dann schriftlich erfolgen musste, durch eine Verordnung des Bundesrats einheitlich geregelt. Vgl. Fröhner, 1948.

134 Weiter bemerkt Michel (1826): «Diese Vorsicht soll der gerichtliche Tierarzt niemals unterlassen, denn, ohne die Ehrlichkeit den Knechten eines Abdeckers abzusprechen, die sie, gewiss so gut besitzen können, als jeder andere Mensch, so können sehr oft, wenn der gerichtliche Thierarzt die gänzliche Section denselben überlässt, durch den Mangel der niemals von diesen Leuten zu fordernden anatomischen Kenntnisse, Fehler bey der Eröffnung begangen werden, die niemals geschehen würden, wenn der gerichtliche Thierarzt, seiner Pflicht gemäss, selbst dieselbe vornähme [...].»

an der Tierarzneischule, sodass sich dieses Vorgehen rasch in der Praxis etablierte. Davon zeugen verschiedene Veröffentlichungen aus dem Kreis seiner Studenten. Tierarzt Sebastian Frey (1791–1825)[135] aus Erlen im Kanton Thurgau berichtete zum Beispiel über die Sektion eines an Rotz erkrankten und getöteten Pferdes. Besonders genau beschrieb und bestimmte er dabei verschiedene Darmparasiten (Fadenwürmer, Strongyliden) sowie eine grosse Zahl von Darmsteinen (Fey, 1820). Obertierarzt Johann Meyer (Lebensdaten unbekannt) aus Solothurn berichtete 1839 über einen klassischen Fall einer Sektion, bei der als Zeuge ein weiterer Tierarzt zugegen war und die feststellen sollte, ob die Krankheit eines Pferdes bereits vor dessen Verkauf bestanden hatte (Währschaftsfall). Im Gegensatz zu Michels Empfehlung wurde hier die Sektion jedoch von einem Wasenmeister durchgeführt (Meyer, 1839). Obertierarzt Adjunkt Heinrich Ernst (1790–1854) aus Töss im Kanton Zürich berichtete 1831 über die Sektion von zwei an einer Eiben-Vergiftung verendeten Pferden (Ernst, 1831). Tierarzt Kaspar Krauer aus Stäfa im Kanton Zürich (Lebensdaten unbekannt) schliesslich berichtete über die Sektion eines Pferdes mit ausgedehnter adhäsiver Peritonitis, das wegen zunehmender Verschlechterung des Allgemeinbefindens getötet wurde (Krauer, 1846).
Veterinärpathologische Lehrinhalte wurden gemäss der 1819 vom Kleinen Rat des Kantons Zürich erlassenen «Verordnung einer Unterrichtsanstalt für junge Leute, welche sich der Thierheilkunde widmen wollen», in den folgenden Fächern vermittelt (Zschokke, 1920): Tierzergliederungskunde (Zootomie, entspricht einem Sektionskurs), allgemeine Krankheitslehre (enthält allgemeine Pathologie), besondere Krankheitslehre und Heilkunde mit vorzüglicher Rücksicht auf Seuchen und gerichtliche Tierheilkunde (enthält spezielle Pathologie und Sektionsanleitung) (Funke, 1839).[136]

135 Fey absolvierte einen Teil seiner Ausbildung mit einem Stipendium des Sanitätsrat des Kantons Thurgau in Wien. Vgl. Senn, 2014.

136 Im Kapitel Tuberkelkrankheiten beschreibt Funke (1839), S. 470–471: «Die Erscheinungen nach dem Tode sind unzweideutig. Nicht nur an der serösen Brusthaut und allen ihren einzelnen Partien, sondern auch an dem serösen Überzuge der Leber, Nieren, am Bauchfelle, Netze und Gekröse findet man verschieden geformte Tuberkeln, meistens hirsekorn, selten erbsengross, vereinzelt, wie übersäht, gruppenweise, oder traubenförmig zusammengehäuft, mit breitem Grunde oder polypenartig gestielt, gelblich, gelbbraun, röthlich, fleischig warzenartig, bald weicher bald härter, wie verhärtete Gekrösedrüsen [...]. Werden die Thiere zeitig geschlachtet so findet man fast alle übrigen Organe gesund, in den übrigen

Die Sektionstechnik unterrichtete man im Rahmen des Faches Zootomie (Storck, 1977). Der Begriff pathologische Zootomie taucht in der Literatur erst später auf, zum Beispiel im 1869 veröffentlichten *Lehrbuch der pathologischen Zootomie* von Andreas Bruckmüller (1823–1883), dem Lehrer für pathologische Anatomie am Militär-Veterinär-Institut in Wien. Es ist jedoch anzunehmen, dass der Begriff Zootomie in dieser Zeit sowohl für die klassische Anatomie als auch für die pathologische Anatomie und die diesbezüglichen Sektionen verwendet wurde.

An der Medizinischen Fakultät der 1833 gegründeten Universität Zürich wurden Kurse in Sektionstechnik erst ab 1842 in den Ausbildungsgang integriert (Heitz, 2006).

Als eigenständiges Fach tritt Veterinärpathologie – analog zur Humanpathologie am Medizinisch-chirurgischen Institut in Zürich – nicht auf. In der Humanmedizin erfolgte die Schaffung eines ersten Lehrstuhls für Pathologie 1819 an der Universität Strassburg. In der Schweiz erfolgte die Etablierung einer ersten Professur für Physiologie und allgemeine Pathologie an der Medizinischen Fakultät der Universität Basel im Jahr 1837 (Heitz, 2006). An der Medizinischen Fakultät der 1833 gegründeten Universität Zürich wurde in den Anfangsjahren zwischen 1840 und 1845 nur während eines Semesters eine nichtobligatorische Vorlesung über pathologische Anatomie gehalten. Ab 1840 wurde ein Extraordinariat für pathologische Anatomie eingerichtet (Heitz, 2006).

An den zu Beginn des 19. Jahrhunderts etablierten deutschsprachigen Tierarzneischulen wurde das Fach allgemeine Pathologie von Beginn an als eigenständiges Lehrgebiet gelehrt. Daher existierten darüber bereits Lehrbücher (Schwab, 1818; Abb. 13A, später weitere Auflagen). In der «Vorrede» zu seinem Buch über allgemeine Pathologie schreibt Schwab unter anderem: «Ihr vorzügliches Augenmerk werden die Professoren und Lehrer der Central-Veterinär-Schule dahin richten, dass die in den Vorlesungen abzuhandelnden Materien, mit Weglassung aller spekulativen Theoreme, bloss das Gewisse und praktisch Brauchbare dieser Wissenschaft umfassen, und dass dabei der Vortrag den Zuhörern, nach ihrer Fassungskraft, angemessen sei.» Weiter führt er aus: «In dem Sinne dieser Bestimmungen glaube ich das vorliegende Lehrbuch bearbeitet zu

Fällen findet man aber die Folgen der allgemeinen Abzehrung des fauligen Zehrfiebers und häufig in dem Parenchym der Lungen und Leber Blasenwürmer.»

haben, und damit dem Bedürfnisse meiner Zuhörer zu begegnen, welches aus der Fehlerhaftigkeit ihrer abgeschriebenen Hefte entspringt.»
In der auf dem Gesetz über die Tierarzneischule von 1847 beruhenden «Verordnung betreffend die Prüfung der Medizinalpersonen» des Kantons Zürich von 1851, die weitgehend der «Examenordnung»[137] aus dem Jahr 1833 entspricht (Bopp, 1840), werden Lehrinhalte, welche die Pathologie betreffen, in den folgenden Abschnitten unterrichtet und geprüft:

«Erste Abtheilung» (vor einer aus zwei Mitgliedern des Medizinalrats und drei Examinatoren bestehenden Kommission):
- Zootomie
- allgemeine Pathologie und Therapie

«Zweite Abtheilung» (schriftliche Prüfung, bestehend aus Fragen, die aus einer Sammlung ausgelost wurden):
- spezielle Pathologie und Therapie
- gerichtliche oder polizeiliche Tierheilkunde

«Dritte Abtheilung»:
- klinische Fächer

«Vierte Abtheilung (Die letzte [Haupt-]Prüfung findet vor dem Medizinalrathe statt)»:
- gerichtliche und polizeiliche Veterinärkunde

Die Prüfungen an der Tierarzneischule erfolgten ab 1851 nach der «Verordnung betreffend die Prüfungen der Medizinalpersonen».[138] In der

137 In der Examensordnung heisst es unter anderem: «Sie [die Tierärzte] sollen sich der Ausübung der Menschenmedizin, die sie nicht erlernt haben, gänzlich enthalten, hingegen in ihrem Berufe immer weiter fortstudieren, in der Überzeugung, dass, wer dies nicht thut, in seinen Kenntnissen statt Fortschritte, Rückschritte macht.» Vgl. Bopp, 1840.

138 Dort heisst es: «Für den Zutritt zur thierärztlichen Prüfung hat der Kandidat sich auszuweisen, dass er einen vollständigen dreijährigen Kurs an der hiesigen oder einer ausländischen Thierarzneischule gemacht, und dass er im letzten Falle diejenigen Bedingungen erfüllt habe, welche zur Aufnahme in die hiesige Thierarzneischule erforderlich sind.» Prüfungsordnung, in: Archiv für Thierheilkunde, 1851, S. 281–285.

«ersten Abtheilung» der Prüfung wurde unter anderem Zootomie und allgemeine Pathologie geprüft, die «zweite Abtheilung» beinhaltete eine schriftliche Prüfung unter anderem zu Fragen der speziellen Pathologie und der polizeilichen Tierheilkunde (gerichtliche Tierheilkunde), wobei die Fragen unter den Kandidaten ausgelost wurden. In der «dritten und vierten Abtheilung» der Prüfung wurden praktische und theoretische klinische Kenntnisse der Kandidaten beurteilt. Nach erfolgreichem Abschluss der Prüfung wurde das Patent erteilt. Die Prüfungsgebühren betrugen insgesamt 31 Franken.[139]

Eine Ausschreibung des Studienbeginns und Einladung zur Bewerbung erfolgte wie in den Jahren zuvor einigermassen regelmässig in der *Neuen Zürcher Zeitung* (24. März 1849, 22. März 1850, 30. März 1852, 21. März 1853 und 7. März 1856; vgl. Tab. 6). Dabei wurde auf den nach 1848 revidierten Unterricht hingewiesen, die unterrichteten Fächer und die Namen der Dozierenden sind erwähnt.

Wirth war von 1820 bis 1847 ausser für den Unterricht in allgemeiner Pathologie[140] (bis 1829) für denjenigen in Physiologie, Pharmakologie, Hygiene und Seuchenlehre (Wirth, 1822) verantwortlich (Tab. 9).

1849 wurde Zangger nach einer Probelektion, zu der eine Delegation der Aufsichtskommission entsandt wurde, zum Hilfslehrer und Prosektor gewählt.[141] Kurz darauf, am 15. August 1849, verstarb Wirth überraschend, sodass die Verteilung der Fächer erneut angepasst werden musste. Die Stelle des zweiten Hauptlehrers, der unter anderem für die gerichtliche Tierheilkunde verantwortlich sein sollte, wurde in der *Neuen Zürcher Zeitung* vom 27. August 1849 ausgeschrieben und Zangger zuerst provisorisch, 1850 definitiv gewählt (Kleiner, 2008). Ebenfalls beworben hatte sich Johann Alois Renggli.[142] Mit der Begründung, dass Renggli kein Zürcher, sondern St. Galler Kantonsbürger sei, setzten sich «mehrere

139 Den beteiligten Lehrern standen für die erste, dritte und vierte Abteilung jeweils 6 Franken, den Koexaminatoren 9 Franken, dem Abwart 1 Franken und der Kanzlei jeweils 3 Franken zu. Vgl. ebd.

140 Als Lehrbuch diente: Schwab, Konrad Ludwig: Entwurf einer allgemeinen Pathologie der Hausthiere. München 1818.

141 StAZH, UU 19.3, Protokolle der Aufsichtskommission der Tierarzneischule Zürich 1849–1862 vom 14. und 15. 10. 1850.

142 Johann Alois Renggli (* 1821) geboren in Schmerikon (SG). Für biografische Angaben siehe Kleiner (2008).

Tab. 9: Unterricht in Veterinärpathologie in den ersten Jahren an der Tierarzneischule Zürich

Jahr	Fach						
	Allgemeine Pathologie		Spezielle Pathologie und Therapie	Pathologische Anatomie			Gerichtliche Tierheilkunde
	Vorlesung	Pathologische Histologie	Vorlesung und Zootomie	Vorlesung	Pathologische Histologie	Sektionsübungen / Tierzergliederungskunde	
1820	Conrad Wirth		Johann Caspar Michel			Conrad Wirth	Johann Caspar Michel
1825							
1829							
1830							
1834							
1840			Conrad Wirth				C. Wirth
1845							Johann Jakob Hirzel
1847	Johann Jakob Hirzel		Johann Jakob Hirzel				
1850							
1855							
1857			Hans Rudolf Zangger	Hans Rudolf Zangger	Hans Rudolf Zangger	Alois Renggli	Alois Renggli
1860							
1864							
1865				Hans Rudolf Zangger / Johann Feser	Hans Rudolf Zangger / Johann Feser		
1866	Richard Metzdorf	Richard Metzdorf					
1867							Rudolf Meyer
1868				Otto A. Siedamgrotzky	Otto A. Siedamgrotzky	Otto A. Siedamgrotzky	
1870							
1870				Rudolf Meyer	Rudolf Meyer	Rudolf Meyer	
1871	Otto Bollinger	Otto Bollinger		Otto Bollinger	Otto Bollinger	Erwin Zschokke	
1872							
1873							
1874							

schweizerische Thierärzte, zum grössten Theil ehemalige Studirende der zürch. Thierarzneischule» in einem Leserbrief in der *Neuen Zürcher Zeitung*[143] ohne Nennung der Namen der Bewerber für den Zürcher Kandidaten, also Zangger, ein.

Ab dem Sommersemester 1853 sah die Verteilung des Unterrichts für die Pathologie wie folgt aus: Hirzel unterrichtete allgemeine und spezielle Pathologie und Therapie, Zangger pathologische Anatomie und gerichtliche Tierheilkunde (Hohl, 1979).

Von 1847 bis 1855 wurde das Fach allgemeine Pathologie neben der Naturgeschichte der Säugetiere (Abb. 16) von Johann Jakob Hirzel (1806–1855) übernommen (Tab. 9), von 1849 bis zu seinem Tod 1855 war Hirzel zudem Direktor der Tierarzneischule.[144] Nach dessen Hinschied erfolgte bis 1869 kein Unterricht in allgemeiner Pathologie.

Ab dem Sommersemester 1853 sah die Verteilung des Unterrichts für die Pathologie wie folgt aus: Hirzel unterrichtete allgemeine und spezielle Pathologie und Therapie, Zangger pathologische Anatomie und gerichtliche Tierheilkunde (Hohl, 1979).

Ein Mikroskop

Am 22. Juli 1837 genehmigte die Aufsichtskommission der Tierarzneischule den Antrag der Lehrerschaft der Schule auf Anschaffung eines Mikroskops.[145] Die rasche und klare Entscheidung der Aufsichtskommission für die Anschaffung eines Mikroskops wurde durch eine öffentliche Demonstration mikroskopischer Darstellungen positiv beeinflusst, die im Verlauf des Februars im Zürcher Zunftsaal zur Zimmer-

143 Neue Zürcher Zeitung, 18. 10. 1849.

144 StAZH, MM 2.119, RRB 1853/440.

145 In diesem Antrag wird die Spezifikation des Mikroskops genau beschrieben: «Ein Microscop mit vollständigem Apparat und drey achromatischen Objectiv-Linsen. Die schwächste Flächenvergrösserung ist 400, die stärkste 13 225 Mal von Bamberger.» Die Aufsichtskommission wünschte zu einer Demonstration des Mikroskops an die Tierarzneischule eingeladen zu werden. Vgl. StAZH, UU 19.1, Protokolle der Aufsichtskommission der Tierarzneischule Zürich.

leuten durch die Herren Gross und Köhler durchgeführt und für die im *Zürcherischen Wochenblatt* mit einer Annonce geworben wurde.[146]
Für das Medizinisch-chirurgische Institut der Humanmedizin war eine derartige Anschaffung bereits im Jahr 1816 erfolgt (Leisibach, 1982).
Es ist anzunehmen, dass Zangger das Mikroskop an der Tierarzneischule für seine Publikation über den erfolgreichen diagnostischen Einsatz des Mikroskops in zwei Fällen nutzte (Zangger, 1847). Da der Tierarzneischule ein einziges Mikroskop zur Verfügung stand, entzündete sich um dessen Nutzung immer wieder Streit zwischen Hirzel und Zangger, ohne dass Einzelheiten darüber bekannt sind (Hohl, 1979).
Wozu wurde in diesen Jahren das Mikroskop der Tierarzneischule genutzt? Offenbar sollte damit der Unterricht verbessert werden. Vor der Einführung der Technik zur Herstellung von Gewebeschnitten erlaubte der Einsatz der Mikroskopie in erster Linie die Beobachtung von Körperflüssigkeiten und Nativ- oder Zupfpräparaten von Geweben (Abb. 8A–B). Julius Vogel (1814–1880)[147] berichtete 1841 zum Beispiel über die persönliche Teilnahme an einem von Alfred Donné (1801–1878)[148] in Paris abgehaltenen «Cours d'analyse microscopique», bei dem «das Sonnenmikroskop»[149] angewandt wurde, «um einer Menge von Zuhörern zu gleicher Zeit die feinere Histologie der Pflanzen und Thiere sichtbar zu machen. [...] dass man Krystalle [...]; ferner Infusorien, den Kreislauf der Charen (Armleuchteralgen), den Blutkreislauf in den Schwimmhäuten der Froschfüsse, selbst die Primitivbündel der Muskelfasern, die Fettzel-

146 Zürcherisches Wochenblatt, Nr. 11, 8. 2. 1836.

147 Julius Vogel war an der Universität Göttingen von 1840 bis 1842 Privatdozent und bis 1846 Professor für pathologische Anatomie. Danach war er Professor an der Universität Giessen und Halle. Er zählte zu den wichtigsten Pathologen in der Zeit zwischen 1830 und 1850. Vgl. https://de.wikipedia.org/wiki/Julius_Vogel_(Mediziner) (4. 4. 2016).

148 Alfred Donné war ein französischer Bakteriologe und Pionier der Anwendung der Mikroskopie. Vgl. https://en.wikipedia.org/wiki/Alfred_François_Donné (4. 4. 2016).

149 «Ein Sonnenmikroskop ist ein Projektionsmikroskop, das in einem verdunkelten Raum verwendet wird. Dabei wird mit einem ausserhalb des Raumes befindlichen Spiegel Sonnenlicht auf eine Sammellinse reflektiert. Das durch die Linse gebündelte Licht fällt auf das Präparat, das durch eine Linse (oder ein Linsensystem) auf einen Schirm abgebildet wird. Insofern ähnelt die Funktionsweise eines Sonnenmikroskops eher einem Diaprojektor als einem Mikroskop.» Vgl. https://de.wikipedia.org/wiki/Sonnenmikroskop (20. 4. 2016).

len u. dgl. auf eine für den ersten Unterricht vollkommen genügende Weise erkennen konnte.»

Als Lehrbuch für dieses Fach diente das von Friedrich Andreas Gerber (1797–1872)[150] 1840 veröffentlichte *Handbuch der allgemeinen Anatomie des Menschen und der Hausthiere,* das auf sieben lithografierten Tafeln mikroskopische Abbildungen – auch von histopathologischen Veränderungen wie zum Beispiel von Eiter oder Jauche – zeigt (Hirzel, 1842).[151] Gerbers Lehrbuch erschien damit vier Jahre vor dem *Cours de microscopie* von Alfred Donné (1844), in dem ebenfalls einige mikroskopische Bilder wiedergegeben sind (Vogel, 1841; Diamantis et al., 2009; Thorburn, 1974). Die von Gerber und Donné dargestellten mikroskopischen Abbildungen entstanden auf der Basis von Daguerreotypien und wurden zur Verwendung im Druck lithografiert (Häsler, 2013; Diamantis et al., 2009). Vogel (1841) schreibt dazu: «Daguerreotypes: Diese Methode giebt sehr schöne und vollkommen naturgetreue Abbildungen mikroskopischer Gegenstände: sie erhält dadurch einen doppelten Werth, dass man in neuester Zeit ziemlich gelungene Versuche gemacht hat, die auf diese Weise erhaltenen Abbildungen durch unmittelbaren Abdruck der Platte

150 Friedrich Andreas Gerber war Professor für Medizin und Tierheilkunde sowie Prosektor der Anthropotomie in Bern. Nach dem Bekanntwerden der Technik der Daguerreotypie durch Louis Daguerre am 7. Januar 1839 meldete Gerber Prioritätsansprüche für die Nutzung dieser neuen Technik zur Darstellung mikroskopischer Bilder an, die im *New-York Mirror. A Weekly Journal Devoted to Literature and the Fine Arts* am 25. 5. 1839, S. 377–384, anerkannt und publiziert wurden. Gerber hatte eine der Daguerreotypie vergleichbare Methodik bereits 1836 entwickelt. Offenbar hielt im Dezember 1836 ein Reverend Reade einen Vortrag vor der Royal Society in London, der ein ähnliches Verfahren vorstellte. In allen Fällen nutzten die Autoren ein sogenanntes Sonnenmikroskop, mit dem mikroskopische Bilder projiziert werden konnten. Als Erfinder gilt Johann Nathaniel Lieberkühn (1711–1756), der eine Beschreibung 1738 darüber veröffentlichte. Gabriel Daniel Fahrenheit (1686–1736) hatte in Amsterdam allerdings bereits 1701 ein solches Mikroskop entwickelt. Vgl. dazu: Tobin, 2009; Häsler, 2013a; Gerlach, 2009.

151 Johann Jakob Hirzel äusserte sich als Lehrer der Tierarzneischule in seinem *Bericht an die Versammlung Schweizerischer Thierärzte in Aussersihl, 1840, über den Stand und Fortgang der Veterinärwissenschaft* zu Gerbers *Handbuch der allgemeinen Anatomie des Menschen und der Hausthiere* wie folgt: «[…] ein mit vorzüglichem Fleisse bearbeitetes, auf mikroskopische Untersuchungen gegründetes Werk, das seinen Gegenstand in noch nie gesehener Weise erschöpft, und durch die bei gegebenen lithographierten Tabellen grössere Verständlichkeit erhalten hat.» Vgl. Hirzel, 1842.

zu vervielfältigen (Donné in Paris und Joseph Berres in Wien).[152] Das Verfahren dabei ist aber erst kürzlich bekannt geworden.»

In den archivierten Dokumenten der Tierarzneischule finden sich bis circa 1851[153] keine weiteren Hinweise für die Verwendung des Mikroskops bei histopathologischen Untersuchungen von tierischen Geweben. Einzelne Diagnosen, die später in die Sammlungskataloge eingetragen wurden, lassen den Schluss zu, dass diese mit grosser Wahrscheinlichkeit über histopathologische Untersuchungen abgesichert worden waren.

Erst 1867 wurden für die Tierarzneischule weitere sechs Mikroskope zur Verwendung im Unterricht beschafft,[154] obwohl die «Gesetzlichen und reglementarischen Vorschriften betreffend die Thierarzneischule Zürich» im Rahmen des «Gesetzes über das gesammte Unterrichtswesen des Kantons Zürich vom 23. Christmonat» (Dezember) 1859 als Fach unter anderem mikroskopische pathologische Anatomie vorsahen.[155] Dass die Geräte Verwendung fanden, zeigen Eintragungen in den Sammlungskatalogen ab etwa 1868, in denen Präparate erwähnt sind, die einen eindeutigen Bezug auf histopathologische Diagnosen aufweisen, wie zum Beispiel diejenigen von Tumoren, die nur durch eine histopathologische Untersuchung zu diagnostizieren waren. Eine besondere Häufung von eindeutigen histopathologischen Diagnosen zeigt sich im Sammlungskatalog in der Ära von Bollingers ab 1871.

152 Joseph Berres (1796–1844) war ohne reguläres Studium 21-jährig als Professor für Anatomie in Lemberg berufen worden, ehe 1830 der Ruf an die Universität Wien folgte. Besondere Bedeutung erlangte er durch die Einführung des Mikroskops in die anatomische Forschung. Überdies beschäftigte er sich mit der Weiterentwicklung der Daguerreotypie. So erfand er ein Verfahren, Daguerreotypien im Druck zu vervielfältigen. Vgl. dazu: Österreichisch-Kaiserliche privilegierte Wiener Zeitung, 18. 4. 1840; https://de.wikipedia.org/wiki/Joseph_Berres_(Anatom) (4. 4. 2016).

153 Da die ersten eingehenden Aufzeichnungen (Protokollbücher) über Sektionen und histopathologische Untersuchungen an der Tierarzneischule Zürich erst ab 1874 vorliegen, stützt sich diese Aussage auf die im Institut vorliegenden Kataloge für die Sammlung der pathologischen Abteilung der Tierarzneischule von 1849–1851 und anschliessend bis 1875.

154 StAZH, MM 2.177, RRB 1867/1675, Bewilligung eines Kredits von 1000 Franken für die Anschaffung von Mikroskopen und Sektionsinstrumenten.

155 StAZH, Z 79.245, «Gesetz über das gesammte Unterrichtswesen des Kantons Zürich vom 23. Christmonat 1859».

3. Die Ära von Hans Rudolf Zangger und Erwin Zschokke

Zusammenfassung

Dieses Kapitel ist zwei herausragenden Persönlichkeiten gewidmet, die sich an der Zürcher Tierarzneischule neben vielen anderen Tätigkeiten intensiv damit befassten, tote Tiere zum Reden zu bringen. Ihr dabei erworbenes Wissen gaben sie mit grossem Engagement an ihre Schüler und Studierenden weiter. Die in der zweiten Hälfte des 19. Jahrhunderts teilweise stürmische Entwicklung der technischen Möglichkeiten der Pathologie wurde von ihnen aufgenommen, mitgestaltet und in die Veterinärpathologie integriert. Damit trugen sie dazu bei, die Sprache der toten Tiere noch besser zu verstehen.

Hans Rudolf Zangger

Nach dem plötzlichen Ableben von Johann Jakob Hirzel am 5. November 1855 wurde die Stelle in der *Neuen Zürcher Zeitung* vom 19. Februar 1856 ausgeschrieben (Abb. 18) und Hans Rudolf Zangger (1826–1882; Abb. 15A; Senn 1993; Kleiner 2008) am 25. Oktober 1856 auf das Wintersemester 1856/57 in Hirzels Nachfolge als erster Hauptlehrer und Direktor der Tierarzneischule gewählt und in den Folgejahren regelmässig bestätigt.[156] Nach seiner Ausbildung an der Tierarzneischule in Zürich (1842–1845) und der Abschlussprüfung im Jahr 1846 (Kleiner, 2008) begann er seine berufliche Karriere als praktizierender Tierarzt

156 StAZH, MM 2.134, RRB 1856/1449; Neue Zürcher Zeitung, 20. 2. 1857: «Der Regierungsrath wählte zum Director der Thierarzneischule Hrn. Zangger»; StAZH, MM 2.178, RRB 1867/1992, Wiederwahl zum Beispiel am 18. 10. 1867.

bei Bezirkstierarzt Hermann Frei († 1898) in Weiningen (ZH). Kurz darauf nahm er, unterstützt durch ein Stipendium des Zürcher Regierungsrats, das Studium der Philosophie und der Medizin an der Universität Zürich auf (Kleiner, 2008; Strebel, 1882; Senn, 1993). 1847 brach er das Studium aufgrund des Sonderbundskriegs ab, während dem er für die Tagsatzungstruppen Dienst leistete. Das Studium nahm er offenbar danach nicht wieder auf. Es folgten 1848/49 eine kurze Tätigkeit an der Tierarzneischule von Bern sowie eine Weiterbildung an den Tierarzneischulen in Lyon und Toulouse, wo er insgesamt sechs Monate verbrachte (Kleiner, 2008). Anschliessend bewarb sich Zangger gleichzeitig mit Alois Renggli (* 1821; Abb. 15A) um die 1849 an der Zürcher Tierarzneischule ausgeschriebene Stelle als Prosektor.
Nach Probevorträgen beider Bewerber zog Renggli seine Bewerbung zurück und Zangger erhielt die Stelle (Kleiner, 2008). Kurz nach seinem Stellenantritt verstarb am 18. August 1849 der zweite Hauptlehrer der Zürcher Tierarzneischule Johann Conrad Wirth, worauf dessen Stelle ausgeschrieben wurde. Erneut bewarben sich Renggli und Zangger. Dieser erhielt die Stelle zuerst provisorisch und ab 1850 definitiv. Renggli konnte sich mit der Ernennung zum Prosektor und Hilfslehrer trösten (Kleiner, 2008). Im Jahr 1856 wurde Renggli – nach einer weiteren Bewerbung (Abb. 18)[157] – zum zweiten Hauptlehrer befördert. Zangger und Renggli arbeiteten, obwohl sie Konkurrenten bei den diversen Bewerbungen gewesen waren, offenbar sehr gut und mit grossem Engagement zusammen. So boten sie zum Beispiel im Jahr 1852 ein gemeinsames sonntägliches (sic) Repetitorium für die Schüler der Tierarzneischule in Zürich an.[158]
Zangger bewies bei seiner Tätigkeit als Direktor in den folgenden Jahrzehnten Führungsstärke und prägte die Geschicke der Tierarzneischule in besonderem Mass. Seine Willensstärke, sein Durchsetzungsvermögen und sein offenbar keinem Streit aus dem Weg gehendes Wesen kamen ihm dabei zumeist zu Hilfe. Andererseits führte sein selbstsicheres Auftreten zu Auseinandersetzungen mit seinem Vorgänger als Direktor, Johan Jakob Hirzel, der in einem schriftlichen Bericht an die Auf-

157 Neue Zürcher Zeitung, 19. 2. 1856.
158 StAZH, UU 19.3, Protokolle der Aufsichtskommission der Tierarzneischule Zürich 1849–1862, S. 98.

sichtskommission der Tierarzneischule über folgende «Versäumnisse» Zanggers klagte: «Zangger habe erstens im Frühjahr 1855, bedingt durch seine Tätigkeit als Zürcher Grossrat ohne Bericht an den Direktor Unterrichtsstunden ausfallen lassen und zweitens anderen Lehrern den Zugang zum einzigen Mikroskop vorenthalten.» Die Aufsichtskommission sprach Zangger deswegen ihre Missbilligung aus.[159] In den darauffolgenden Jahren kam Zangger der Verpflichtung zur Meldung seiner Abwesenheiten, auch später als Direktor der Tierarzneischule, soweit bekannt, regelmässig nach.[160]

Es ist wohl seinen insbesondere politischen Aktivitäten als Zürcher Gross- und Kantonsrat[161] (1854–1882) und später auch als National- (1866–1875) und Ständerat (1875–1878), eidgenössischer Oberpferdarzt (1869–1882) und eidgenössischer Viehseuchenkommissär (1866–1882), als der er für die Bekämpfung des Rinderpestausbruchs 1871 verantwortlich war (Zangger, 1873; Häsler, 2013), zu verdanken, dass sich die Schule positiv entwickelte. Das gilt vor allem für die Zeit um 1855, in der von verschiedenen Seiten die Aufhebung der Schule beziehungsweise der Anschluss an das Polytechnikum (heute ETH Zürich) gefordert wurde. Zanggers intensivem Einsatz ist es zu verdanken, dass diese Pläne nicht verwirklicht wurden (Zschokke, 1920).

159 StAZH, UU 19.3, Protokolle der Aufsichtskommission der Tierarzneischule Zürich 1849–1862, Eintrag vom 16. 6. 1863, S. 119–120.

160 In den Protokollen der Aufsichtskommission der Tierarzneischule von 1849–1862 heisst es zum Beispiel am 21. Mai 1856: «Herrn Zangger wird vom 24. Mai bis 14. Juni Urlaub zur Reise nach Paris als eidgenössischer Preisrichter bei der Thierausstellung unter der Bedingung gegeben, dass unter seiner Verantwortlichkeit Herr Meister den Spital und die Klinik besorge, und er nach seiner Zurückkunft die im Unterricht entstandenen Lücken durch Nachholen der Stunden ausfülle.» Zangger (1857) berichtete am 5. 10. 1857: «Auf die telegraphische Meldung des Herrn Director Zangger von Bern aus, woselbst er als Präsident für die eidgenössische Thierausstellung fungiert, dass ihm das Erscheinen an der Semestralprüfung unmöglich sei, wird die Prüfung über specielle Pathologie und Therapie Herrn Bliggenstorfer und über Chirurgie Herrn Renggli übertragen.» StAZH, UU 19.3. Im Jahr 1876 beantragte Zangger zur Beratung des Militärgesetzes im Nationalrat am 30. Juli für unbestimmte Zeit Urlaub. Vgl. StAZH, UU 19.5, Protokolle der Aufsichtskommission der Tierarzneischule von 1874–1883, Eintrag Nr. 13.

161 Im Kanton Zürich war die Bezeichnung für das kantonale Parlament bis 1869 Grosser Rat, anschliessend Kantonsrat.

Private Probleme Zanggers, wie eine Ehescheidung, wirkten sich durch eine von politischen Gegnern gesteuerte Pressekampagne zeitweise negativ auf seine politischen Aktivitäten aus.
In den ersten Jahren ab 1857 wurde der Unterricht in Veterinärpathologie im Wesentlichen von Zangger und Renggli durchgeführt. Später war der gesamte Unterricht an der Tierarzneischule durch einen häufigen Wechsel des Lehrpersonals gekennzeichnet. Zanggers Mitgliedschaft im zürcherischen Sanitätsrat (ab 1856) ist es zu verdanken, dass der gute Ruf der Tierarzneischule trotz des häufigen Lehrerwechsels nicht litt und die immer wieder aufflammenden Diskussionen über die Aufhebung der Schule letztlich verstummten. Schliesslich wurde die Tierarzneischule im «Gesetz über das gesamte Unterrichtswesen» vom 23. Dezember 1859 als definitiver Bestandteil der kantonalzürcherischen Bildungsanstalten festgeschrieben. Das Gesetz reorganisierte auch die Zusammensetzung und Aufgaben der Aufsichtskommission, die nun aus fünf Mitgliedern bestand, weiterhin die Aufsicht über die Anstalt führte und wie bisher regelmässig dem Erziehungsrat Bericht erstattete. Wohl unter Zanggers Einfluss wird in den Lehrkatalog unter anderem das Fach «Vergleichende mikroskopische pathologische Anatomie» eingefügt.[162] Ein weiterer Erfolg Zanggers und seiner Mitstreiter war, dass im Rahmen der Umsetzung des neuen Unterrichtsgesetzes vier zusätzliche Stellen für Hauptlehrer und drei weitere für Hilfslehrer an der Tierarzneischule bewilligt wurden. Der Erziehungsrat war nun auch berechtigt zur «Aushülfe für den Unterricht die erforderliche Zahl von Assistenten anzustellen und einem Hauptlehrer als Auszeichnung für seine Leistungen den Titel Professor zu verleihen» (Höfliger, 1963).[163]
Im Laufe des Jahres 1864 erhielt Zangger das Angebot, als Professor und Direktor an die Tierarzneischule in Bern zu wechseln.[164] Damit wären ein jährlicher Lohn von 3 500 Franken[165] und «weitere Zusicherungen» verbunden gewesen, was im Vergleich zu seinen Bezügen in Zürich einer

162 Darin heisst es in § 207: «Zur Bildung wissenschaftlich befähigter und praktisch tüchtiger Thierärzte besteht eine Thierarzneischule mit den nötigen Hülfsanstalten.» StAZH, Z 79.245, Protokolle der Aufsichtskommission.

163 Ebd.

164 StAZH, MM 2.166, RRB 1864/227.

165 Entspricht 2009 nach dem historischen Lohnindex 282 322 Franken. Vgl. http://www.swistoval.ch (20. 12. 2017).

Steigerung von 50 Prozent entsprochen hätte. Auf dem Dienstweg informierte Zangger die Erziehungsdirektion über seine Absicht, in Zürich zu verbleiben, mit der folgenden Begründung: «[...] er bringe es nicht über sich, unter den jetzigen Verhältnissen an die dortige Hochschule [in Bern] überzugehen, sondern sich zur Zeit entschlossen habe, seine Wirksamkeit an der hiesigen Thierarzneischule fortzusetzen.» Im Rahmen von Verhandlungen zur «Berufungsabwehr» stellte die Erziehungsdirektion einen Antrag an den Regierungsrat, «der vorgängig durch die Aufsichtskommission empfehlend beurteilt wurde», und schlug vor, neben einer Erhöhung des Gehalts die folgenden zusätzlichen Wünsche Zanggers für bauliche Verbesserungen an der Tierarzneischule zu erfüllen: «Einrichtung der Gasbeleuchtung für Haus und Spital; Erstellung eines Kachelofens für zwei aneinander stossende Zimmer der Wohnung, Vertäfern des einen und Ausmalen beider, nebst Abschluss der Laube auf dem zweiten Boden». Diesem Antrag stimmte der Regierungsrat in seiner Sitzung vom 24. Dezember 1864 zu. Darüber hinaus beschloss der Regierungsrat «an der hiesigen Thierarzneischule festzuhalten; ihre Höhe und Aufgaben zu erhalten, indem ihr Lehrpersonal vermehrt & in ihren pekuniären Mitteln verstärkt werden sollte, was für die Staatskasse eine Mehrausgabe von ungefähr Fr. 12 000[166] zur Folge hätte».

Zur Entlastung von Zangger und Renggli wurde 1865 Johann Feser (1841–1896; Abb. 19)[167] aus München als Prosektor eingestellt, der zum Teil auch die Vorlesungen über Pathologie übernahm. Nach bereits fünf Monaten verliess er Zürich wieder und bemerkte, dass er mit dem Gehalt in Zürich seinen Lebensunterhalt nicht bestreiten könne (Senn, 1981). Er erhielt eine Professur für Tierzuchtlehre und Gestütskunde, Geburtshilfe, Arzneimittellehre, allgemeine Therapie, Chemie und Physik an der Zentral-Tierarzneischule in München (Zschokke, 1920; Boessneck und von den Driesch, 1990).

166 Entspricht 2009 nach dem historischen Lohnindex 967 961 Franken. Vgl. http://www.swistoval.ch (20. 12. 2017).

167 Johann Feser war unter anderem an Tierseuchen und ihrer Bekämpfung interessiert. 1875 wurde er Leiter der eigens für ihn eingerichteten therapeutischen Versuchsstation der Münchener Tierarzneischule. 1875 zeigte sich, dass der Rauschbrand nicht durch Bacillus anthracis, sondern durch einen anderen Erreger verursacht wird. 1948 erhielt dieser zu seinen Ehren den Namen Clostridium feseri.

Renggli wurde auf den 19. Juli 1866 auf eigenen Wunsch und unter Verdankung seiner geleisteten Dienste auf Antrag der Aufsichtskommission der Tierarzneischule durch den Erziehungsdirektor entlassen.[168] Er wanderte nach Amerika aus, wo sich seine Spur verliert (Kleiner, 2008).

Auch international war Zangger sehr aktiv. Am 5. April 1862 wurde er auf Vorschlag des Eidgenössischen Departements des Innern vom Regierungsrat des Kantons Zürich in die Prüfungskommission gewählt, die über die Auswahl von 20–30 Rindern zu entscheiden hatte, welche an der allgemeinen internationalen Viehausstellung in London gezeigt werden sollten.[169] Im Oktober des Jahres 1863 nahm er am «1. Internationalen Veterinärkongress» in Hamburg (Abb. 20) teil, 1865 an der «Zweiten internationalen thierärztlichen Versammlung» in Wien.[170] In der Folge organisierte er 1867 den 3. internationalen tierärztlichen Kongress in Zürich, den er auch als Präsident leitete. Über diesen Kongress lässt Zangger nach stenografischen Aufzeichnungen einen umfangreichen Bericht auf Französisch und Deutsch von 121 Seiten anfertigen (Zangger, 1869). Auf seine Veranlassung fügte man als künstlerische Zugabe drei farbige Abbildungen des Tiermalers Benno Adam (1812–1892)[171] von Rindern bei, die an einer schweizerischen Viehausstellung in Zürich gezeigt worden waren (Abb. 21A–C; Zangger, 1869). Darüber hinaus förderte er das Zustandekommen des eidgenössischen Konkordats über die Freizügigkeit der schweizerischen Medizinalpersonen (1867), dem sich bis 1873 alle Kantone ausser Freiburg, Tessin, Waadt, Wallis und Genf anschlossen. Dieses Konkordat schrieb gemeinsame Prüfungen für Ärzte, Zahnärzte und Tierärzte vor, die von einer Prüfungskommission beaufsichtigt wurden und gleich lautende Prüfungsbestimmungen aufwiesen. Damit vereinheitlichte sich auch die Ausbildung an den beiden Tierarzneischulen Bern und Zürich. Bei der Fachprüfung am Ende des Studiums wurde unter anderem das Fach pathologische Anatomie geprüft.

Am 6. März 1882 verstarb Hans Rudolf Zangger nach einem zweiten schweren Schlaganfall (Abb. 22). Sein Tod traf die Tierarzneischule emp-

168 StAZH, UU 18.4, Protokolle der Aufsichtskommission der Tierarzneischule 1862–1874, Eintrag 136 vom 17.–19. 7. 1866.

169 StAZH, MM 2.156, RRB 1862/0529.

170 Programm der Zweiten internationalen thierärztlichen Versammlung im Jahr 1865 in Wien. Vgl. Archiv für Thierheilkunde, 1862, Bd. 23, S. 367–372.

171 Benno Rafael Adam. Vgl. https://de.wikipedia.org/wiki/Benno_Adam (10. 8. 2016).

findlich, denn mit ihm verlor sie den Mann, der sie kompetent durch schwierige Jahrzehnte geführt hatte. Nach seinem Tod diskutierte man erneut die Aufhebung der Tierarzneischule durch einen Anschluss an das Polytechnikum beziehungsweise einen Zusammenschluss mit der Berner Schule. Die Forderung, die Lehranstalt zu schliessen, kam vornehmlich aus landwirtschaftlichen Kreisen, die nicht mehr bereit waren, jährlich 6 000 Franken aus dem Viehscheinstempelfonds für die Finanzierung der Tierarzneischule aufzubringen. Der Vorschlag, eine zentrale Tierarzneischule in der Verantwortung des Bundes zu errichten, wurde hauptsächlich vom Direktor der Berner Schule Henry Berdez (Noyer, 1901) vorgebracht und unter anderem in verschiedenen Beiträgen in der *Neuen Zürcher Zeitung* (21. August 1883; 27. März 1884; 15. Mai 1884) öffentlich diskutiert. Das Kollegium der Tierarzneischule in Zürich setzte sich gegen diese Bestrebungen politisch erfolgreich zur Wehr. Zur Volksabstimmung über das «Gesetz betreffend die Thierarzneischule» vom 5. Juli 1885 verfasste der Regierungsrat für die Abstimmungsunterlagen einen beleuchtenden Bericht, in dem es heisst «[...] da die Schule [Tierarzneischule] immer grössere [finanzielle] Opfer forderte und die steigende Schülerzahl sich vorzugsweise aus Angehörigen anderer Kantone zusammensetzte, wurde von verschiedenen Kreisen die Frage aufgeworfen, ob nicht die zürcherische Thierarzneischule aufzuheben und die Ausbildung der Veterinäre dem Bund zu überlassen sei. Die einlässliche Prüfung aller Verhältnisse hat jedoch die Behörden zur Überzeugung gebracht, dass das Fallenlasen dieser kantonalen Anstalt nicht im Interesse der Landwirthschaft- und Viehzucht-treibenden Bevölkerung unseres Kantons liegt. Die Thierarzneischule hat während ihres 60jährigen Bestehens dem Zürcher Volke wesentliche Dienste geleistet.» In der Abstimmung wurde das Gesetz mit 24 995 Ja- zu 21 879 Neinstimmen angenommen. Der Weiterbestand der Zürcher Schule war damit gesichert. Im Paragrafen 2b des Gesetzes sind unter anderem die vergleichende, die mikroskopische und die pathologische Anatomie sowie die gerichtliche und polizeiliche Tierheilkunde als Lehrfächer genannt (Schläpfer, 1982).[172]

172 Kanton Zürich: Abstimmungsarchiv, http://www.statistik.zh.ch (25. 4. 2016).

Weitere Entwicklung des Unterrichts in Veterinärpathologie

In der Ära Hans Rudolf Zanggers reformierte und präzisierte das «Gesetz über das gesamte Unterrichtswesen des Kantons Zürich» aus dem Jahr 1859 den Lehrplan der Tierarzneischule in Zürich auch für das Fach Pathologie (Senn, 1982).

Zangger, dem dieses Fach sehr am Herzen lag, bewies sein besonderes Interesse für die Pathologie bereits während des Studiums, als er 1844 ein Präparat für die Sammlung der pathologischen Abteilung der Tierarzneischule Zürich beisteuerte. Der *Catalog* bezeichnet den Donator Zangger als «stud. artis. veterin».[173]

Unter seinem Einfluss findet sich im Unterrichtsgesetz von 1859 erstmals ein detaillierter Hinweis auf den Unterricht in pathologischer Anatomie:

«Die pathologische Anatomie

Parallel mit den ersten Lehren von der Krankheit geht die path. Anatomie. Dieselbe hat die Aufgabe, die anatomischen Veränderungen, welche Flüssigkeiten und Gewebe bei der Krankheit erleiden, aufzufassen, erkennen und beurtheilen zu lassen.

Sie lehrt die Regeln der Sektion von Thierleichen, beschreibt die Abweichungen, welche Säfte und Organe durch die physikalischen und chemischen Veränderungen in der Leiche erleiden.

Sie lehrt dann aber hauptsächlich diejenigen Veränderungen im Kadaver kennen, welche durch Krankheiten entstehen. Sie beschäftigt sich somit insbesondere mit den Krankheitsprodukten und ihren Methamorphosen, hin und wieder aber mit den Krankheitsursachen, insoweit dieselben in anatomischen Veränderungen oder Neubildungen bestehen. Die path. Anatomie greift in Ermanglung einer pathol. Physiologie auf die Erklärung allgemeiner Krankheitsprozesse hinüber.

173 Der Eintrag im Katalog, der im Original im Institut für Veterinärpathologie in Zürich vorliegt, lautet: «Zwei ähnlich beschaffene Schweinefoeti mit den ebenfalls vertrockneten Eihäuten zusammenhängend. Sie wurden in einer 12 Wochen trächtigen Gebärmutter neben zwei kleineren ähnlich beschaffenen und 4 gut ausgebildeten Jungen gefunden; Eingesandt 1844 von J. R. Zangger Stud. artis veterin.»

Im Besondern beschäftigt sie sich mit den Missbildungen, sodann mit den Erkrankungen des Blutes, den Ernährungsstörungen (Hypertrophie, Atrophie und Entzündung) den Blutungen, Neubildungen, Luft- und Wasseransammlungen, Verengerungen und Erweiterungen, Dislokationen und den Schmarozern mit Verwerthung der Lehre der Zoologie. Die Ausführung von Sektionen durch die Schüler und Anschauung von Präparaten bilden die praktische Seite des Faches.»

Bereits einige Jahre zuvor hatte Zangger (1851) eine detaillierte Sektionsanleitung (Tab. 10) publiziert. Einleitend zitierte er Rudolf Virchow (1821–1902): «Man muss aber einmal erkennen, dass jetzt nicht die Zeit der Systeme ist, sondern die Zeit der Detailuntersuchungen.»[174] Aus heutiger Sicht kann man sagen, dass sich Virchow damit klar gegen die damals in der Pathologie herrschenden Denkstile («Systeme») im Sinn von Ludwik Fleck wandte.[175]

Zangger setzte sich bereits sehr früh mit den Ideen und Veröffentlichungen von Virchow auseinander, indem er sich dessen Vorstellungen (1855) der Zellularpathologie[176] und einer methodisch korrekten Durchführung einer Sektion anschloss (Tab. 10).[177] Die Vorstellungen und An-

174 Das Zitat entstammt einem Vortrag, den Virchow am 5. Dezember 1846 vor der von ihm 1844 gegründeten Gesellschaft für wissenschaftliche Medizin in Berlin hielt. Vgl. v. Bergmann, G.; Frey, W. (Hg.): Handbuch der inneren Medizin, 4. Auflage, Bd. 8: Nieren und ableitende Harnwege. Berlin 1951, S. 14, https://books.google.ch/books?isbn=3662012669 (4. 4. 2016).

175 Ludwik Fleck (1896–1961), polnisch jüdischer Immunologe und Wissenschaftstheoretiker, sagte unter anderem: «Der Gegenstand ärztlicher Erkenntnis selbst unterscheidet sich im Grundsatz vom Gegenstand naturwissenschaftlicher Erkenntnis. Während der Naturwissenschaftler typische, normale Phänomene sucht, studiert der Arzt gerade die nichttypischen, nicht normalen, krankhaften Phänomene.» Dies habe zur Folge, dass das Ziel des medizinischen Denkens nicht auf die Formulierung allgemeiner Naturgesetze ausgerichtet sei und dass die Krankheitstypen der medizinischen Taxonomie zwangsläufig idealisierte Fiktionen darstellten. Die medizinische Beschreibung könne daher auch keine allgemeingültige Theorie formulieren, sondern sei immer an praktisch dominierte Standpunkte gebunden. Vgl. https://de.wikipedia.org/wiki/Ludwik_Fleck (23. 5. 2016.

176 Die Zellularpathologie wurde in den 1850er-Jahren von Friedrich Günzburg (1820–1859) und vor allem von Robert Remak (1815–1865) entwickelt. Rudolf Virchow nutzte deren Forschungserkenntnisse, vermied aber die Nennung und Würdigung ihrer Vorarbeiten in seiner Publikation.

177 Virchow schrieb im Vorwort zu seiner 1875 erstmals veröffentlichten *Sektions-Technik* (1893): «Als ich 1844 mit der Assistenz des Prosectors der Charité beauf-

Tab. 10: Einzelheiten der Sektionsanleitung von Zangger (1851)

Vorbericht	Vorgängige Informationen: Todesart, Todeszeit, Zeitraum zwischen Tod und Sektion, Umgebungsbedingungen, Umgebungstemperatur
Sektions-vorbereitung	Obduktion an einem Ort mit ausreichend Platz, Ruhe und Licht; am besten nicht im Freien; ausreichend Hilfspersonal, geeignete Instrumente; Bestimmung von Tierart, Rasse und Geschlecht
Durchführung Sektion	Abziehen der Haut
	Schnitt in die Hüftgelenke und Abklappen der Hinterextremitäten
	Eröffnung der Bauch- und Beckenhöhle vom Schambein bis Schaufelknorpel, Schonung der Organe, Schnitt entlang der Rippen, Abklappen der Bauchwand,
	Beurteilung des pathologischen Inhalts der Bauchhöhle
	Unterbinden des Mastdarmes nahe am After
	Abbinden des Oesophagus
	Tierkörper auf die rechte Seite legen, Magen, Milz, Darm entnehmen, Gekrösewurzel abtrennen; Organe untersuchen
	Entnahme und Untersuchung von Milz und Leber
	Entnahme und Untersuchung von Nieren, Harn und Geschlechtsorganen
	Durchtrennen der Rippenknorpel beidseits, Schonung Lunge, Abnahme des Brustbeines; Beurteilung des pathologischen Inhalts der Brusthöhle
	Einschnitt parallel zu Unterkieferästen, Entnahme/Untersuchung von Zunge, Hals- und Brustorgan
	Abtrennen des Kopfs, Aufsägen der Schädelkapsel (Verbindungslinie zwischen den Augen und dem Hinterhauptsloch)
	Eröffnung des Wirbelkanals mit Meissel, Schonung des Rückenmarks
cave	Keine Organe ununtersucht lassen

wendungen der Zellularpathologie sind ohne den konsequenten Einsatz des Mikroskops undenkbar (Pütz, 1873b, c).

Virchow, der 1846 als Prosektor an der Charité in Berlin arbeitete, war in Zürich zu dieser Zeit kein Unbekannter, hatte doch zwischen 1849 und 1855 die Medizinische Fakultät der Universität Zürich gemeinsam mit der Erziehungsdirektion des Kantons Zürich drei Mal erfolglos versucht, diesen herausragenden Wissenschaftler an die Medizinische Fakultät der Universität Zürich zu berufen (Braun, 1926).

tragt wurde, fand ich ein ziemlich ungeordnetes Verfahren in dem damaligen kleinen Leichenhaus vor. Nur wenige Sectionen wurden vom Prosector selbst durchgeführt; die grosse Mehrzahl von den Charité Chirurgen ohne alle technische Vorbildung ausgeführt. Protokollirt wurde überhaupt nicht.»

Der Unterricht in pathologischer Anatomie an der Tierarzneischule erfolgte im zweiten von drei Studienjahren während des Wintersemesters jeweils mit fünf Wochenstunden (Baumgartner-Oehen, 2015).
An der Vermehrung der Zahl der Präparate der Lehrsammlung (Katalog 1: 1849–1863) kann man erkennen, wie intensiv die diagnostische Tätigkeit und Lehre in der Pathologie sich entwickelte.[178] Auch wurden die Kenntnisse in Veterinärpathologie am Schluss des Studiums mit der Durchführung einer Sektion und der Interpretation der Befunde geprüft, wie zum Beispiel der an den Erziehungsrat übermittelte Bericht über die Prüfung des Studenten Arnold Näf (später Tierarzt in Horgen, keine weiteren Lebensdaten bekannt; Sackmann, 2010) vom 1. August 1864 zeigt (Kleiner, 2008).
Bedingt durch einen Personalengpass unterblieb der Unterricht in allgemeiner Pathologie für einige Jahre (Hohl, 1979; Tab. 11). Er wurde erst 1866 von Richard Metzdorf (1837–1925; Abb. 23B)[179] wieder aufgenommen, der als provisorischer Hauptlehrer angestellt worden war. Metzdorf war an der Universität Berlin zum Tierarzt ausgebildet worden und hatte dort auch promoviert. Nach kurzem Aufenthalt in Zürich erfolgte im Laufe des Jahres 1869 seine Wahl als Professor für Veterinäranatomie und Physiologie an die Tierarzneischule in Bern, wo er bis 1879 lehrte, ehe er nach Preussen zurückkehrte. Nach der Wiederbesetzung von Metzdorfs Stelle auf den 1. April 1869 wurde seine kurze Tätigkeit seitens des Erziehungsrats bestens verdankt.[180]

178 Im Katalog I, dem *Catalog für die Sammlungen der Thierarzneischule in Zürich. C. Pathologische Abteilung,* der im Institut für Veterinärpathologie in Zürich im Original vorliegt, wurden in diesen Jahren die folgenden Zugänge vermerkt: 1849 22 Präparate, 1850 36 Präparate, 1851 90 Präparate, 1852 67 Präparate, 1853 11 Präparate, 1854 1 Präparat, 1855 86 Präparate, 1856 und 1857 keine Präparate, 1858 44 Präparate, 1859 7 Präparate, 1860 22 Präparate, 1861 keine Präparate, 1862 6 Präparate, 1863 1 Präparat. Der Katalog II ist nach Organsystemen sortiert und beginnt etwa 1865.

179 Richard Metzdorf (1837–1925), 1859–1863 Studium der Medizin und Tiermedizin in Berlin, 1863–1869 in Zürich, danach bis 1876 Professor für Anatomie und Physiologie an der Tierarzneischule in Bern, 1876–1881 an der landwirtschaftlichen Akademie in Proskau, Schlesien, 1881–1914 Professor an der Philosophischen Fakultät der Universität Breslau.

180 StAZH, UU 19.4, Protokolle der Aufsichtskommission der Tierarzneischule Zürich 1862–1874, Vorgang Nr. 265.

Tab. 11: Übersicht der Dozierenden für die Fächer allgemeine Pathologie, spezielle Pathologie und Therapie, pathologische Anatomie und gerichtliche Tierheilkunde an der Tierarzneischule in Zürich in den Jahren 1857–1910 (modifiziert nach Höfliger, 1940)

Jahre	Allgemeine Pathologie		Spezielle Pathologie und Therapie	Pathologische Anatomie			Gerichtliche Tierheilkunde
	Vorlesung	Patholog. Histologie	Vorlesung und Zootomie	Vorlesung	Pathologische Histologie	Sektionsübungen	
1857			Hans Rudolf Zangger	Hans Rudolf Zangger	Hans Rudolf Zangger	Alois Renggli	Alois Renggli
1860							
1864							
1865				Hans Rudolf Zangger / Johann Feser	Hans Rudolf Zangger / Johann Feser		
1866	Richard Metzdorf	Richard Metzdorf					
1867							Rudolf Meyer
1868				Otto A. Siedamgrotzky	Otto A. Siedamgrotzky	Otto A. Siedamgrotzky	
1870							
1870				Rudolf Meyer	Rudolf Meyer	Rudolf Meyer	
1871	Otto Bollinger	Otto Bollinger		Otto Bollinger	Otto Bollinger	Erwin Zschokke	
1872							
1873							
1874							
1876	Edouard Bugnion	Edouard Bugnion	Edouard Bugnion	Edouard Bugnion	Erwin Zschokke	Jakob Meyer	
1878	Karl Joseph Eberth	Karl Joseph Eberth	Karl Joseph Eberth	Karl Joseph Eberth			
1881							
1890	Erwin Zschokke	Erwin Zschokke	Erwin Zschokke	Erwin Zschokke			
1900						Jakob Erhardt	
1911						Jakob Erhardt	

In seiner Zürcher Zeit hatte er sich besonders für eine bessere materielle Ausstattung des Unterrichts in Veterinärpathologie eingesetzt und in diesem Zusammenhang beim Regierungsrat auf dem Dienstweg über die Aufsichtskommission einen Kredit von 1000 Franken für die Anschaffung von Mikroskopen und Sektionsinstrumenten beantragt,[181] der

181 StAZH, UU 19.4, Protokolle der Aufsichtskommission der Tierarzneischule Zürich 1862–1874, Vorgang Nr. 173, 26. 7. 1867.

am 24. August 1867 bewilligt wurde.[182] Kurz zuvor, am 22. Februar 1869, hatten Zangger und Metzdorf auf dringlichen Wunsch des Kantons Tessin durch die Aufsichtskommission kurzfristig einen Urlaub von sechs Tagen zur Unterstützung und Beratung des dortigen Sanitätsrats bei der Bekämpfung einer in Ravechia in der Nähe von Bellinzona bei mehreren Menschen aufgetretenen Trichinenseuche erhalten.[183] Die Reise über die Alpen von rund 36 Stunden erfolgte, da der Eisenbahntunnel durch den Gotthard erst 1882 eröffnet wurde, in einer Postkutsche. Die Mission der beiden Zürcher Wissenschaftler verlief erfolgreich, die Trichinose konnte eingedämmt werden.[184]

Auf Beschluss des Erziehungsrats vom 24. Februar 1869 übernahm Otto Alexander Siedamgrotzky (1841–1902; Abb. 22A)[185] auf den 1. April 1869 als Nachfolger von Metzdorf den Unterricht in allgemeiner Pathologie, pathologischer Anatomie und pathologischer Histologie sowie die Sektionsübungen. Seine weiteren Lehrverpflichtungen umfassten die Fächer Physiologie, Diätetik, Arzneimittellehre und Rezeptierkunde. Ihm wurde ein Jahresgehalt von 3 000 Franken bewilligt.[186] Nach dem Abschluss seines Studiums an der Königlichen Tierarzneischule Berlin (1860–1864) hatte Siedamgrotzky mit seinem Regiment zunächst als praktischer Rossarzt am Deutschen Krieg von 1866 teilgenommen, danach (1867) zum Dr. phil. an der Universität Rostock promoviert. Im Jahr 1870 diente er im Deutsch-Französischen Krieg als Militärpferdearzt, obwohl er im Verlauf seiner Verhandlungen zum Stellenantritt in Zürich beim Regierungsrat des Kantons Zürich am 22. Juli 1867 mit der Forderung vorstellig wurde, «der Bundesrat möge schriftlich bei der königlich preussischen Regierung beantragen ihn als preussischen Landwehrmann 1ten Aufgebots zu entlassen, um bei allfälligen Einberufungen zur preussischen Armee bei Mobilmachungen die ihm in Zü-

182 StAZH, MM 2.177, Regierungsratsbeschluss RRB 1867/1675.

183 StAZH, UU 19.4, Protokolle der Aufsichtskommission der Tierarzneischule Zürich 1862–1874, Vorgang Nr. 259.

184 Rapport présenté à la haute Assemblée fédérale par le Conseil fédéral suisse sur sa gestion pendant l'année 1869, in: Feuille fédérale suisse, vol. II, N° 19, 1870, S. 266.

185 Vgl. https://bib.vetmed.fu-berlin.de/vetbiogramm/140.html (4. 4. 2016).

186 StAZH, UU 19.4, Protokolle der Aufsichtskommission der Tierarzneischule 1862–1874, Eintrag Nr. 264, 24. 2. 1869. Entspricht 2009 nach dem historischen Lohnindex 221 694 Franken. Vgl. http://www.swistoval.ch (20. 12. 2017).

rich übertragenen Functionen ungestört ausüben zu können».[187] Der Regierungsrat hatte das Schreiben am 22. August 1868 an den Bundesrat übermittelt, über eine Antwort ist nichts bekannt.[188] Der durch den Kriegsdienst Siedamgrotzkys ausfallende Unterricht in Physiologie und den histologischen Übungen wurde teilweise vom damaligen Assistenten Alfred Guillebeau (1845–1918; Abb. 22D) übernommen, der sich auch bereit erklärte, ein von der Aufsichtskommission der Tierarzneischule zur Weiterbildung bewilligtes Urlaubssemester zu verschieben, um den Fortgang des Unterrichts aufrechtzuerhalten.[189] Siedamgrotzky folgte 1871 einem Ruf an die Tierärztliche Hochschule in Dresden, wo er den Lehrstuhl für Botanik, Zoologie, Physiologie, Histologie, pathologische Anatomie, Diätetik sowie Exterieur[190] und ab 1879 auch die Leitung der Kliniken für innere Krankheiten, Chirurgie, gerichtliche Tierheilkunde, Seuchenlehre und Veterinärpolizei übernahm (Senn, 1981). Nachdem Siedamgrotzky Zürich verlassen hatte, übertrug man seine Funktionen interimistisch Dr. Rudolf Meier, Dozent an der Universität Zürich.[191]

Der Deutsch-Französische Krieg von 1870/71 hatte unter anderem Einfluss auf die Zahl der Studierenden in Zürich, die auf 46 anstieg, da alle Studierenden aus der Westschweiz, die an französischen Tierarzneischulen studierten, nach Zürich wechselten. In einer kurzen Meldung im *Archiv für Tierheilkunde* von 1872[192] heisst es: «Die sämtlichen Studierenden der romanischen Schweiz, welche an französischen Thierarzneischulen waren, als diese durch die Kriegsereignisse in ihrer Thätigkeit gestört wurden, sind an die Zürcher Schule übersiedelt. Die ‹Welschen› bilden an dieser Anstalt nun eine kleine belebende Kolonie von wohlthätigem Einfluss.»

Ein nicht unerheblicher Teil des praktischen Unterrichts (Sektion) in der Veterinärpathologie wurde vermutlich von Assistenten durchgeführt.

187 StAZH, MM 2.18, RRB 1868/1382, S. 1.

188 Ebd.

189 StAZH, UU 19.4, Protokolle der Aufsichtskommission der Tierarzneischule 1862–1874, Einträge Nr. 329, 21. 9. 1870, Nr. 334, 10. 10. 1870.

190 Beurteilung der Eignung eines Tieres zur Zucht aufgrund äusserer Merkmale.

191 Rudolf Meyer-Hüni (1844–1924) war vom Wintersemester 1870 bis zum Sommersemester 1896 Privatdozent für Laryngologie und Rhinologie an der Universität Zürich. Vgl. Verzeichnis der Dozenten der Universität Zürich ab 1833, www.archiv.uzh.ch/.../uzh_dozierendenverzeichnis_1833-1933.pdf (4. 4. 2016).

192 Archiv für Thierheilkunde, 1872, S. 24, 188.

So heisst es im Paragrafen 42 des «Reglements für die Thierarzneischule vom 10. Brachmonat [Juni] 1868»: «Von den Lehrern der Klinik und der pathologischen Anatomie kann der Assistent zur Ausführung von Sektionen und zur Mithilfe bei solchen angehalten werden.»[193]
Auf den 17. April 1871 berief die Erziehungsdirektion des Kantons Zürich auf die vakante Stelle des Hauptlehrers für pathologische Anatomie, pathologische Histologie und allgemeine Pathologie Dr. Otto von Bollinger (1843–1909; Abb. 22C), dem zusätzlich der Unterricht in Physiologie und Diätetik zufiel. In Anerkennung seiner bisherigen wissenschaftlichen Leistungen wurde ihm mit dem Amtsantritt der Titel Professor verliehen.[194] Damit war erstmals ein fachlich spezialisierter Pathologe an der Tierarzneischule Zürich tätig. Er hatte sich nach dem Studium der Humanmedizin in Berlin bei den damals führenden Pathologen des deutschsprachigen Raums, Rudolf Virchow in Berlin und Carl von Rokitansky (1804–1878)[195] in Wien, weitergebildet und war schliesslich in München für vergleichende Pathologie und Veterinärmedizin habilitiert worden. Seine Berufung erfolgte unmittelbar nach dem Abschluss seiner Habilitation. Die Erziehungsdirektion wollte von Bollinger früher verpflichten, er konnte jedoch seine Lehrtätigkeit in Zürich erst am 1. April 1871 nach der Ableistung seines Militärdiensts als Bataillonsarzt im Deutsch-Französischen Krieg antreten. Er selbst bezeichnete diesen Dienst als «vaterländische Pflicht». Der Regierungsrat forderte von ihm, «12 bis 20 wöchentliche[] Unterrichtsstunden in den Fächern Physiologie, normale[] und pathalogische[] Histologie, Diätetik, pathalogische[] Anatomie u. allgemeine[] Pathalogie, wobei auch allfällig eine andere Zutheilung einzelner Fächer vorbehalten wird [...] bei einem Jahresge-

193 StAZH, Z 79.245, Protokolle der Aufsichtskommission.

194 StAZH, UU 19.4, Protokolle der Aufsichtskommission der Tierarzneischule Zürich 1862–1874, Eintrag Nr. 349, 5. 4. 1871.

195 Carl von Rokitansky war der berühmteste pathologische Anatom seiner Zeit, er wurde von seinem jüngeren Kollegen Rudolf Virchow als «Linnaeus der Pathologie» bezeichnet, weil er als Erster eine konsequente systematische Beschreibung der Krankheiten durchführte. Bereits 1842 begann er mikroskopisch zu arbeiten. Vgl. Heitz, 2006. – Seine Befundberichte, die im Institut für Geschichte der Medizin in Wien aufbewahrt werden, sind zu einem grossen Teil in Latein abgefasst.

halt von Fr. 3 500» abzuhalten[196] Darüber hinaus erhielt von Bollinger einen Staatsbeitrag von 200 Franken an die Kosten seiner Übersiedlung nach Zürich.[197] Ab April 1871 bis zum Ende des Sommersemesters 1874[198] wirkte er an der Zürcher Tierarzneischule als Professor für Histologie, pathologische Anatomie und Diätetik. Seine Antrittsvorlesung hielt er am 17. April 1871 über ein in dieser Zeit äusserst aktuelles Thema, die Rinderpest.[199] Darin bezeichnete er die Rinderpest zwar als epidemische Erkrankung, deren mikroskopische Veränderungen in den Organen er im Detail beschrieb, nannte als Ursache jedoch ein Gift und nicht einen Infektionserreger, was ihn als Gegner des Kontagionismus ausweist. Nach von Bollingers Rücktritt übernahm gegen eine Entschädigung von 1 500 Franken erneut Alfred Guillebeau den Unterricht im Sommersemester 1874.[200]

Von Bollinger setzte sich stark für das Fach Veterinärpathologie ein. Unter anderem aktualisierte er die Sammlung der pathologisch-anatomischen Präparate, wie Einträge im Katalog zeigen, und führte offenbar regelmässige histopathologische Untersuchungen durch.[201] Darüber

196 StAZH, MM 2.193, RRB 1871/1630. – Entspricht 2009 nach dem historischen Lohnindex einem Jahreslohn von 227 782 Franken. Vgl. http://www.swistoval.ch (20. 12. 2017).

197 StAZH, MM 2.192, RRB 1871/1217.

198 StAZH, UU 19.4, Protokolle der Aufsichtskommission der Tierarzneischule Zürich 1862–1874, Eintrag Nr. 436, 7. 2. 1874.

199 Im Verlauf des Deutsch-Französischen Krieges von 1870/1871 wurde die französische Ostarmee, die sogenannte Bourbaki-Armee, Ende Februar 1871 bei Les Verrières in die Schweiz abgedrängt, entwaffnet und interniert. Entgegen der Weisung des Bundesrats geriet auch Schlachtvieh auf schweizerisches Territorium und verursachte einen Ausbruch der Rinderpest in der Schweiz. Vgl. dazu: Bollinger, 1873a; Häsler, 2013b. – Dieser Ausbruch sollte der letzte sein, der in der Schweiz bis heute auftrat.

200 StAZH, UU 19.4, Protokolle der Aufsichtskommission der Tierarzneischule Zürich 1862–1874, Eintrag Nr. 437, 7. 2. 1874; StAZH, UU 19.5, Protokolle der Aufsichtskommission der Tierarzneischule Zürich 1874–1882, Eintrag Nr. 5, 2. 5. 1874, Eintrag Nr. 12 und 17, 4. 3. 1875. Entspricht 2009 nach dem historischen Lohnindex 79 913 Franken. Vgl. Historischer Lohnindex, http:// www.swistoval.ch (20. 12. 2017).

201 Zum Beispiel aktualisierte von Bollinger im Katalog der pathologisch-anatomischen Sammlung, der im Institut für Veterinärpathologie in Zürich aufbewahrt wird, im Kapitel D (Harnapparat), Präparat Nummer 3, die Diagnose «Circumscripte Hyperplasie des interstitiellen Bindegewebes der Niere mit Cysten und Abszessbildung vom Hund» wie folgt: «Bei genauer Untersuchung erweist sich

hinaus hielt er Vorlesungen über Histologie, allgemeine Pathologie und pathologische Anatomie, Diätetik und hielt mikroskopische Übungen für pathologische Anatomie ab (Vorlesungen, 1873). Gleichzeitig war er an der Medizinischen Fakultät der Universität Zürich als Privatdozent für vergleichende Pathologie und an der land- und forstwirtschaftlichen Abteilung des eidgenössischen Polytechnikums als Lehrer für «Anatomie und Physiologie der Hausthiere[202] und Zoologie, mit besonderer Berücksichtigung der land- und forstwirthschaftlich nützlichen und schädlichen Thiere» tätig.

1874 folgte von Bollinger trotz Zanggers massiver Interventionen bei der Erziehungsdirektion einer Berufung an die tierärztliche Hochschule in München. Dort übernahm er den Lehrstuhl für pathologische Anatomie, allgemeine Pathologie und pathologische Histologie und wurde gleichzeitig zum ausserordentlichen Professor für vergleichende Pathologie an der Medizinischen Fakultät ernannt.[203]

Als Nachfolger von Bollingers schlug die Aufsichtskommission der Tierarzneischule den bisherigen Assistenten der Physiologie und Prosektor in der Anatomie Karl Alfred Guillebeau (1845–1918; Abb. 22D)[204] aus Schmitten (FR) vor. Die Tatsache, dass Guillebeau das gleiche Gehalt wie von Bollinger (3 500 Franken)[205] forderte, verärgerte Direktor Zangger, der diese Forderung als anmassend empfand, und er verhinderte eine

das Praep. als ein Cysten Ovarium O. B.» Beim Präparat Nummer 10 im gleichen Abschnitt änderte er die Diagnose «Carcinom der Niere vom Hund» in «Rundzellensarkom», eine Diagnose, die eindeutig nur durch eine histopathologische Untersuchung zu stellen ist.

202 Neue Zürcher Zeitung, 12. 8. 1872, Meldungen aus der Eidgenossenschaft.

203 Neue Zürcher Zeitung, 1. 5. 1875, Meldungen aus den Kantonen.

204 Bevor Edouard Guillebeau in Zürich zwischen 1866 und 1869 Veterinärmedizin studierte, erhielt er eine kaufmännische Ausbildung in einem Baugeschäft. Zu seinen einflussreichsten Lehrern gehörten die Professoren Siedamgrotzky und vor allem von Bollinger in Zürich. Nach dem Studium nahm er an der Tierarzneischule in Zürich eine Assistentenstelle an und unterrichtete gleichzeitig an der landwirtschaftlichen Abteilung des Polytechnikums Zürich. Daneben begann er mit dem Studium der Humanmedizin zunächst an der Universität Zürich und ab 1876 in Bern, das er 1879 abschloss. Im gleichen Jahr promovierte er in Bern zum Dr. med. mit einer Arbeit über die Histologie der hämorrhagischen Infarkte in Niere und Milz. Nach seiner Berufung nach Bern übernahm er bis 1913 den Lehrstuhl für pathologische Anatomie (Rubeli, 1918).

205 Entspricht 2009 nach dem historischen Lohnindex einem Betrag von 186 464 Franken. Vgl. http://www.swistoval.ch (20. 12. 2017).

definitive Wahl durch den Regierungsrat. Anschliessend, von 1876 bis 1913, war Karl Alfred Guillebeau Professor für Pathologie an der Tierarzneischule in Bern und nach der Etablierung der Berner Tierarzneischule als veterinärmedizinische Fakultät von 1900 bis 1902 als erster Veterinärmediziner Rektor der Universität Bern.
Die Stelle in Zürich blieb nach seinem Weggang für ein Semester vakant. Bei der Neubesetzung fiel die Wahl auf Edouard Bugnion (1845–1939; Abb. 24A) aus Lausanne, der in Zürich Medizin studiert hatte. Er wurde auf Beginn des Wintersemesters 1875 auf Antrag der Aufsichtskommission vom Regierungsrat zuerst provisorisch für ein Jahr zu einem Lohn von 3500 Franken gewählt,[206] konnte sein Amt in Zürich allerdings nur kurz auszuüben. Zu Beginn des Jahres 1876 musste er aus gesundheitlichen Gründen zurücktreten. Für Bugnion, der später Professor für Anatomie in Bern (1877–1881) und an der Universität Lausanne (1881–1915) wurde, konnte vorerst kein geeigneter Nachfolger aus der Tierärzteschaft gefunden werden. Schliesslich konnte Carl Joseph Eberth (1835–1926; Abb. 24A),[207] der 1865 die Nachfolge von Eduard Rindfleisch (1836–1908) als Professor für pathologische Anatomie an der Medizinischen Fakultät der Universität Zürich angetreten hatte, als Lehrbeauftragter für die Tierarzneischule verpflichtet werden. Eberth hatte Humanmedizin an der Universität Würzburg studiert und anschliessend als Assistent bei Rudolf Virchow und Albert von Kölliker (1817–1905) gearbeitet. Er las an der Tierarzneischule pathologische Anatomie, allgemeine Pathologie, Embryologie und Histologie und konnte so den Unterricht in allgemeiner Pathologie und pathologischer Anatomie, den von Bollinger begonnen hatte, fortsetzen. Im Frühjahr 1881 demissionierte Eberth, um einem Ruf an die Universität Halle zu folgen. Die Stelle an der Tierarzneischule wurde neu ausgeschrieben, doch es gingen keine Bewerbungen ein. Auf Drängen von Direktor Zangger übernahm schliesslich Erwin Zschokke (1855–1929; Abb. 24C), Eberths bisheriger Assistent, die Fächer.

206 StAZH, UU 19.5, Protokolle der Aufsichtskommission der Tierarzneischule Zürich 1874–1882, Eintrag Nr. 12, 4. 3. 1875. Entspricht 2009 nach dem historischen Lohnindex einem Betrag von 183 898 Franken. Vgl. http://www.swistoval.ch (20. 12. 2017).

207 Nachruf Carl Josef Eberth (1835–1926), in: Vierteljahresschrift der Naturforschenden Gesellschaft Zürich, 1927, S. 416–421.

Erwin Zschokke

Erwin Zschokke (1855–1929),[208] Enkel des Schriftstellers Heinrich Zschokke, studierte, nach einer «Schnupperlehre» von Zangger dazu gedrängt, von 1873 bis 1876 an der Tierarzneischule Zürich. Bereits gegen Ende seines Studiums, also noch als «Thierarzneischüler», ernannte ihn der Erziehungsrat auf den 21. Oktober 1876 zum provisorischen Assistenten von Karl Josef Eberth mit einer Jahresbesoldung von 150 Franken.[209] Kurz danach, ab dem Wintersemester 1876/77, wirkte er als klinischer Assistent und Prosektor an der Anatomie der Tierarzneischule unter der Leitung des Anatomen Henry Berdez[210] (1841–1901) (Bürgi, 1929a, b; Sackmann, 2002). Im Jahr 1877 wurde Zschokke provisorisch als Nachfolger von Berdez gewählt, der nach Bern berufen worden war. Im Jahr darauf erfolgte Zschokkes feste Anstellung und Ernennung zum Professor mit einer Lehrverpflichtung von 20 Wochenstunden pro Semester für die Fächer pathologische Anatomie, Histologie und Embryologie sowie die Leitung der Sektionsübungen und des pathologisch-mi-

208 Erwin Zschokke, geboren in Gontenschwil (AG), besuchte 1871 mit dem Ziel, Landwirt zu werden, zuerst die landwirtschaftliche Schule in Muri (AG), und im darauffolgenden Jahr absolvierte er ein landwirtschaftliches Praktikum im Kanton Waadt, auch um Französisch zu lernen. Vgl. Bürgi, 1929a, b.

209 Entspricht 2009 nach dem historischen Lohnindex einem Betrag von 7 774 Franken. Vgl. http://www.swistoval.ch (20. 12. 2017). Siehe auch Wochenblatt für Erziehung und Unterricht, 1876, Heft 27, S. 108 (http://dx.doi.org/10.5169/seales-238018; 20. 4. 2016); StAZH, UU 19.5, Protokolle der Aufsichtskommission der Tierarzneischule Zürich 1874–1883, Akten Nr. 51 und 139, 21. 10. 1876.

210 Henry Berdez, geboren in Vevey, absolvierte zuerst eine landwirtschaftliche Ausbildung, unter anderem an der landwirtschaftlichen Akademie in Stuttgart-Hohenheim. Anschliessend bewirtschaftete er während drei Jahren ein familieneigenes Gut in Köniz (BE). Von 1865 bis 1867 studierte er an der Tierarzneischule in Zürich und absolvierte Weiterbildungen an mehreren französischen Tierarzneischulen. Danach lehrte er Anatomie und Operationslehre an der Tierarzneischule in Zürich und dozierte gleichzeitig an der landwirtschaftlichen Abteilung des Polytechnikums über Tierzucht, Exterieur und Hufbeschlag. 1877 folgte er einem Ruf als Professor für Chirurgie an die Tierarzneischule Bern, deren Direktor er ab 1882 wurde. 1880 amtete er zudem als Seuchenkommissär im bernischen Jura, wo er die dort ausgebrochene Lungenseuche des Rindes erfolgreich zu bekämpfen wusste. Vgl. Noyer, 1901.

kroskopischen Praktikums. Seine Besoldung wurde auf 4 000 Franken festgesetzt.[211]

Zschokke übernahm 1881, nach der Berufung Eberths nach Halle, 26-jährig die Fächer Embryologie, Anatomie, Milchhygiene und Milchprüfung, die medizinische Klinik, Histologie und allgemeine Pathologie, pathologische Anatomie, den Sektionskurs und die mikroskopische Übungen, spezielle Pathologie und Therapie sowie pathologische Histologie und erreichte damit eine Lehrverpflichtung von bis zu 20 Stunden pro Semesterwoche (Künzle, 1987). Meyer war für die Fächer Diätetik, ambulatorische Klinik, Veterinärpolizei und gerichtliche Tierheilkunde, Pharmakologie und Geburtskunde verantwortlich. Der Hilfslehrer Hirzel unterrichtete die Fächer Viehversicherung, Chirurgie, Operationslehre und chirurgische Klinik sowie Hufbeschlag.

Auf dem jungen Zschokke lastete damit ein ungeheures Arbeitspensum. In einem Brief an Regierungsrat Johann Kaspar Zollinger (1820–1882) machte er am 25. Januar 1881 auf seine Situation aufmerksam: «[...] er habe seit dem Frühjahr das Arbeitspensum von 2 Hauptlehrern zu bewältigen. Er sei gezwungen, täglich von morgens 4 Uhr bis abends 8 Uhr zu arbeiten, um die wöchentlichen bis zu 48 Vorlesungsstunden bewältigen zu können. Trotz dieser ungeheuren Arbeitsleistung bekleide er aber nach wie vor die Stelle eines Hilfslehrers und Assistenten an der Tierarzneischule. Sollte sich seine Stellung an der Anstalt nicht ändern, so sei er gezwungen, sich einen anderen Lebensunterhalt zu suchen, da er noch für sechs jüngere Geschwister zu sorgen habe.» (Schläpfer, 1982)

Die Tierarzneischule wies nach dem Tod Zanggers 1882 nur noch zwei Hauptlehrer auf, Erwin Zschokke und Jakob Meyer (1831–1895; Abb. 24D), der auch Direktor der Tierarzneischule war (Schläpfer, 1982). Unterstützt wurden die beiden lediglich von einem klinischen Assistenten sowie Johann Heinrich Hirzel (1854–1905) als Hilfslehrer. Die drei Lehrer unterrichteten das gesamte Pensum mit Ausnahme der naturwissenschaftlichen Fächer. Die Letzteren wurden als Lehraufträge an

211 StAZH, UU 19.5, Protokolle der Aufsichtskommission der Tierarzneischule Zürich 1874–1883, Akte Nr. 255, 31. 10. 1881. – Entspricht 2009 nach dem historischen Lohnindex 219 219 Franken. Vgl. http://www.swistoval.ch (20. 12. 2017).

die Universität, das Polytechnikum oder die Kantonsschule vergeben. Diese Übergangslösung dauerte bis 1886.

Erwin Zschokke oblag mit dem Leiter der ambulatorischen Klinik, Jakob Meyer (1831–1895; Abb. 23D),[212] zusätzlich die Stellvertretung des häufig erkrankten Direktors der Tierarzneischule Rudolf Zangger in der Aufsichtskommission[213] (Bürgi, 1929a, b).

Erst im Jahr 1886 reduzierte sich Zschokkes hohe Lehrbelastung, und er erhielt eine enger umschriebene Professur für allgemeine und spezielle Pathologie, pathologische Anatomie und interne Klinik. Später, ab 1895, bewilligte die Aufsichtskommission für das veterinärpathologische Institut erstmals eine Assistentenstelle (Zschokke, 1920).

Nach dem Ableben von Jakob Meyer im Jahr 1895 wurde Zschokke die Direktion der Tierarzneischule übertragen (Zschokke, 1920).[214]

Da Zschokke seine Vorlesungsverpflichtung sehr ernst nahm, verblieb ihm eine weiterhin hohe Belastung. Durch die Bewilligung eines Assistenten konnte er zumindest seine Arbeitsstunden bei Sektionen und histopathologischen Untersuchungen etwas vermindern.

In dieser Zeit publizierte Zschokke eine Anleitung (Zschokke, 1897) für Sektionen, die auf seiner langjährigen praktischen Erfahrung bei deren Durchführung basierte. Besonderen Wert legt er dabei auf die Gründlichkeit der Untersuchung und eine korrekte Protokollierung der Befunde.

212 Jacob Meyer absolvierte, nachdem er in einem «Advokaturbureau» tätig gewesen war, von 1849 bis 1852 eine tierärztliche Ausbildung an der Zürcher Tierarzneischule wie schon sein Grossvater und Onkel. Vgl. dazu: Hohl, 1979; Baumgartner-Oehen, 2015. – Anschliessend praktizierte er zuerst in Wollishofen, wurde um 1854 Hilfslehrer und ab 1855 Prosektor. Er hielt auch Vorlesungen über polizeiliche und gerichtliche Tierheilkunde sowie Geburtshilfe und dozierte von 1877 bis 1890 tierärztliche Fächer an der landwirtschaftlichen Abteilung des eidgenössischen Polytechnikums. 1867 erfolgte seine Wahl zum Hauptlehrer und Leiter der ambulatorischen Klinik. Nach dem Tod Zanggers übernahm er 1882 zuerst provisorisch und ab 1895 definitiv die Direktion der Tierarzneischule in Zürich. In den im Kanton Zürich politisch bewegten 1860er-Jahren war er, wie Zangger, eine Mann des Fortschritts. Von 1868 bis 1890 war er Mitglied des Grossen Rats sowie des Kantonsrats. Vgl. Zschokke, 1895.

213 StAZH, UU 19.5, Protokolle der Aufsichtskommission der Tierarzneischule Zürich 1874–1883, Eintrag Nr. 228, 6. 5. 1881.

214 StAZH, UU 19.6, Protokolle der Aufsichtskommission der Tierarzneischule 1883–1895, Eintrag Nr. 492, Mai 1895.

Damit hat jede Generation von Veterinärpathologen an der Tierarzneischule in Zürich innerhalb von 80 Jahren jeweils eine Sektionsanleitung veröffentlicht. Worin sich diese technischen Anweisungen unterscheiden, zeigt die Tabelle 12.

Michel streicht besonders die Anforderungen der gerichtlichen Sektion heraus. Zschokke (1897) schränkt seine Anleitung auf Pferde und Hunde ein, während sich Michel (1826) und Zangger (1851) dazu nicht äussern. Zschokke (1897) legt im Gegensatz zu seinen älteren Kollegen besonderen Wert auf «sauberes», hygienisches Arbeiten mit «geeigneten und scharfen Instrumenten». Hinter diesen Forderungen erkennt man den in der Zeit seit 1826 erreichten Erkenntnisgewinn auf dem Gebiet der Bakteriologie und Infektionsmedizin. Zschokkes Forderung nach Gründlichkeit der Untersuchung entspricht insbesondere die Anweisung, das Signalement[215] des zu untersuchenden Tieres festzuhalten und mittels genauer «Inspektion» das Äussere des Tierkörpers inklusive der natürlichen Körperöffnungen nach Verletzungen zu untersuchen. Mit Ausnahme der Spezies-bedingten Unterschiede der Sektionstechnik entsprechen die von Michel, Zangger und Zschokke vorgelegten Anweisungen den Forderungen Virchows nach der Untersuchung aller Organe im Jahr 1858 (Virchow, 1893).

Bereits im Laufe des Jahres 1885 wurde in Zschokkes Arbeitszimmer der pathologischen Anatomie ein erstes kleines bakteriologisches Laboratorium eingerichtet (Bürgi, 1929 b; Höfliger, 1963). Dort wurde mit den Studierenden neben der bakteriologisch-diagnostischen Tätigkeit auch der Milchprüfungskurs durchgeführt. Dieser Raum stellt die Keimzelle des späteren veterinärbakteriologischen Instituts dar (Zerobin, 1983). Schritt für Schritt stieg in den Folgejahren die Zahl der bakteriologischen Untersuchungen so stark, dass schon bald ein Labor geschaffen werden musste und dies ab 1900 in einem eigenen Raum untergebracht werden konnte (Zschokke, 1920). Ab 1911 übernahm Walter Frei (1882–1972)[216] als Leiter des veterinärpathologischen Instituts die Fächer Bakteriologie und Hygiene in Lehre, Dienstleistung und Forschung. Ab 1938 wurde im Institut eine bakteriologische Abteilung unter der Leitung von Leo Ried-

215 Äussere Merkmale, die ein bestimmtes Tier charakterisieren. Vgl. http://www.duden.de/rechtschreibung/Signalement (6. 12. 2016).

216 Siehe Kapitel «Die Ära Walter Frei in der Veterinärpathologie».

Tab. 12: Vergleich der Sektionsanleitungen von Michel (1826), Zangger (1851) und Zschokke (1897)

	Michel 1826 (zu untersuchende Spezies nicht definiert)	Zangger 1851 (zu untersuchende Spezies nicht definiert)	Zschokke 1897 (für Pferd und Hund)
Vorbericht	Auskunft über: Todesart, -umstände, -zeit, Behandlung, klinische Befunde, Transport, -bedingungen der Leiche, Umgebungsbedingungen, -temperatur,	Vorgängige Informationen: Todesart, Todeszeit, Zeitraum zwischen Tod und Sektion, Umgebungsbedingungen, Umgebungstemperatur	Anamnese, Art und Dauer der Erkrankung, Behandlung, Zeit seit dem Tod
Sektionsvorbereitung	Anwesenheit von Zeugen, eigenhändige Durchführung der Sektion	Obduktion an einem Ort mit ausreichend Platz, Ruhe und Licht; am besten nicht im Freien; ausreichend Hilfspersonal, geeignete Instrumente; Bestimmung von Tierart, Rasse und Geschlecht	Obduktion bei Tageslicht (Sonne), künstliches Licht ungeeignet; geeignete, scharfe Instrumente; reichlich Wasser, Hände und Instrumente müssen sauber bleiben, ruhiges/überlegtes Vorgehen; Pferde auf der linken Seite; Hunde auf dem Rücken, Kopf links vom Obduzenten
Sektionsablauf			Inspektion des Äusseren, Signalement, Verletzungen, Körperöffnungen
	Abziehen der Haut	Abziehen der Haut	Abziehen der Haut; Ernährungszustand; Totenstarre; äussere Lymphknoten, Verfärbungen der Unterhaut beurteilen
			Pferd: Ablösen der rechten Vorderextremität; Eröffnung der Bauchhöhle, Schonung der inneren Organe; Querschnitte Bauchwand rechts/links
	Schnitt in die Hüftgelenke und Abklappen der Hinterextremitäten	Schnitt in die Hüftgelenke und Abklappen der Hinterextremitäten	
	Eröffnung der Bauch-/Beckenhöhle: Schambein bis Schaufelknorpel, Schonung der Organe, Schnitt entlang der Rippen, Abklappen der Bauchwand	Eröffnung der Bauch-/Beckenhöhle: Schambein bis Schaufelknorpel, Schonung der Organe, Schnitt entlang der Rippen, Abklappen der Bauchwand	
		Beurteilung des pathologischen Inhalts der Bauchhöhle	Beurteilung der Lage der Organe, des pathologischen Inhalts Bauchhöhle
			Eröffnung der Brusthöhle: Schnitt ins Zwerchfell, Absägen Rippen von innen
	Unterbinden des Mastdarmes nahe am After	Unterbinden des Mastdarmes nahe am After	
	Abbinden des Oesophagus	Abbinden des Oesophagus	
	Abbinden der Vena cava		

	Tierkörper auf die rechte Seite legen, Magen, Milz, Darm entnehmen, Gekrösewurzel abtrennen; Organe untersuchen	Tierkörper auf die rechte Seite legen, Magen, Milz, Darm entnehmen, Gekrösewurzel abtrennen; Organe untersuchen	Abtrennen von Leber, Gallengang, Pankreas; Entnahme des Darms; Beurteilung der Gekrösewurzel; entnommene Organe untersuchen
		Entnahme und Untersuchung von Milz und Leber	Entnahme und Untersuchung von Magen, Milz und Leber
	Entnahme und Untersuchung von Nieren, Harn und Geschlechtsorganen	Entnahme und Untersuchung von Nieren, Harn und Geschlechtsorganen	Entnahme und Untersuchung von Nieren, Harn und Geschlechtsorganen, Aufsägen der Beckensymphyse
	Tierkörper auf den Rücken legen		
	Abtrennen der rechten Vordergliedmasse mit Schulterblatt		
	Durchtrennen der Rippenknorpel unter Schonung der Lunge	Durchtrennen der Rippenknorpel beidseits, Schonung der Lunge, Abnahme des Brustbeins; Beurteilung des pathologischen Inhalts der Brusthöhle	Durchtrennen der Rippenknorpel beidseits, Schonung der Lunge, Abnahme des Brustbeins; Beurteilung des pathologischen Inhalts der Brusthöhle
Sektionsablauf	Durchtrennen der Zwischenrippenmuskeln, Ablösen der Rippen von den Wirbeln		
	Entfernen des Unterkiefers		
		Einschnitt parallel zu Unterkieferästen, Entnahme/ Untersuchung der Zunge, Hals- und Brustorgane	Einschnitt parallel zu Unterkieferästen, Entnahme/ Untersuchung der Zunge, Hals- und Brustorgane
	Entnahme der Zunge, Halsorgane, Brustorgane; Untersuchung		
	Abtrennen und Untersuchung der verbliebenen Extremitäten		
		Abtrennen des Kopfs, Aufsägen der Schädelkapsel (Verbindungslinie zwischen den Augen und dem Hinterhauptsloch)	Abtrennen des Kopfs, Aufsägen der Schädelkapsel (Verbindungslinie zwischen den Augen und dem Hinterhauptsloch)
	Eröffnung der Nasenhöhle		
	Schädel ohne Trennung von der Wirbelsäule öffnen. Mit Meissel/ Säge Schädelhöhle unter Schonung des Gehirns freilegen		
	Eröffnung des Wirbelkanals mit Meissel, Schonung des Rückenmarks	Eröffnung des Wirbelkanals mit Meissel, Schonung des Rückenmarks	Eröffnung des Wirbelkanals mit Meissel, Schonung des Rückenmarks
Cave		Keine Organe ununtersucht lassen	Keine Organe ununtersucht lassen

müller (1898–1976)[217] gebildet, die ab 1941 aus dem Institut ausgegliedert zum eigenständigen Institut für Veterinärbakteriologie ausgebaut wurde (Zerobin, 1983).
Von 1894 bis 1923 war Zschokke auch Dozent an der landwirtschaftlichen Abteilung des Polytechnikums Zürich (Bürgi, 1929a). Von 1905 bis 1925 übernahm er zudem die Direktion des Tierspitals.
Die bauliche Situation der Tierarzneischule in der Selnau blieb bescheiden, obwohl bereits 1886 auf die Notwendigkeit von Verbesserungen hingewiesen wurde. Insbesondere plante man auf Anregung des Eidgenössischen Militärdepartements die Errichtung einer Lehrschmiede, wobei im Anschluss daran die Errichtung eines grösseren Gebäudes für die Anatomie und Pathologie vorgesehen war (Zschokke, 1920). 1892 besuchte eine Baukommission ausländische Institute, und der Kantonsrat bewilligte im gleichen Jahr eine erste Rate von 100 000 Franken[218] für einen Neubau. Änderungen der Baulinien in der Stadt Zürich und Überlegungen, die Tierarzneischule an die Peripherie der Stadt zu verlegen, die anfänglich von Bauspekulanten ausgingen, verhinderten einen weiteren Fortschritt der Bauplanung. Auch die 1893 erfolgte Eingemeindungen der elf Vorortsgemeinden Aussersihl, Enge, Fluntern, Hirslanden, Hottingen, Oberstrass, Riesbach, Unterstrass, Wiedikon, Wipkingen und Wollishofen verzögerte die Pläne (Zschokke, 1920). Darüber hinaus erarbeitete die Direktion der Tierarzneischule ein Gutachten, das sich gegen eine Verlegung der Schule in die Nähe des Schlachthofs oder auf den Milchbuck aussprach. Als Begründung wurde genannt, dass die Verlegung dem «vollständigen Ruin der Tierarzneischule gleich käme» (Zschokke, 1920; Becker, 2002). Erst 1909 beantragte die Erziehungsdirektion in einem dringlichen Schreiben an die kantonale Direktion der öffentlichen Bauten, den unhaltbaren Zuständen in der Anatomie/Pathologie der veterinärmedizinischen Fakultät sei Abhilfe zu schaffen. Im Frühjahr 1910 wurde ein Kredit von 197 000 Franken[219] für einen Neubau eines Anatomie/Pathologie-Gebäudes bewilligt, der 1911 fertiggestellt

217 Siehe ebd.
218 Entspricht 2009 nach dem historischen Lohnindex einem Betrag von 4 853 475 Franken. Vgl. http://www.swistoval.ch (20. 12. 2017).
219 Entspricht 2009 nach dem historischen Lohnindex einem Betrag von 6 755 920 Franken. Vgl. http://www.swistoval.ch (20. 12. 2017).

werden konnte (Becker, 2002). Zschokke begleitete den Neubau aktiv bis zur Einweihung 1912.[220] Im Jahr 1911 übergab er unter grossem Bedauern die Leitung des veterinärpathologischen Instituts an Walter Frei.[221] Nachdem die Tierarzneischule 1901 als vollwertige Fakultät in die Universität Zürich aufgenommen worden war, ernannte man unter Erlass der Antrittsvorlesung die bisherigen Lehrer der Tierarzneischule Erwin Zschokke, Johann Heinrich Hirzel (1854–1905)[222] und Jakob Erhardt (1863–1927)[223] zu ordentlichen, Arnold Rusterholz (1869–1921),[224] Heinrich Zangger (1874–1957) und Johannes Heuscher (1858–1912)[225] zu ausserordentlichen Professoren. Aus dem letzten Jahrzehnt des 19. Jahrhunderts liegen einige Bilddokumente vor, die Professoren und Studierende der Tierarzneischule Zürich zeigen. Aus dem ersten Jahr-

220 Kopie eines Schreibens an Arnold Theiler in Onderstepoort, Südafrika, vom 23. 11. 1911, in: Kopierbuch Path.-Anatomisches Institut Feb. 1911–Aug. 1911, S. 305; Kopie eines Schreibens an Arnold Theiler in Onderstepoort, Südafrika, vom 11. 11. 1912, in: Kopierbuch Vet.-Anatomisches Institut 1912–Juni 1914, S. 41. Transkriptionen 2016 von Dr. Urs Jenny.

221 In einem Schreiben an Arnold Theiler in Onderstepoort, Südafrika, vom 23. 11. 1911 schreibt Zschokke dazu: «Herr Dr. W. Frei, ihr ehemaliger Assistent ist mit der Bakteriologie und der all. Pathologie betraut worden und hat nun das path. Institut unter sich. Mit Bedauern habe ich diese Disziplin abgegeben, aber es ging nicht mehr. Das Alter fordert seinen Tribut u. ich muss froh sein, wenn ich die spez. Pathologie u. die Klinik noch anständig meistern kann.» Kopierbuch Path.-Anatomisches Institut Feb. 1911–Aug. 1911. Transkription 2016 von Dr. Urs Jenny.

222 Johann Heinrich Hirzel: Ausbildung an der Tierarzneischule Zürich, 1874 Studienreise nach Wien, Budapest und Mailand, 1875 klinischer Assistent und 1882 Leiter der Spitalklinik an der Tierarzneischule in Zürich, ab 1886 Professor für Chirurgie und Klinik. Vgl. Zschokke, 1920.

223 Jakob (Jacques) Erhardt: Ausbildung an der Tierarzneischule Zürich, unmittelbar danach klinischer Assistent und Prosektor, 1885 Studienaufenthalt an den Veterinärschulen von Lyon und Paris, 1890 Leiter der ambulatorischen Klinik, 1896 Ernennung zum Professor, 1903 Promotion zum Dr. med. vet., 1906–1908 und 1916–1918 Dekan der vet.-med. Fakultät in Zürich. Vgl. Sackmann, 2002.

224 Arnold Rusterholz: Ausbildung an der Tierarzneischule Zürich, unmittelbar danach klinischer Assistent, 1890 kurzzeitig Leiter der ambulatorischen Klinik, 1920 Dr. med. vet. h. c. Vgl. Sackmann, 2002.

225 Johannes Heuscher: Ausbildung am Lehrerseminar in Küsnacht (ZH), 1895 Habilitation an der Universität Zürich für Zoologie und Süsswasserbiologie, vor der Eingliederung der Tierarzneischule in die Universität an der Tierarzneischule Hilfslehrer für die propädeutischen Fächer (Botanik, Chemie, Physik und Zoologie), ab 1901 ausserordentlicher Professor für Parasitologie, Fischerei und Fischkrankheiten. Vgl. Sackmann, 2002.

zehnt des 20. Jahrhunderts ist das Studienbuch von Hans Heusser senior (1884–1978) erhalten geblieben, in dem verschiedene bei Zschokke besuchte Vorlesungen aufgelistet sind (Abb. 25–27).

Im Jahr 1916 wählte der Senat der Universität Zürich Zschokke als ersten Veterinärmediziner zum Rektor der Universität, ein Amt, das er bis 1918 bekleidete. Der Titel seiner Rektoratsrede, in der er Krankheit und Heilung in einem wissenschaftshistorischen und wissenschaftstheoretischen Kontext aus der Sicht der Veterinärmedizin unter Berücksichtigung aktueller Erkenntnisse aus der Immunologie darstellte, lautete «Die natürlichen Heilreaktionen der Tiere».[226]

Im 70. Altersjahr trat Zschokke 1925 zurück und wurde auf Antrag der veterinärmedizinischen Fakultät von der Erziehungsdirektion mit einem persönlichen Dankesschreiben des Erziehungsdirektors zum Honorarprofessor ernannt.[227] Gleichzeitig musste er auf Beschluss des Regierungsrats seine Amtswohnung in der Fakultät räumen.[228] In diesem Jahr verliehen ihm die veterinärmedizinischen Hochschulen in Budapest und in Giessen die Würde eines Ehrendoktors (Bürgi, 1929b).[229]

Kollegen, Schüler, Mitarbeiter und Freunde widmeten Zschokke zu seinem 70. Geburtstag eine Festschrift, die 23 Beiträge aus den verschiedensten Gebieten der Veterinärmedizin enthält.[230] Sie erreichte eine grosse internationale Verbreitung und wurde von verschiedenen ausländischen Wissenschaftlern hoch gelobt.[231] Gerührt bedankt sich Zschokke am 21. August 1925 bei der Fakultät für die Ehrungen und die Feier zu seinem Geburtstag.[232]

226 Universität Zürich, Rektoratsrede und Jahresbericht, April 1915 bis Ende März 1916.

227 Bis 1990 durften Professoren der Universität Zürich nach ihrem Rücktritt ihren Professorentitel offiziell nicht weiterführen und wurden daher in der Regel auf Antrag der Fakultät zu Honorarprofessoren ernannt. Im Fall Zschokkes erfolgte dies 1925. Vgl. StAZH, Z 195.2 und Z 79.207.

228 StAZH, Z 195.2, RRB 1342 vom 24. 6. 1926.

229 StAZH, Z 79.207, Verleihung Dr. med. vet. h. c. der Universität Giessen und der tierärztlichen Hochschule in Budapest.

230 Festschrift zum siebzigsten Geburtstage von Herrn Prof. Dr. E. Zschokke in Zürich, 1925.

231 StAZH, Z 79.207, Diverse Korrespondenz zur Festschrift Zschokke.

232 StAZH, Z 79.207, Dankschreiben Zschokke, 21. 8. 1925.

Ein Beitrag *Über das Knochenfressen der Rinder in Südafrika* in der Festschrift stammt von seinem Freund und Kollegen Arnold Theiler (1867–1936) aus Onderstepoort in Südafrika, mit dem Zschokke über viele Jahrzehnte in brieflichem Kontakt stand und sich auch über persönliche, familiäre Begebenheiten austauschte.
Die Studierenden der veterinärmedizinischen Fakultät widmeten Erwin Zschokke, den sie liebevoll «Papa Zschokke» nannten, eine Geburtstagszeitung, die verschiedene Aktivitäten und Vorlieben Zschokkes im Bild darstellte (Abb. 28–32). Besonders beeindruckten die Studierenden seine sportlichen Aktivitäten in jungen Jahren, wie das Schwingen (1882 wurde er beim Eidgenössischen Turnfest in Aarau Zweiter im Schwingen) und Steinstossen, seine Militärzeit, seine morgendlichen Kontrollgänge im Tierspital und sein Unterricht. Die Studierenden stellten überdies den bereits in dieser Zeit sich abzeichnenden Trend zur Kleintiermedizin satirisch dar.
In seinen späteren Jahren war er im Schwingsport ein geachteter Kursleiter und Kampfrichter und gehörte 1895 zu den Hauptinitianten bei der Gründung des Eidgenössischen Schwingerverbands (Zschokke, 1924; Zschokke, 1996).
Politisch war Zschokke mehrere Jahre als Mitglied des Zürcher Kantonsrats und des Grossen Stadtrats (1889)[233] von Zürich aktiv. In jenem setzte er sich für den Neubau des Zürcher Schlachthofs ein. Die parlamentarische Tätigkeit übte er jedoch nur sehr kurz aus (Bürgi, 1929a, b).
Zschokke verstarb am 9. Juni 1929 in Zürich (Abb. 33).[234] Einen umfangreichen Nachruf publizierte sein Kollege Oskar Bürgi.[235]

233 Der Grosse Stadtrat entspricht dem heutigen Zürcher Gemeinderat (Parlament der Stadt Zürich). Vgl. Bürgi, 1929b.
234 Neue Zürcher Zeitung, 10. und 13. 6. 1929, 29. 4. 1930.
235 Neue Zürcher Zeitung, 13. und 16. 6. 1929.

Das veterinärpathologische Institut und der Mensch Erwin Zschokke in Anekdoten

Aus den Bierzeitungen[236] für die Weihnachtskommerse der Studierenden der Jahre 1907–1928 geht hervor, dass das Studentenleben sehr abwechslungsreich verlief, wie zum Beispiel die folgende als «Bekanntmachung» gekennzeichnete Notiz zum veterinärpathologischen Institut zeigt: «Das pathologische Institut befindet sich vom Abend 7 h an im Hotel ‹Union›. Daselbst kann auch der Hürlimann [Hürlimann Rudolf, 1882–1951, später Tierarzt in Basel und Maienfeld; Sackmann, 2010] gesehen werden.» Ob Zschokke auch anwesend war, ist nicht überliefert. Er wird 1924 als selbstironischer Dozent mit folgendem Zitat charakterisiert: «Prof. Zschokke erzählt etwas in der Klinik, also beginnt er: ‹Meine Herren, ich will euch noch etwas erzählen: Vielleicht interessiert es euch oder vielleicht denkt ihr, ich sei en alte Blötterli.›» Offenbar wurde er von den Studierenden sehr verehrt, wie das folgende Zitat (1925) zeigt: «Professor Zschokke liest sein hundertstes Semester. Das Kollegium ist andächtig und gerührt. Die Studentenschaft überreicht dem lieben Veteranen einen Blumenstrauss.» Im Jahr vor seinem Ableben notierten die Studierenden: «Papa Zschokke erscheint wieder im Tierspital. Er ist immer noch der gleiche liebe alte Herr.»

Von einem Verwandten (Zschokke, 2016) wird über Erwin Zschokke anekdotisch Folgendes berichtet: Zschokke habe mehrfach exotische und Wildtiere aus der Menagerie von Urs Eggenschwyler (1849–1923; auch Eggenschwiler) kostenlos behandelt, verstorbene Tiere pathologisch untersucht[237] und habe auf diesem Weg mit ihm Freundschaft geschlossen.[238] Bei einer dieser Behandlungen kam es offenbar zu ei-

236 Eine Bierzeitung ist eine aus einem bestimmten Anlass für eine geschlossene Gruppe verfasste humoristische bzw. satirische Zeitung. Vgl. https://de.wikipedia.org/wiki/Bierzeitung (6. 12. 2016).

237 Die Aufzeichnungen der veterinärpathologischen Untersuchungen aus den Jahren 1874–1906 zeigen die Menagerie Eggenschwyler oder Eggenschwiler, Oberstrass, als Einsender folgender Tiere: 6 Affen (1895–1899), 1 Dromedar (1895), 1 Wolf (1896), 1 Panther (1908), 1 Löwe (1909), 1 Rüsselbär (1909). Vgl. dazu: Nussbaumer, 1992; Kaczmarczyk, 1994; Friemel, 1997.

238 Urs Eggenschwyler, Zürcher Bildhauer, Maler und Zeichner, betrieb auf dem Gelände des heutigen Tramdepots am Milchbuck in Zürich-Oberstrass, eine öffentlich zugängliche Menagerie mit Affen, einem Löwen, einem Leoparden, Bären, Panthern, einem Wolf, einem Schakal, Papageien und Geiern. Vgl. Neue

nem unerwarteten Zwischenfall, der zum Tod des Patienten führte. Eggenschwyler war darüber so entsetzt und erbost, dass er Zschokke die Freundschaft kündigte.

Vereinheitlichung der Ausbildung für Tierärzte ab 1877 unter besonderer Berücksichtigung der Veterinärpathologie

Die Ausbildung zum Tierarzt machte im letzten Viertel des 19. Jahrhunderts während der Amtszeit von Zschokke in Zürich, aber auch in Bern grosse Fortschritte.
Die Bundesverfassung von 1848 hatte den Kantonen die Souveränität über das Sanitätswesen belassen, die sie in der Zeit der Helvetik verloren und danach in der Mediation vollständig zurückerhalten hatten (Roth, 1973). Das heisst, die Patente für Ärzte, Apotheker und Tierärzte beschränkten die Berufsausübung auf den Kanton, der das Patent ausgestellt hatte. Zur Änderung dieser Regelungen blieb nur der Weg über den Bund, der die Kantone einlud, über ein Konkordat zu verhandeln (Ruhier, 1964). Nach langwierigen Diskussionen konnte am 22. Juni 1867 das «Konkordat über die Freizügigkeit des schweizerischen Medizinalpersonals» zwischen den Kantonen Zürich, Bern, Schwyz, Glarus, Solothurn, Schaffhausen, Appenzell-Ausserrhoden, St. Gallen und Thurgau geschlossen werden, dem am 24. September 1873 auch die Kantone Luzern, Uri, Zug, Basel-Stadt, Basel-Land, Appenzell-Innerrhoden, Graubünden, Aargau und Neuenburg beitraten. Im ersten Satz des Konkordats steht zu lesen, dass die «konkordierenden Stände» die «Absicht zur Hebung der Arzneiwissenschaften» hätten und «die Ausübung der medizinischen Berufsarten im Interesse der Ausübenden wie des Publikums zu ordnen sei». Für Ärzte, Tierärzte und Apotheker brachte das Konkordat die uneingeschränkte Praxisbewilligung in allen Kon-

Zürcher Zeitung, 1. 1. 1917, 5. 1. 2015. – Mit dem Löwen, der auf ihn geprägt war, ging Eggenschwyler auch durch die Stadt spazieren. Vgl. https://de.wikipedia.org/wiki/Urs_Eggenschwyler (16. 5. 2016). – Von Eggenschwyler geschaffene Löwenskulpturen finden sich in Zürich unter anderem im Hafen Enge und an der Stauffacherbrücke. Bekannt ist er für die Schaffung der Löwenanlage und Felsgestaltung im Tierpark Hagenbeck in Hamburg, der 1907 eröffnet wurde.

kordatskantonen (Roth, 1973). Für die Aufnahme von Kandidaten in die Tierarzneischulen schrieb das Konkordat eine «kleine» Maturität vor.[239] Erst 1899 wurde von den Kandidaten eine Vollmaturität verlangt (Künzle, 1987). 1870 wurde das zum Konkordat gehörende Prüfungsreglement erlassen, das die Prüfungen für die medizinischen Berufe vereinheitlichte und die zu prüfenden Fächer vorschrieb.

Die revidierte Bundesverfassung von 1874 erteilte dem Bund die Befugnisse, Maturität und Prüfungswesen zentral zu regeln. In der Folge trat am 19. Dezember 1877 das «Bundesgesetz betreffend die Freizügigkeit des Medizinalpersonals in der Schweizerischen Eidgenossenschaft» in Kraft.[240] Darauf basierend wurden alle Medizinalprüfungen der Aufsicht des Eidgenössischen Departements des Innern unterstellt. Für die Durchführung der Prüfungen richtete der Bundesrat den «Leitenden Ausschuss für Medizinalprüfungen» ein, und an den Prüfungsorten beziehungsweise Universitäten wurden entsprechende lokale Prüfungskommissionen geschaffen. Die Dauer der tierärztlichen Ausbildung verlängerte sich damit einheitlich auf sieben Semester (Senn, 1982). Anstelle einer bis anhin üblichen Aufnahmeprüfung wurde zum Eintritt in die Tierarzneischulen Bern und Zürich nun eine eidgenössische Matur vorausgesetzt und das Eintrittsalter auf 17 Jahre erhöht (Zschokke, 1920). Die «Verordnung für eidgenössische Medicinalprüfung» vom 19. März 1888 enthält in den Artikeln 71–79 «Besondere Prüfungsbestimmungen für die Thierärzte» mit einer Gliederung der Prüfung in drei Hauptabschnitte: naturwissenschaftliche, anatomisch-physiologische Prüfung und Fachprüfung (Schlussexamen). Die Voraussetzungen für die Zulassung zur Fachprüfung bildeten gemäss der Prüfungsordnung «ein sieben-semestriges Studium, das Bestehen der vorherigen Prüfungen». Weiter war der Besuch der folgenden Kurse vorgeschrieben: zwei Semester Klinik der Haustiere, Übungen im Gebrauch des Mikroskops, ein praktischer Kurs in der Operationslehre und ein pathologisch-anatomischer Demonstrationskurs.

Im praktischen Teil der Fachprüfung wurde für das Fach Pathologie neu Folgendes gefordert: «Anfertigung und Erläuterung eines mikroskopi-

239 Der wesentliche Unterschied zur normalen Matur bestand darin, dass die Anforderungen an die Lateinkenntnisse deutlich geringer waren. Vgl. Ruhier, 1964.

240 Neue Zürcher Zeitung, Nr. 254, 3. 6. 1877, und Nr. 596, 19. 12. 1877.

schen Präparates oder Erklärung mehrerer vorgelegter mikroskopischer Präparate» und «Durchführung einer Sektion nebst mündlicher Darstellung der Ergebnisse». Im theoretischen Teil der Prüfung musste eine «schriftliche Arbeit (Befund oder Gutachten) nach einem vorliegenden oder nach seiner Ätiologie fingierten gerichtlichen oder thierärztlich polizeilichen Falle» verfasst werden.
Im mündlichen Schlussexamen (Art. 79) wurde aus dem Gebiet der Pathologie Folgendes geprüft: «pathologische Anatomie und allgemeine Pathologie; spezielle Pathologie und Therapie; gerichtliche und polizeiliche Thierheilkunde, mit Berücksichtigung der einschlägigen Gesetzgebung».

Schritte auf dem Weg zur veterinärmedizinischen Fakultät der Universität Zürich

Die zentrale eidgenössische Regelung der Voraussetzungen zur veterinärmedizinischen Ausbildung und der Prüfungen ebnete den Weg der Tierarzneischulen in Bern und Zürich in die jeweiligen Universitäten.
Im Kanton Zürich wurde am 5. Juli 1885 ein Gesetz betreffend die Tierarzneischule vom Volk angenommen. Die wesentlichen Neuerungen bestanden darin, dass die Zahl und die Besoldung der Lehrstellen in die Kompetenz des Regierungsrats übergingen und die Anstaltskosten neben den Einnahmen durch die kurativen Tätigkeiten durch jährliche, vom Kantonsrat zu bewilligende Kredite gewährleistet wurden. Private Praxistätigkeit der Lehrer war neben der Lehrtätigkeit fortan nicht mehr gestattet. Der Erziehungsrat setzte den Lehrplan fest, und die Studiendauer wurde auf die vom Leitenden Ausschuss für die Medizinalprüfung geforderten sieben Semester festgesetzt. Die Aufnahmeprüfung für den Eintritt in die Tierarzneischule wurde durch die Vorgaben des eidgenössischen Maturitätsprogramms ersetzt. Damit konnte einer Forderung der Gesellschaft Schweizerischer Tierärzte im Grundsatz entsprochen werden, die eine Gleichstellung der Tierärzte mit anderen akademischen Berufen anstrebte. Dies erfolgte 1899 mit einer Verord-

nung,[241] die 1901 im Zuge der Zustimmung des Volkes zur Gründung einer veterinärmedizinischen Fakultät an der Universität Zürich definitiven Charakter erhielt.

Nach der Annahme des Gesetzes betreffend die Tierarzneischule von 1885 konnte ein Jahr später die Reorganisation der tierärztlichen Ausbildung in Angriff genommen werden. Das Gebiet der Pathologie wurde gemäss dem kantonalen Lehrplan von 1887 wie folgt unterrichtet:

Allgemeine Pathologie (2. Jahr für 3 Stunden). Sie umfasste neben allgemeinen Begriffsbestimmungen:

- die Lehre von den inneren und äusseren Krankheitsursachen unter Berücksichtigung tierischer und pflanzlicher Parasiten («Erstere werden demonstriert, letztere gezüchtet und sowohl als Culturen wie durch das Mikroskop gezeigt.»),
- «die Lehre von den Zirkulations- und Ernährungsstörungen und die daraus hervorgehenden regressiven und progressiven Metamorphosen des Gewebes, inklusive die Geschwulstbildung»,
- «die Lehre vom Fieber und den Krankheiten des Blutes»,
- «die Lehre von den congenitalen Missbildungen».

Im Rahmen der speziellen Pathologie und Therapie (2. Jahr für 6 Stunden; 3. Jahr für 6 Stunden) werden neben den klinischen die «pathologisch-anatomischen Erscheinungen eingehend gewürdigt». «Bei der Besprechung der Krankheiten der Organe werden sodann auch die rein pathologisch-anatomischen Veränderungen behandelt, welche keine klinischen Erscheinungen bieten.»

Praktikum für pathologische Histologie (3. Jahr für 3 Stunden): «Die in Canadabalsam oder in Glycerin-Gelatine eingebetteten Dauerpräparate» von krankhaft veränderten Organen werden von den Schülern unter dem Mikroskop untersucht und beurteilt, «wobei eine eingehende, mit Tafelzeichnungen begleitete Erklärung gegeben wird». «Es werden pro Semester 50–60 Präparate eingelegt, sodass sich jeder Studierende eine ansehnliche Sammlung anlegen kann.»

Sektionskurs (3. Jahr für 6 Stunden; 4. Jahr für 6 Stunden): «Alle im Tierspital umgestandenen Tiere sowie alle zugesandten Kadaver und Organpräparate werden seziert und über den Befund ein Protokoll geführt.»

241 Reglement betreffend Maturitätsausweis für die Kandidaten der medizinischen Berufsarten. Vgl. Künzle, 1987.

Während der Schulzeit führen die Schüler der oberen Klassen die Sektionen unter Anleitung des Lehrers durch, sie haben die Veränderungen zu erklären und haben spezielle Sektionsberichte abzufassen, «welche in eigener Stunde Gegenstand einer gemeinschaftlichen Besprechung werden». Im Rahmen des Sektionskurses wurde anhand von Präparaten aus dem Schlachtlokal auch das Fach Fleischschau praktisch unterrichtet, das durch wöchentliche Exkursionen in das städtische Schlachthaus ergänzt wurde (Zschokke, 1920; Schläpfer, 1982).

Für diese Aufgaben wurden Studierende der höheren Semester als Assistenten für pathologische Anatomie eingesetzt, wie zum Beispiel 1899 Hans Bär (1879–1944),[242] der im Wintersemester 1899/1900 Student im 3. Jahr war (Anonym, 1899). Für die Pathologie stabilisierte sich die Situation bis zur Berufung von Walter Frei im Jahr 1911.

Immer wieder wurden im Laufe der Jahrzehnte Stimmen laut, die eine Eingliederung der Ausbildung für Veterinärmedizin in die Universität forderten. So schreibt Pütz (1873c): «Wenn wird die Zeit gekommen sein, wo die Veterinär-Wissenschaften ihren Platz unter den Hochschulwissenschaften eingenommen haben werden und den Veterinären eine entsprechende Stellung in Staat und Gesellschaft zugestanden sein wird [...]. Die Zeit ist nicht mehr fern, wo auch einzelne mittelalterliche Institutionen der Hochschulen vom Strome des Fortschritts erfasst, zeitgemässen Reformen werden weichen müssen.» Auch im Rahmen des 7. Internationalen tierärztlichen Kongresses in Baden-Baden im Jahr 1899 wurde diese Forderung allgemein unterstützt (Künzle, 1987). Starken Auftrieb erhielten diese Forderungen durch die Umwandlung deutscher Tierarzneischulen in «Tierärztliche Hochschulen» (Schläpfer, 1982). In einem Brief an die Aufsichtskommission der Tierarzneischule in Zürich unterstützten die Lehrer der Anstalt ihren Wunsch nach der Eingliederung in die Universität wie folgt (Künzle, 1987):

«1. Von den Studierenden der Tierheilkunde wird nunmehr seit dem 14. 12. 1899 die Universitätsreife als Vorbedingung verlangt.

2. Die Tierarzneischule steht momentan auf dem Niveau einer Mittelschule und ist deshalb für Absolventen eines Gymnasiums nicht attraktiv.

242 Dr. Hans Bär, Tierarzt von Winterthur, war von 1914 bis 1944 erster Kantonstierarzt des Kantons Zürich.

3. Die Bildung einer selbständigen Hochschule, wie in Deutschland, kommt nicht in Frage, weil die Zürcher Anstalt dafür zu klein ist.
4. Die Vereinigung mit der Universität bedeutet für den Staat eine Ersparnis, weil die naturwissenschaftlichen Fächer zusammen mit den Medizinern besucht werden können.
5. Es besteht die Notwendigkeit zur zeitgemässen Entwicklung und Ausbildung der Tierheilkunde als Wissenschaft.
6. Die Möglichkeit zur Promotion bedeutet einen Ansporn zur wissenschaftlichen Tätigkeit.»

Am 22. Juni 1900 beschloss der akademische Senat der Universität auf Antrag der Erziehungsdirektion einstimmig die Errichtung einer veterinärmedizinischen Fakultät (Zschokke, 1920). Diesem Entscheid folgte am 24. Dezember 1900 der Regierungsrat des Kantons Zürich und legte dem Kantonsrat ein «Gesetz betreffend der Errichtung einer veterinärmedizinischen Fakultät an der Hochschule» vor.[243] Nach der Zustimmung des Kantonsrats nahm das Zürcher Volk in der am 17. Juni 1901 durchgeführten Volksabstimmung das Gesetz mit deutlicher Mehrheit an. Mit Beginn des Sommersemesters 1902 wurde dieser Entschluss wirksam, und die veterinärmedizinische Fakultät der Universität Zürich war Realität.

243 Neue Zürcher Zeitung, 27. 12. 1900: «§ 1. Die Tierarzneischule in Zürich wird mit der kantonalen Hochschule verbunden und bildet als veterinär-medizinische Fakultät derselben in der Reihenfolge die vierte. Die veterinär-medizinische Fakultät hat in der Regel 4 Professuren. § 2. Die für die Hochschule geltenden allgemeinen Vorschriften finden auch auf die veterinär-medizinische Fakultät, ihre Lehrer und Schüler Anwendung. § 3. Der Regierungsrat erlässt die nötigen Spezialverordnungen betreffend die veterinär-medizinische Fakultät, sowie betreffend das Tierspital und andere Hülfsanstalten des Unterrichts. § 4. Dieses Gesetz tritt nach seiner Annahme durch das Volk mit Beginn der Sommersemesterkurse der Universität im Frühjahr 1902 in Kraft.»

4. Die Ära von Walter Frei am veterinärpathologischen Institut der veterinärmedizinischen Fakultät der Universität Zürich

Zusammenfassung

Zu Beginn der Ära von Walter Frei, die 40 Jahre andauerte, gelang es endlich, ein veterinärpathologisches Institut an der Universität Zürich zu etablieren und damit der Kunst, tote Tiere zum Reden zu bringen, eine institutionelle Heimat zu schaffen. In diesem Institut waren für viele Jahre auch die Wissenschaften beheimatet, die, wie zum Beispiel die Bakteriologie, die Veterinärpathologie wesentlich beim Entschlüsseln und Verstehen der Sprache der toten Tiere unterstützten. Dadurch konnten im Laufe der Jahre erhebliche Fortschritte auf dem Gebiet der Infektionskrankheiten der Tiere, auch durch die steigende Zahl der Mitarbeitenden, erreicht werden. Jedoch zeigte sich mehr und mehr, dass die teilweise seit 100 Jahren bestehende Infrastruktur nicht mehr den Anforderungen entsprach. Nicht zuletzt durch Engpässe und Einschränkungen, die während dieser Ära unter anderem durch die Auswirkungen der beiden Weltkriege zutage traten, konnte ein Neubau zur dringend notwendigen Modernisierung der Infrastruktur nicht realisiert werden. Man versuchte trotzdem mit allen Mitteln, tote Tiere weiterhin so gut wie möglich zum Sprechen zu bringen.

Vorgeschichte

Die Gründung des veterinärpathologischen Instituts an der jungen veterinärmedizinischen Fakultät der Universität Zürich ging auf externe und interne Einflüsse zurück. Extern führte der zunehmende Wissenszuwachs des ausgehenden 19. und beginnenden 20. Jahrhunderts in der Veterinärmedizin zur Spezialisierung und zur Entwicklung neuer Fachgebiete, was nach der Bildung der Fakultät Schritt für Schritt zur Schaffung neuer Institute führte, die neben den Kliniken die spezialisierten Aufgaben in Lehre, Forschung und Dienstleistung übernahmen. Bereits im Rahmen der Eingliederung der Tierarzneischule in die Universität Zürich im Jahr 1902 erliess der Regierungsrat des Kantons Zürich neben einem Reglement für das Institut für Veterinäranatomie und -physiologie ein «Reglement für das veterinär-pathologische Institut der Hochschule Zürich» (3. Juli 1902).[244] Dessen Aufgabe ist darin wie folgt umschrieben: «Zum Zwecke der Beschaffung der nötigen Untersuchungsmaterialien für den Unterricht und die praktischen Kurse in der Veterinärpathologie, sowie für wissenschaftliche Untersuchungen [...].» Im Reglement wurde für das Institut auch eine Assistentenstelle und ein Abwart vorgesehen. Der Assistent konnte zugleich Prosektor der Anatomie, der Abwart für die Anatomie tätig sein (Künzle, 1987). In der Amtszeit von Erwin Zschokke als Direktor des Instituts bis zur Wahl von Walter Frei (1911) wechselten die Assistenten, zumeist Studierende der höheren Semester, fast jedes Semester.[245]

Einzelne Professoren der veterinärmedizinischen Fakultät hatten im inneruniversitären Vergleich eine sehr hohe Lehrbelastung. Dies galt insbesondere für Zschokke, der über Jahre mehr als 20 Semesterwochenstunden Unterricht abhielt. Um diese Situation zu verbessern und Zschokke zu entlasten, beantragte die Hochschulkommission, die formell für den Unterricht an der Universität verantwortlich war, über den Erziehungsrat beim Regierungsrat des Kantons auf das Winter-

244 Jahrbuch des Unterrichtswesens in der Schweiz, 16, 1902. Zürich 1904; Schläpfer, 1982.

245 Zum Beispiel: Leon Collaud (1882–1958), 1904–1906, Albert Schurter (1882–1958), Leo Meyer (1892–1932). Vgl. StAZH, Z 79.311, Protokolle der Fakultätssitzungen der veterinär-medizinischen Fakultät.

semester 1911/12 die Schaffung einer neuen ausserordentlichen Professur für allgemeine Pathologie, Bakteriologie und Hygiene.[246] Damit konnte die Gründung eines veterinärpathologischen Instituts realisiert werden, das nun für die Gebiete pathologische Anatomie, Veterinärbakteriologie und Veterinärphysiologie in Lehre, Forschung und Dienstleistung verantwortlich war. Rückblickend beschreibt Walter Frei 1920 die Situation wie folgt: «Im Jahr 1911 wurde von 2 ordentlichen Professoren die allgemeine Pathologie, der Sektionskurs, der bakteriologische und der pathologisch-histologische Kurs, sowie die Hygiene abgetrennt und daraus eine neue Professur geschaffen [...]. Der Inhaber der Professur [Frei] hat ab 1912 nun die Vertretung von mindestens 4 Disziplinen in sich vereinigt, nämlich 1. Pathologie, 2. Physiologie, 3. Hygiene & Bakteriologie, 4. Milchuntersuchung und Milchkunde.»[247]

Im Vorfeld der Besetzung hatte Erwin Zschokke offenbar Kontakt mit Karl Friedrich Meyer (1884–1974) aufgenommen, der nach dem Studium der Veterinärmedizin in Bern und Zürich für kurze Zeit Assistent bei Arnold Theiler in Onderstepoort gewesen war und zu dieser Zeit als Lehrbeauftragter für Bakteriologie und Pathologie an der University of Philadelphia, School of Medicine, tätig war (Pospischil, 2015). Zschokke wollte Meyer überzeugen, nach Zürich an die veterinärmedizinische Fakultät zu kommen.[248] Zschokke informierte die Fakultätsversammlung über seine Initiative an der Sitzung vom 22. April 1911.[249] Kurz darauf traf Meyers ablehnendes Schreiben aus Philadelphia ein.[250] Meyer bedankte sich einerseits überschwänglich für das ehrenvolle Angebot, fühlte sich andererseits seinem neuen Arbeitgeber, der University of Pennsylvania, durch die grosszügigen Arbeitsmöglichkeiten sehr verpflichtet. Im Weiteren führt er etwas pathetisch aus, dass er noch mehr lernen möchte, um bei einer möglichen späteren Rückkehr in seine schweizerische Heimat dieser umso besser dienen zu können. Im gleichen Schreiben

246 StAZH, MM 3.25, RRB 1911/1631, Fakultätssitzung der veterinär-medizinischen Fakultät vom 3. 2. 1911.

247 Vgl. StAZH, Z 195.2, Fakultätsakten (1912–1916).

248 Kopie eines Schreibens von E. Zschokke an Arnold Theiler vom 23. 11. 1911, in: Kopierbuch Path.-Anatomisches Institut Feb. 1911–Aug. 1911 S. 305.

249 StAZH, Z 79.311, Protokoll der Fakultätssitzung.

250 UZH Archiv, Unerschlossene Akten der veterinär-medizinischen Fakultät der Universität Zürich.

bedauerte er, dass es ihm nicht gelungen sei, einen Assistenten aus der Schweiz für seine Forschungsprojekte in den USA zu bekommen. Er habe nun aber durch die Vermittlung von Theodor Kitt aus München einen Mitarbeiter gewonnen.
Daraufhin schlug die Fakultät für diese Professur als einzigen Kandidaten Walter Frei (1882–1972; Abb. 34) vor, der im Alter von 29 Jahren am 31. Januar als Extraordinarius und erster Direktor des Instituts durch den Regierungsrat gewählt wurde.[251] Da Heinrich Zangger (1874–1957),[252] der bisher den Unterricht für Physiologie an der veterinärmedizinischen Fakultät betreute in dieser Zeit zum Ordinarius für gerichtliche Medizin an der Medizinischen Fakultät der Universität Zürich gewählt wurde übernahm Frei vom Sommersemester 1912 an bis zum Ende seiner aktiven Dienstzeit im Jahr 1952 auch dessen Lehr- und Forschungsgebiet.[253] Freis Beförderung zum Ordinarius erfolgte am 13. September 1917.[254]

251 Der Vorsteher des veterinärpathologischen Instituts hat gemäss Reglement die folgenden Pflichten:
«§ 3. Dem Vorsteher des Institutes liegt ob:
a. die Leitung der praktischen Kurse und der Forschungsarbeiten;
b. die Untersuchung von Kadavern und Präparaten sowie die eventuelle Berichterstattung über den Befund;
c. die Instandhaltung und Äufnung der Sammlung für allgemeine Pathologie;
d. die Führung des Inventars über die Sammlung und die Gebrauchsgegenstände des Instituts;
e. die Aufstellung des jährlichen Voranschlages über die Betriebskosten sowie die Rechnungsstellung am Schlusse eines Jahres an die Erziehungsdirektion.»

252 Heinrich Zangger studierte in Zürich und an der Sorbonne in Paris Medizin. Im Verlauf seiner Lehr- und Wanderjahre gelangte er auch nach Neapel, wo er als Arzt arbeitete. 1901 übernahm er das Institut für Anatomie und Physiologie an der Tierarzneischule in Zürich und wurde 1902 ausserordentlicher Professor für Anatomie und spezielle Physiologie an der neu gegründeten veterinärmedzinischen Fakultät der Universität Zürich. 1906 wurde er zuerst ausserordentlicher und später ordentlicher Professor für gerichtliche Medizin an der Universität Zürich. Vgl. Fischer, 1946.

253 StAZH, Z 79.311, Protokolle der Fakultätssitzungen der veterinär-medizinischen Fakultät, Verfügung des Erziehungsrats 12. 6. 1912.

254 StAZH, MM 3.31, RRB 1917/2441.

Walter Freis akademische Ausbildung, Lehr- und Wanderjahre

Frei, geboren am 21. November 1882 in Rietheim (AG) studierte nach dem Besuch der Bezirksschulen in Zurzach und des Gymnasiums in Aarau von 1901 bis 1905 Veterinärmedizin in Zürich und an der Königlichen Central Tierarzneischule in München (Abb. 30, 31; Spörri, 1973),[255] wo ihn Theodor Kitt[256] und Otto von Bollinger für die Veterinärpathologie und die Forschung zu begeistern wussten. Kitt blieb für Frei viele Jahrzehnte lang ein geschätzter, kollegialer Freund. Sie korrespondierten regelmässig auch über Privates, und Kitt besuchte Frei mehrfach in der Schweiz. Bei einem dieser Besuche im August 1928 fertigte Kitt ein Aquarell des Wohnhauses von Walter Frei an der Höhestrasse 68 in Zollikon (ZH) an (Abb. 37). Im Jahr 1921 versuchte Kitt, Frei zu einem Wechsel als Professor für Hygiene zu bewegen, was offenbar nicht gelang.[257] Der Kontakt zwischen den beiden kühlte merklich ab, nachdem Kitt mit einem Schreiben vom 19. August 1933 Frei aufgefordert hatte, sich bei seinen Zürcher Bekannten gegen die nach Kitts Meinung negativen

255 Alle Angaben stammen aus einem handschriftlich verfassten Lebenslauf von Walter Frei. Siehe UZH Archiv, Unerschlossene Akten der veterinär-medizinischen Fakultät der Universität Zürich.

256 Theodor Kitt (1858–1941), Sohn eines königlich bayerischen Notars und einer Römerin studierte an der Münchner «Central-Thierarzneischule» und wurde bei Otto von Bollinger zum Pathologen ausgebildet, bei dem er auch als Prosektor tätig war. Am 1. November 1885 wurde er Dozent für allgemeine Pathologie, pathologische Anatomie, Seuchenlehre und Geschichte der Tierheilkunde, am 1. September 1886 erfolgte seine Ernennung zum Professor für diese Fächer. Bereits 1907 musste er sich aus Krankheitsgründen in den Ruhestand versetzen lassen, verblieb aber als Honorarprofessor und sein eigener Stellvertreter bis zur Emeritierung im Jahr 1932 auf seinem Lehrstuhl. Kitt war künstlerisch äusserst begabt und illustrierte viele seiner Lehrbücher eigenhändig, zum Beispiel den *Atlas der Thierkrankheiten* mit 40 Farbdrucken pathologisch-anatomischer Präparate (Verlag Ferdinand Enke, Stuttgart 1896). Vgl. http://www.patho.vetmed.uni-muenchen.de/institut/geschichte/index.html (4. 8. 2016). Daneben fertigte er auf seinen Reisen viele Aquarelle an, auf einer Grusskarte aus seinem Feriendomizil in Mittenwald mit einem Bild der Zugspitze notierte er: «Der Kitt, der Alt, der sitzt in Mittenwald, wo's ihm ganz b'sonders g'fallt und wo er Bild'ln malt». Vgl. Baier, 1990.

257 Korrespondenz von Prof. Theodor Kitt im Institut für Tierpathologie in München; Kopie übermittelt von Prof. Walter Hermanns, 2016.

Medienberichte der *Neuen Zürcher Zeitung* über die aktuelle politische Situation in Deutschland einzusetzen.[258] Freis Antwort wird von seinem Nachfolger Hugo Stünzi wie folgt kolportiert: «Mit diesem Menschen (Kitt) kann man von nun an keine Bücher mehr schreiben.»[259]

Während der Sommersemester 1904 und 1905 war Frei Assistent am veterinärphysiologischen Institut der Universität Zürich unter der Leitung von Heinrich Zangger,[260] wo er im Jahr 1906 seine Dissertation mit dem Titel *Zur Theorie der Hämolyse, unter Berücksichtigung der veterinär-medizinisch wichtigen Verhältnisse und der vergleichenden Pathologie* beendete.

Heinrich Zangger war bei seinen Studierenden äusserst beliebt und Ratgeber für viele junge Wissenschaftler. Er pflegte unter anderem eine intensive Korrespondenz mit Albert Einstein und war Vormund von Hans-Albert, dem Sohn Einsteins aus der Ehe mit Mileva Maric (Schulmann, 2012).

258 Kitt schreibt unter anderem: «Mit Ärger lese ich oft die Neue Zürcherische Zeitung. Es ist abscheulich, wie dieses deutsch gedruckte Blatt die Dinge in Deutschland schief beurteilt und den Schweizern ganz falsche Anschauungen über den Nationalsozialismus einzureden sucht. Das Blatt ist anscheinend von den Juden, Marxisten und Kommunisten, welche Deutschland ausgespien hat, beeinflusst. Alle Betrüger und Schieber sind über die Grenze geflohen, gründen dort Zeitungen, schreiben verleumderische Hetzartikel und erfinden Greueltaten. Hier in Garmisch [wo Kitt in den Ferien weilt] kann jedermann sehen, dass massenweise die zurück gebliebenen anständigen Juden fröhlich und unbelästigt in den Caffehäusern, Hotels und Conditoreien sitzen [...]. Ich erlaube mir Ihnen solches zu schreiben, weil Sie vielleicht die Güte haben, bei Ihren Bekannten aufklärend zu wirken [...].» Damit bestätigt Kitt, dass die «antinationalsozialistische» Ausrichtung der *Neuen Zürcher Zeitung* ab 1933 unter dem neuen Chefredaktor Willy Bretscher in Deutschland tatsächlich realisiert wurde. Vgl. Neue Zürcher Zeitung, 12. 1. 2017, S. 17.

259 Damit endet eine jahrzehntelange wissenschaftliche Zusammenarbeit bei der Bearbeitung eines Lehrbuchs für allgemeine Pathologie für Tierärzte. In der Folge begann Frei als Herausgeber mit der Bearbeitung eines eigenen Lehrbuchs *(Allgemeine Pathologie für Tierärzte)*, das ab 1940 in mehreren Auflagen erschien.

260 Heinrich Zangger studierte in Zürich und an der Sorbonne in Paris Medizin. Im Verlauf seiner Lehr- und Wanderjahre gelangte er auch nach Neapel, wo er als Arzt arbeitete. 1901 übernahm er das Institut für Anatomie und Physiologie an der Tierarzneischule in Zürich und wurde 1902 ausserordentlicher Professor für Anatomie und spezielle Physiologie an der neu gegründeten veterinärmedizinischen Fakultät der Universität Zürich. 1906 wurde er zuerst ausserordentlicher und später ordentlicher Professor für gerichtliche Medizin an der Universität Zürich. Vgl. Fischer, 1946.

In den Sommerferien 1904 und 1905 arbeitete Frei als Assistent bei praktizierenden Tierärzten in Brugg, Thal und Castasegna. 1905/06 war er kurzzeitig als Prosektor am veterinäranatomischen Institut der veterinärmedizinischen Fakultät in Zürich unter der Leitung von Oskar Bürgi (1873–1952) tätig (Spörri, 1973). In den folgenden Jahren, vor seiner Berufung nach Zürich, vertiefte er seine Fachkenntnisse durch zahlreiche Auslandsaufenthalte, zum Beispiel am Physiologischen Institut der landwirtschaftlichen Hochschule in Bonn-Poppelsdorf, am Institut Pasteur du Brabant in Brüssel bei Jules Bordet (1870–1961).[261] In Brüssel bei Bordet erhielt er eine Nachdiplom-Ausbildung zur Tollwutdiagnostik und Impfstoffherstellung.

Vermittelt von Erwin Zschokke (Kobler, s. d.), war er als Assistant Government Veterinary Bacteriologist des Transvaal Department of Agriculture drei Jahre lang Mitarbeiter von Sir Arnold Theiler (1867–1936) in Onderstepoort, Südafrika, an den Veterinary Bacteriological Laboratories.[262] Dort arbeitete zur gleichen Zeit der Schweizer Tierarzt Karl-Friedrich Meyer als Pathologe und Mikrobiologe. Auch er war durch Zschokkes Vermittlung (Kobler, s. d.) an der pathologischen Abteilung in Onderstepoort eingestellt worden (Tartaul-Danile, 1976; Gessner, 2014; Pospischil, 2015; Abb. 38, 39A–B). Frei und Meyer kannten sich bereits persönlich von ihrer gemeinsamen Studienzeit in Zürich.[263]

261 Der belgische Biologe Jules Bordet war Spezialist für Immunologie und Bakteriologie. Für seine Entdeckungen auf dem Gebiet der Immunität erhielt er 1919 den Nobelpreis für Medizin. Das Bakterium Bordetella pertussis ist nach ihm benannt. Vgl. https://de.wikipedia.org/wiki/Bakteriologie (12. 7. 2017).

262 In einem undatierten Manuskript beschreibt der St. Galler Tierarzt Bernhard Kobler (1878–1964), seine Studien- und Assistentenzeit an der veterinärmedizinischen Fakultät bis etwa 1909. Er berichtet, dass Sir Arnold Theiler regelmässigen Kontakt mit der Zürcher Fakultät, insbesondere mit Erwin Zschokke, pflegte. Dieser empfahl ihm auch immer wieder Mitarbeiter. Kobler konnte die in Südafrika von Theiler angebotene Assistentenstelle allerdings nicht annehmen, sodass diese sowohl Karl-Friedrich Meyer als auch Walter Frei angeboten wurde, die beide an die Veterinary Bacteriological Laboratories in Onderstepoort gingen.

263 Karl-Friedrich Meyer (1884–1974), der nur zwei Jahre jünger als Walter Frei war, studierte ab 1903 in Zürich an der veterinärmedizinischen Fakultät. Er kehrte 1922 für ein Sabbatical nach Zürich zurück und blieb offenbar in stetem Kontakt mit Walter Frei, sodass er einen Beitrag für die *Festschrift zur Feier des siebzigsten Geburtstages von Professor Dr. Walter Frei* verfasste. Vgl. Meyer und Eddie, 1952.

Nach seiner Rückkehr aus Südafrika gegen Ende des Jahres 1909 war Frei für kurze Zeit am gerichtlich-medizinischen Institut der Universität Zürich tätig, das während seiner Abwesenheit von seinem Doktorvater Heinrich Zschokke übernommen worden war. Von dort wechselte er für ein Jahr an das Physiologische Institut der Tierärztlichen Hochschule in Berlin zu Emil Abderhalden[264] (1877–1950). Danach begann er am Preussischen Institut für Infektionskrankheiten, bis 1904 geleitet von Robert Koch, bei August von Wassermann (1866–1925)[265] mit experimentellen Arbeiten zu verschiedenen Infektionskrankheiten bei Tieren unter der

264 Emil Abderhalden, geboren in Oberuzwil (SG) studierte ab 1895 Medizin an der Universität Basel, wo er 1902 zum Dr. med. promovierte. 1902 wurde er Assistent beim späteren Nobelpreisträger Emil Fischer an der Universität Berlin, wo er sich 1904 habilitierte. Ab 1908 war er Professor für Physiologie an der Tierärztlichen Hochschule Berlin; 1911 ging er an die Universität Halle. In den Jahren 1919–1923 organisierte Abderhalden für etwa 100 000 unterernährte, teils tuberkulöse deutsche Kinder Ferienaufenthalte in der Schweiz. Während der Inflationszeit liess er Volksküchen, Lese- und Wärmestuben für mittellose Hallenser einrichten. Weil überdurchschnittlich viele jüdische Assistenten in seinem Institut angestellt waren, wurde er bereits 1932 von nationalsozialistischen Studenten angegriffen. Nach der Machtergreifung durch die Nationalsozialisten trat Abderhalden 1934 dem NS-Lehrerbund bei und setzte sich öffentlich für die «neue Gesundheitspolitik» der Nationalsozialisten ein. Nachdem er zur Zeit der Weimarer Republik bereits Sterilisationen von Erbkranken gefordert hatte, begrüsste er das NS-Gesetz zur Zwangssterilisation. Am 23. Juni 1945 wurde Abderhalden in die amerikanische Besatzungszone deportiert. Da Abderhalden von den US-Amerikanern als Leiter der Deportationsgruppe eingesetzt wurde, firmiert dieser Transport auch unter dem Namen Abderhalden-Transport. Nach Halle durfte er nicht zurückkehren. Daher ging er in die Schweiz, wo er 1946/47 am Lehrstuhl für Physiologische Chemie der Universität Zürich tätig war. Dort wurde das ehemalige Mitglied des NS-Lehrerbunds Nachfolger des wegen seiner NSDAP-Mitgliedschaft 1945 von der Universität Zürich fristlos entlassenen und aus der Schweiz ausgewiesenen Professors für physiologische Chemie und Institutsdirektors Johann B. Flaschenträger. Vgl. dazu: https://de.wikipedia.org/wiki/Emil_Abderhalden; Koelbing, 1983.

265 1884–1889 Medizinstudium an den Universitäten Erlangen und Strassburg. 1891 Eintritt in das neu gegründete Preussische Institut für Infektionskrankheiten, dort Oberarzt und später leitender Arzt der Klinischen Abteilung. 1906 übernahm er die Leitung der selbständigen Abteilung für experimentelle Therapie und Serumforschung. Im gleichen Jahr veröffentlichte er zusammen mit Albert Neisser und Carl Bruck die später nach ihm benannte Reaktion zur Serodiagnostik der Syphilis. Von 1913 bis zu seinem Tod war Wassermann Direktor des neu gegründeten Kaiser-Wilhelm-Instituts für experimentelle Therapie in Berlin-Dahlem.

Leitung von Kochs Assistenten Georg Gaffky[266] (1850–1918).[267] In der Seuchenabteilung des gleichen Instituts unter der Leitung von Otto Lentz (1873–1953) konnte Frei weitere Erfahrungen sammeln. Während seiner Jahre in Berlin wohnte Frei in Charlottenburg an der Pestalozzistrasse 16.

Im Frühjahr 1911 erhielt Frei mehrere interessante Stellen angeboten: zum einen am Institut für experimentelle Veterinärmedizin in St. Petersburg,[268] zum anderen bei der Firma Hoffmann-La Roche in Basel und schliesslich das Angebot einer Professur an der veterinärmedizinischen Fakultät in Zürich.[269] In einem nicht datierten Schreiben an den Dekan Oskar Bürgi der veterinärmedizinischen Fakultät bemerkte Frei, dass für ihn nur eine der beiden Schweizer Stellen in Basel oder Zürich in Frage kämen.

Nach seiner Wahl durch den Regierungsrat am 31. August 1911 bedankte sich Frei mit Schreiben vom 3. September 1911 bei der Fakultät für die Unterstützung und machte bereits Vorschläge zur Planung des Neubaus.[270]

266 Schüler Robert Kochs. 1884 gelangen Gaffky die Züchtung des Typhuserregers in Reinkultur sowie der Nachweis von Salmonellen. 1883/84 war er Begleiter Kochs auf den Reisen durch Ägypten und Indien. 1885 wurde er Mitarbeiter im Kaiserlichen Gesundheitsamt in Berlin. 1888 wurde er Professor für Hygiene an der Justus-Liebig-Universität Giessen und gründete das Institut für Medizinische Mikrobiologie Giessen. 1892 war er nach der Choleraepidemie als Berater des Hamburger Senats für den Aufbau eines Hygienischen Instituts tätig. 1896 war er Leiter der Pestexpedition des Deutschen Reichs nach Bombay. 1904 wurde er Direktor des späteren Robert-Koch-Instituts in Berlin. Vgl. https://de.wikipedia.org/wiki/Georg_Gaffky.

267 In einem Schreiben des Zoologen Max Hartmann (1876–1962), Direktor des Kaiser-Wilhelm-Instituts für Biologie in Berlin-Dahlem vom 22. 1. 1916, der zur gleichen Zeit wie Frei am Robert-Koch-Institut tätig war, geht hervor, dass Frei dort Arbeiten über Rhinosporidien durchführte, die später nicht veröffentlicht wurden.

268 Vermutlich handelt es sich um das berühmte Institut für experimentelle Medizin in St. Petersburg, an dem unter anderen Ivan Pavlov tätig war.

269 Korrespondenz in UZH Archiv, Unerschlossene Akten der veterinär-medizinischen Fakultät der Universität Zürich.

270 UZH Archiv, Unerschlossene Akten der veterinär-medizinischen Fakultät der Universität Zürich.

Amtszeit Walter Freis (1912–1952)

Räumliche Infrastruktur

Laut einem Reglement aus dem Jahr 1902 waren für das veterinärpathologische Institut im Neubau für die Anatomie folgende Räume vorgesehen: «ein Lehrerzimmer (eventuell gemeinsam mit dem veterinär-anatomischen Institut), ein Sektionslokal, ein bakteriologisches und photographisches Laboratorium, sowie die nötigen Räumlichkeiten für Sammlungen, Utensilien und Apparate und zur Unterbringung von Versuchstieren».[271] Im Rahmen des Einrichtungskredits für seine Professur erhielt Frei 1912 von der Erziehungsdirektion 8 000 Franken zur Verbesserung der Infrastruktur zugesprochen.[272] Die Einrichtung von sechs internen «Telephonstationen» wurde hingegen nicht bewilligt, sondern es wurde empfohlen: «[...] an ihre Stelle treten Signalglocken in der den Anforderungen des Betriebes entsprechenden Zahl.» Einen externen Telefonanschluss bewilligte der Erziehungsrat erst 1916.[273]

Durch die Schaffung von weiteren Instituten verschärfte sich die Raumnot am Standort an der Selnaustrasse im Laufe der Jahre derart, dass die 1902 geplante Raumaufteilung nicht realisiert werden konnte. Die Erziehungsdirektion konnte überzeugt werden, einem Neubau für die Anatomie und die Pathologie auf dem bestehenden Gelände zuzustimmen, der ab April 1912 bezugsfertig war.[274] Für die Pathologie standen neben dem Sammlungsraum und der Sektionshalle im Nordflügel des zweiten Stocks die folgenden Räumlichkeiten zur Verfügung (Abb. 40A–C, 41A–B):

- ein Laboratorium, Sterilisier- und Waschraum,
- ein Raum für kleine Versuchstiere,
- eine Schlacht- und Sektionshalle beziehungsweise ein Demonstrationsraum im Erdgeschoss,
- ein Sammlungsraum,

271 Jahrbuch des Unterrichtswesens in der Schweiz, 16, 1902, Zürich 1904, S. 98.

272 StAZH, Z 70.772, Protokoll des Erziehungsrats Nr. 1599, 9. 12. 1911.

273 StAZH, Z 70.772, Protokoll des Erziehungsrats Nr. 476, 1. 4. 1916; StAZH, Z 79.311, Protokolle Fakultätssitzungen, Fakultätssitzung der veterinär-medizinischen Fakultät vom 9. 4. 1911.

274 StAZH, Z 79.311, Protokolle der Fakultätssitzungen der veterinär-medizinischen Fakultät, Mitteilung der Direktion öffentlicher Bauten an die veterinär-medizinische Fakultät an der Fakultätssitzung vom 22. 4. 1911.

- ein Studierzimmer für den Institutsvorstand,
- ein Studierzimmer für den Assistenten.

1914 beschreibt Frei die Aufgaben des veterinärpathologischen Instituts wie folgt: «[...] das Institut dient vor allem dem Unterricht. Es ist den Studierenden Gelegenheit geboten unter der Leitung des Institutsvorstandes Sektionen vorzunehmen und so die krankhaften Veränderungen des Tierkörpers kennen zu lernen und mit dem klinischen Bild zu vergleichen [...]. Hierbei wird nicht nur die Kenntnis der pathologischen Anatomie, sondern auch deren Bedeutung für die Praxis (Fleischbeschau) hervorgehoben, und bei Gelegenheit lassen sich auch Betrachtungen über Seuchenbekämpfung und Seuchenverbreitung einflechten. Wo die frischen Präparate nicht ausreichen, wird die pathologisch-anatomische Sammlung beansprucht [...], die beständig geäufnet wird. Zum Unterricht in der Pathologie gehören auch die pathologisch-anatomischen und bakteriologischen Kurse. [...] Der Hauptarbeitsraum ist das Laboratorium [...] dort befinden sich auch die Arbeitsplätze der Studierenden an Tischen, die drei Seiten des Raumes entlang in der Höhe des Fensterbrettes angebracht sind. Es sind 12, im Notfall ist für 15 Kursteilnehmer Platz vorhanden.»

Kurz nach dem Bezug der neuen Räume kommentierte Walter Frei die weiterhin beengten Verhältnisse des Instituts folgendermassen: «Es ist entschieden ein Nachteil, dass die verschiedenen Arbeiten des veterinär-pathologischen Instituts (mit Ausnahme der Sektionen) in einem einzigen Raum vorgenommen werden müssen. Die Erfahrung hat gezeigt, dass es immer wieder zu gegenseitigen Störungen kommt. Insbesondere kollidiert der Verkehr mit dem Publikum häufig genug mit den Kursen, und zwar lediglich wegen der Identität des Unterrichts- und Untersuchungslokals. So nützlich die Vereinigung der Leitung der Untersuchungsabteilung mit der Tätigkeit eines Lehrers für Pathologie und Bakteriologie ist, so notwendig ist eine räumliche Trennung dieser beiden Funktionen. Leider liess sich das bei dem Bau des Instituts nicht durchführen. Es ist jedoch zu hoffen, dass beim weitern Ausbau der veterinärmedizinischen Institute Gelegenheit sein wird, den gerügten Mangel zu beseitigen.» (Frei, 1914) Die vollständige Erfüllung dieses Wunsches konnte aus verschiedenen Gründen erst viele Jahrzehnte später, 1963 mit dem Bezug des Neubaus der veterinärmedizinischen

Fakultät an der Winterthurerstrasse realisiert werden. Eine gewisse Erleichterung stellte sich jedoch bereits ab dem Jahr 1932 durch die Anmietung von Räumlichkeiten an der Manessestrasse 4 in einem 1931/32 fertiggestellten Wohn- und Geschäftsgebäude der Genossenschaft Sihlgrund (Abb. 42A–B). Der Erziehungsrat bewilligte dafür im Januar 1932 einen jährlichen Mietzins von 15 800 Franken und einen Ausstattungskredit für Mobiliar und besondere Installationen von 26 000 Franken. Angemietet wurde der gesamte vierte Stock für das veterinärpathologische Institut und die Hälfte des fünften Stocks für das Tierzucht-Institut.[275] Im Mietvertrag ist eine Nutzung der Räume als Hör- beziehungsweise Kurssäle und Laboratorien (Abb. 43A–B) genannt. Tatsächlich entstanden ein Vorbereitungszimmer mit Büroarbeitsplatz (Abb. 44A), ein Kurslaboratorium, ein Histologielabor (Abb. 44B, 45), ein Labor für bakteriologische Arbeiten und ein Sammlungsraum. Die Behälter zur Entsorgung von Gewebeproben wurden in Ermangelung eines Kühlraums bis zur Abfuhr auf dem Balkon gelagert (Abb. 44C).[276]

Das Direktionszimmer verblieb bis zum 31. Dezember 1938 an der Selnaustrasse. Die Räume an der Manessestrasse standen dem Institut bis 1963 zur Verfügung. Das Gebäude lag wenige 100 Meter vom Gelände der Fakultät an der Selnaustrasse 36 entfernt (Abb. 40A). In den ausgelagerten Räumen des Instituts konnten neben Laborarbeiten nur Sektionen von Heim- beziehungsweise Kleintieren vorgenommen werden. Zu Sektionen von Grosstieren mussten sich die Mitarbeiter und Mitarbeiterinnen mit einem Holzkoffer, der ein Sektionsbesteck (Abb. 46) enthielt, zur Selnaustrasse begeben und die dort bestehenden Räumlichkeiten nutzen. Durch die steigende Anzahl von Sektionen und die teilweise Nutzung der gleichen Räume für Schlachtungen ergaben sich erhebliche hygienische Probleme, insbesondere bei der Entsorgung von Tierkörpern und Schlachtabfällen: Das Auftreten von Zoonosen (vom Tier auf den Menschen beziehungsweise vom Menschen auf das Tier übertragbare Infektionskrankheiten) verschärfte diese Probleme erheblich.

275 StAZH, Z 79.311, Protokoll des Erziehungsrats Nr. 735, 12. 10. 1931.

276 Dazu berichtet Frau Dr. Gret Lott, langjährige Oberassistentin, dass insbesondere im Sommer von den Entsorgungsbehältern auf dem Balkon ein starker Verwesungsgeruch ausgegangen sei, was eine Bewohnerin des Hauses jeweils mit der Bemerkung «Schweine seid ihr» quittiert habe.

Trotz intensiver Korrespondenz mit der Erziehungsdirektion wurden diese Fragen mit dem Hinweis auf einen geplanten Neubau bis in die 1950er-Jahre ignoriert und Entscheidungen hinausgeschoben.
Walter Frei pflegte seine Vorlesungen mit reichlich Bildmaterial zu illustrieren. Dazu benutzte er Diapositive, aber auch Abbildungen aus Büchern, die er mit Hilfe eines Epidiaskops projizierte.[277] Zur besseren Handhabung des Bildmaterials beschaffte Frei einschlägige Bücher doppelt und trennte die Bildseiten zur Projektion aus den Büchern heraus.[278] Später verwendete er vermehrt auch «kinematographische Filme» mit der Begründung, damit Tierversuche ersetzen zu können.[279] Damit die projizierten Bilder oder Filme gut zu erkennen waren, musste der Hörsaal in der Manessestrasse 4 verdunkelt werden, was dazu führte, dass sich die Studenten einerseits keine Notizen mehr machen konnten, andererseits manchmal einschliefen. Aus diesen Gründen beantragte Frei 1942 eine Verbesserung der Hörsaalbeleuchtung,[280] was offenbar nicht bewilligt wurde und die Studierenden in der Bierzeitung zum Weihnachtskommers 1949 zum folgenden Kommentar motivierte: «Ab sofort ist zu entlassen: Walti Frei, alias Bärtli, wegen: chronischer Verbreitung der Schlafkrankheit mit der allgemein bekannten Dunkelkammermethode.»

Personelle Infrastruktur

Die Korrespondenz von Walter Frei mit dem Rektorat der Universität Zürich, dem Erziehungsrat und der Erziehungsdirektion des Kantons Zürich beherrschen über Jahrzehnte Themen wie die zunehmende Lehrbelastung, die vom Wintersemester 1911/12 bis zum Wintersemester 1920/21 von 30 auf 37 Semesterwochenstunden anstieg, daneben die stetig anwachsenden Anforderungen an die Durchführung von Dienst-

277 Geräte, die sowohl zur Auflichtprojektion, zum Beispiel von Abbildungen auf Papier, als auch als Diaprojektoren geeignet waren. Vgl. https://de.wikipedia.org/wiki/Epidiaskop (20. 7. 2016).
278 Persönliche Mitteilung von Günter Lott, 1989.
279 StAZH, Z 70.772, Schreiben an die Erziehungsdirektion vom 3. 7.1942.
280 Ebd.

leistungen[281] in Form von Routineuntersuchungen[282] und der dadurch bedingte Personalmangel, der zum Beispiel in der Zeit des Aktivdienstes während des Ersten Weltkriegs besonders spürbar war.[283] Im Jahr 1911 stand dem veterinärpathologischen Institut ein Assistent[284] zur Verfügung, erst 1919 wurde eine zweite Assistentenstelle bewilligt (Zschokke, 1920). Am 30. April 1928 verfügte der Erziehungsrat des Kantons Zürich die Schaffung einer weiteren Assistentenstelle[285] und 1929 der Stelle Laborarbeiten.[286]

In einer als «Selbstbericht» bezeichneten Darstellung schilderte der seit 1914 am Institut tätige Hauswart Walter Gut 1928 zuhanden der Erziehungsdirektion seine ausserordentliche Arbeitsbelastung von mehr als 60 Wochenstunden.[287] Ob diesem Bericht ein Erfolg in Form der Schaffung einer weiteren Stelle beschieden war, ist nicht belegt.

281 StAZH, Z 195.2, Über die Bedeutung und die Entwicklungsmöglichkeiten der veterinär-medizinischen Fakultät der Universität Zürich. Denkschrift im Auftrag der Erziehungsdirektion, 1935.

282 StAZH, Z 195.2, Veterinärpathologie & alliierte Disziplinen seit 1911.

283 Vgl. StAZH, Z 195.1, Fakultätsakten (1912–1916).

284 Gemäss § 4 des Reglements für das veterinärpathologische Institut der Hochschule Zürich vom 3. 7. 1902 hatte der Assistent die folgenden Pflichten:
«§ 4. Der Assistent wird auf Antrag des Vorstehers von der Erziehungsdirektion ernannt. Derselbe hat bei den Arbeiten im Institut behülflich zu sein, es können ihm aber auch einzelne Arbeiten zur selbständigen Ausführung übertragen werden. Er überwacht ferner die Tätigkeit der Studierenden im Laboratorium und führt Buch über deren Bezüge aus dem Institut. Unter Erfüllung der sonstigen, für die Lehrbefugnis nötigen Voraussetzungen ist der Assistent berechtigt, an der Hochschule zu lehren.»

285 StAZH, Z 195.5, Protokoll des Erziehungsrats Nr. 316, 30. 4. 1928.

286 StAZH, Z 195.6, Fakultätsakten (1929).

287 Gut beschreibt am 16. Mai 1928 seine Tätigkeiten wie folgt: «1. Zubereiten der verschiedenen Nährböden für die Untersuchungen & bakteriologischen Kurse im Laboratorium; 2. Reinigen & Instandstellen sämtl. Glaswaren, Sterilisieren ectr.; 3. Herstellen von Kapillar- und Kugelpipetten; 4. Reinigung gebrauchter Objektträger; 5. Füttern der Versuchstiere & Reinigen der Ställe & Käfige; 6. Notschlachten von grossen & Töten kleiner Haustiere (Hunde & Katzen jährl. 3–500); 7. Aushäuten & Vorbereiten der Kadaver für die Sektionen; 8. Tägliche Reinigung des Schlacht- & Sektionslokales; 9. Ausgänge in die Bibliothek; Schlachthof & noch viele andere (wöchentl. 3–4 mal); 10. Im Winter Besorgen der Zentralheizung. (Okt.–April); 11. Den ganzen Sommer Grünfutter (Gras) für die Versuchstiere abholen. (weit weg in Wiedikon); 12. Dazu werden in Zukunft die Arbeiten im Seuchenlaboratorium von Dr. Bär kommen.» StAZH, Z 195.5.

Hingegen konnte 1930 mit Zustimmung der Erziehungsdirektion eine Spezialabteilung für Kleintierkrankheiten (= Geflügelkrankheiten) unter der Leitung einer neu geschaffenen Oberassistentenstelle geschaffen werden.[288] Diese Aufgabe wurde Georg Schmid (1899–1958) übertragen. Andere Eingaben zur Verbesserung der Personalausstattung wurden trotz deutlicher Hinweise auf eine Zunahme der Dienstleistungen und Forschungserfolge sowie durch Vergleiche mit anderen veterinärpathologischen Instituten wie denjenigen in Giessen, Hannover, München, Leipzig oder Bern abgelehnt.[289]

Eine Zusammenstellung der von 1911 bis 1951 tätigen Assistenten und Oberassistenten findet sich in den Tabellen 13 und 14.

Im Laufe der Jahre nahm die von Zschokke begonnene bakteriologische Tätigkeit des veterinärpathologischen Instituts kontinuierlich zu. Ab 1918 wurde sie überwiegend von Walter Pfenninger (1892–1927; Abb. 47–48) übernommen.[290] Darüber hinaus führte Pfenninger (später Leonhard Riedmüller) den grössten Teil der pathologischen Dienstleistungen (Sektionen und histopathologische Untersuchungen) durch. Nach Pfenningers Erkrankung, Erholungsurlaub und plötzlichem Tod im Jahr 1927 erhielt der Oberassistent Leonhard Riedmüller (1898–1976;

288 StAZH, MM 3.44, RRB 1930/1393.

289 StAZH, Z 34.8754, Schreiben an die Erziehungsdirektion vom 29. 11. 1935.

290 Walter Pfenninger (1892–1927) wurde unmittelbar nach dem Abschluss des Studiums der Veterinärmedizin in Zürich (1911–1915) Assistent am veterinärpathologischen Institut. Nach seiner Promotion wurde er 1919 zum Oberassistenten befördert und konnte 1920 eine Weiterbildung in Bakteriologie am Institut Pasteur in Paris absolvieren, während der er an seiner Habilitation für experimentelle Pathologie arbeitete, die 1921 von der Fakultät angenommen wurde. Ab 1925 unterrichtete er im Lehrauftrag Bakteriologie der Tierseuchen an der veterinärmedizinischen Fakultät der Universität Zürich und beteiligte sich an den Sektionen des Instituts. Weitere Lehraufträge hatte er an der Abteilung für Landwirtschaft der ETH. Im Winter 1923/24 unternahm er eine Studienreise in die USA, die ihn unter anderem an die Hooper Foundation in San Francisco zu Karl-Friedrich (KF) Meyer führte. Er erkrankte später an einer Lebertuberkulose und starb am 11. April 1927 nach nur viereinhalbmonatiger Erkrankung. Vgl. dazu: Pfenninger, 1917; Pfenninger, 1921; Frei, 1927; StAZH, Z 79.312, Protokolle der Fakultätssitzungen der veterinär-medizinischen Fakultät, Fakultätssitzung vom 12. 4. 1927.

Tab. 13: Assistenten und Oberassistenten von Walter Frei am pathologischen Institut der veterinärmedizinischen Fakultät (1911–1927)

Semester	Jahr	Oberassistent	Erster Assistent	Zweiter Assistent
WS	1911/12		cand. med. vet. Robert Ackeret[1]	
SS	1912		cand. med. vet. Anton Krupski[2]	
WS	1912/13		cand. med. vet. Christian Margadant[3]	
SS	1913			
WS	1913/14		Anton Krupski[2]	
SS	1914		Johann Mittelholzer[4]	
WS	1914/15			
SS	1915		Castor Egloff[5]	
WS	1915/16		Walter Pfenninger[6]	
SS	1916		Theodor Amherd[9]	
WS	1916/17		Dr. Xaver Seeberger[7]	
SS	1917			
WS–	1917/18		Dr. Walter Pfenninger[6]	Dr. Xaver Seeberger[7]
WS	1919/20			
SS	1920	Dr. Walter Pfenninger (beurlaubt)[6]	Dr. Xaver Seeberger[7]	Hans Hofstetter[8]
WS	1920/21			
SS–	1921	PD Dr. Walter Pfenninger[6]		
SS	1923			
WS	1923/24	PD Dr. Walter Pfenninger[6] (beurlaubt)		Hans Lienhard[10]
SS	1924	PD Dr. Walter Pfenninger[6]		
WS	1924/25			
SS	1925			
WS	1925/26		E.Metzger[11]	
SS	1926		Dr. Leonhard Riedmüller[12]	
WS	1926/27			
SS	1927	Vakant		

Quelle: StAZH, III EE f 14, III EE f 15, Vorlesungsverzeichnisse der Universität.

Tab. 14: Assistenten und Oberassistenten von Walter Frei am pathologischen Institut der veterinärmedizinischen Fakultät (1927–1951)

Semester	Jahr	Erster Oberassistent	Zweiter Oberassistent	Erster Assistent	Zweiter Assistent	Dritter Assistent
WS	1927/28	Dr. Leonhard Riedmüller[12]		Ernst Lutz[13]		
SS	1928			Emil Saxer[14]	Dr. Georg Schmid[15]	
SS	1929					
WS	1930/31		Dr. Georg Schmid[15]			
SS -	1931	PD Dr. Leonhard Riedmüller[12]		Dr. H. Grieder[18]	Otto Froebel[16]	
WS	1933/34					
SS	1933					
SS	1934				Werner Hosang[19]	cand. med. vet. Heinrich Spörri[20]
WS	1934/35					
SS	1935					Heinrich Spörri[20]
WS	1935/36				Dr. Werner Hosang[19]	
SS	1936		Dr. H. Grieder[18]	Dr. H. Spörri[20]		
WS	1936/37		Dr. Heinrich Spörri[20]	Wilhelm Ziltener[21]		
SS	1937			Emil Hess[22]		
WS	1937/38			Paul Merz[23]		
SS	1938					
WS -	1938/39	Dr. Heinrich Spörri[20]				
SS	1943	PD Dr. Heinrich Spörri[20]				
WS	1943/44					
SS	1944			Hugo Stünzi[24]		
WS	1944/45					
SS	1945					
WS	1945/46			Dr. Hugo Stünzi[24]		
SS	1946				Ernst Blaser[25]	
WS	1946/47					
SS	1947			Dr. Hugo Stünzi (beurlaubt)[24]	Walter Tiegel[26]	
WS	1947/48			Dr. Hugo Stünzi[24]		
SS	1948			PD Dr. Hugo Stünzi[24]		
WS	1948/49					
SS -	1949		PD Dr. Hugo Stünzi[24]			
WS	1950/51					

Ergänzung zu den Tabellen 13 und 14: Angaben zu den Personen, die von 1911 bis 1951 als Assistenten/Oberassistenten von Walter Frei am pathologischen Institut der veterinärmedizinischen Fakultät tätig waren (Sackmann, 2010)

1 1889–1937, später Tierarzt in Neftenbach und Seuzach.
2 1889–1948, später Professor für innere Medizin an der veterinärmedizinischen Fakultät der Universität Zürich.
3 1886–1969, später Tierarzt in Zürich, Küblis und Chur; Kantonstierarzt in Graubünden.
4 1882–1970, später Tierarzt in Zürich und Appenzell.
5 1887–1946, später Tierarzt in Zürich, Arlesheim und Entlebuch.
6 1892–1927, später PD für experimentelle Pathologie an der veterinärmedizinischen Fakultät der Universität Zürich.
7 * 1890, später Tierarzt in Zürich und Morcote.
8 Nicht eindeutig zu identifizieren.
9 1872–1966, später Tierarzt in Naters.
10 1900–1982, später Tierarzt in Dielsdorf.
11 Bei Sackmann (2010) keine genauen Angaben verfügbar; vgl. StAZH, Z 195.3, Fakultätsakten (1926).
12 1898–1976, später bis 1945 Professor für Bakteriologie an der veterinärmedizinischen Fakultät der Universität Zürich. Vgl. StAZH, Z 195.3.
16 1907–1997, später Tierarzt in Zürich, im Kongo und in Regensdorf.
18 Keine Angaben verfügbar.
19 1909–1983, später Tierarzt in Zürich, Thusis, Trachselwald, Grünenmatt, Churwalden und Chur.
20 1910–2001, später Professor für Veterinärphysiologie an der Universität Zürich.
21 1908–1985, später Tierarzt in Vorderthal und Basel.
22 1911–2004, später Professor für Veterinärbakteriologie an der Universität Zürich.
23 1913–1967, später Tierarzt in Lenzburg und Aarau.
24 1920–2006, später Professor für Veterinärpathologie an der Universität Zürich.
25 1916–2009, später Tierarzt in Uettlingen, Zürich, Bern und Zollikofen.
26 1920–1992, später Tierarzt in Luzern, Andelfingen und Amriswil.

Quelle: StAZH, III EE f 14, III EE f 15, Vorlesungsverzeichnisse der Universität.

Abb. 49)[291] 1928 einen Lehrauftrag für Bakteriologie und Hygiene,[292] was zu einer Reduktion der Lehrverpflichtung von Frei auf 13–15 Semes-

291 Leonhard Riedmüller (1898–1976) studierte Tiermedizin in München und erhielt 1923 die Approbation als Tierarzt 1923. Danach arbeitete er bis 1925 als Privatassistent von Prof. Julius Wolfgang Weichard (1875–1943) in der Untersuchungsanstalt des hygienischen Instituts der Universität Erlangen. 1924 promovierte Riedmüller in München mit seinen *Studien auf dem Gebiet der Proteinkörpertherapie: Aktivierung von Diphtheriebazillen*. Von 1925 bis 1926 war er in der veterinärpolizeilichen Anstalt in Schleissheim bei München unter Dr. Wilhelm Ernst (1879–1951) tätig, wo er die Prüfung für Amtstierärzte bestand und Tierärzte in bakteriologischer Fleischuntersuchung unterrichtete. Am 1. Juni 1926 wurde Riedmüller Assistent am veterinärpathologischen Institut der Universität Zürich. Vgl. StAZH, Z 195.4, Fakultätsakten (1927).

292 StAZH, Z 195.4, Protokoll des Erziehungsrats des Kantons Zürich Nr. 150, 8. 3. 1927.

terwochenstunden führte.[293] Riedmüller habilitierte sich 1929 für Bakteriologie und experimentelle Pathologie.[294] Im Juni 1938 erfolgte die Einrichtung der bakteriologisch-serologischen Abteilung am veterinärpathologischen Institut bei gleichzeitiger Ernennung Riedmüllers zum Extraordinarius ad personam und Leiter dieser Abteilung.[295] Danach erfolgte eine intensive Diskussion um die Vertretung des Gebiets der «Allgemeinen Bakteriologie» in der Lehre, die Frei weiterhin als Teilgebiet der «Allgemeinen Pathologie» dozieren wollte, Riedmüller aber als Teil seiner Lehrumschreibung «Bakteriologie» betrachtete. Offenbar entstand dadurch eine angespannte Situation. Zur Klärung wurde am 1. März 1938 eine persönliche Besprechung des Erziehungsdirektors mit Frei angesetzt. Als Konsequenz wurde von Dekan Andres der Erziehungsdirektion eine genaue Aufteilung der Lehrverpflichtung von Frei und Riedmüller übermittelt.[296]

Im weiteren Verlauf der Einrichtung der neuen veterinärbakteriologischen Abteilung am Institut zwischen März und Dezember 1938 entwickelte sich ein intensiver Schriftwechsel zwischen Frei und der Erziehungsdirektion,[297] aus dem hervorgeht, dass auch Unstimmigkeiten über die Nutzung von Räumen, über den Einsatz von «subalternem

293 StAZH, Z 195.2, Schreiben von Walter Frei an die Erziehungsdirektion des Kantons Zürich vom 15. 1. 1929; StAZH, Z 34.1169.

294 Nach erfolgreichem Abschluss der Habilitationsarbeit *Beziehungen zwischen Klinik, pathologischer Anatomie und Ätiologie der Erkrankungen der oberen Luftwege und der Augen des Geflügels* an der Universität Zürich erhielt Riedmüller am 11. Juli 1929 von der Erziehungsdirektion die Venia Legendi für das Fach Bakteriologie und experimentelle Pathologie. Vgl. StAZH, Z 195.6. – Im Jahr 1935 wurde er zum Titularprofessor ernannt. Vgl. StAZH, Z 34.11691.

295 StAZH, Z 34.11691; StAZH, Z 79.313, Protokoll der Fakultätssitzung der veterinär-medizinischen Fakultät vom 12. 7. 1938.

296 Frei liest: Wintersemester (Stunden/Woche): allgemeine Pathologie 5, spezielle Physiologie der Haustiere 6, Sektionen und spezielle pathologische Anatomie 1, physiologisches Praktikum gemeinsam mit PD Almasy 5; Sommersemester (Stunden/Woche): pathologische Histologie 4, Sektionen und spezielle pathologische Anatomie 4, physiologisches Praktikum gemeinsam mit PD Almasy 5. Riedmüller liest: Wintersemester (Stunden/Woche): Milchprüfungskurs 2, Milchbakteriologie und Milchhygiene 1, Sektionen 5, Geflügelkrankheiten 1; Sommersemester (Stunden/Woche): Bakteriologie der Tierseuchen 1, bakteriologischer Kurs 4, Sektionen 2, Geflügelkrankheiten 1, Bienenkrankheiten 1. Vgl. StAZH, Z 79.10.

297 Siehe StAZH, Z 70.772 und Z 79.10.

Personal» an der Selnaustrasse sowie über die Kosten von Verbrauchsmaterial bestanden und gelöst werden musste. Es wurde daher seitens der Erziehungsdirektion ein Reglement mit einer klaren Trennung der Geschäfte der beiden Bereiche erwartet. Nach intensiven Diskussionen wurde dieses vom Erziehungsrat am 20. Dezember 1938 genehmigt.[298] Damit wurde auf den 1. Januar 1939 die Direktion des veterinärpathologischen Instituts von der Selnaustrasse in den vierten Stock der Manessestrasse 4 verlegt,[299] wo sich seit einigen Jahren bereits die Laboratorien und ein kleiner Hörsaal befanden.

In dieser Zeit versuchte Frei auch für seinen Mitarbeiter Heinrich Spörri, der sich hauptsächlich der Veterinärphysiologie widmete, eine Verbesserung der Stellung zu erreichen. So schrieb Dekan Andres im Schriftwechsel mit der Erziehungsdirektion, dass Frei aufgrund des seit Jahrzehnten eingetretenen Wissenszuwachses auf dem Gebiet der Veterinärphysiologie und der Änderung des eidgenössischen Prüfungsreglements eine Aufwertung des Gebiets vorschlage. Eine Vertretung dieses Gebiets wäre durch eine Beförderung von Spörri wünschbar.

Im Weiteren nutzte Frei die Gelegenheit, die sich durch die anstehenden Veränderungen bot, auch für sich selbst und beantragte eine Gehaltszulage, die im April 1938 vom Erziehungsrat bewilligt wurde und ihm eine jährliche Gehaltszulage zulasten des Hochschulfonds von 1 000 Franken bescherte. Aufgrund des damaligen allgemeinen Lohnabbaus im Kanton Zürich wurden von der Lohnsumme 5 Prozent wieder abgezogen.[300]

Im Jahr 1941 erfolgte die Umwandlung der bakteriologisch-serologischen Abteilung in ein eigenständiges Institut für Veterinärbakteriologie an der veterinärmedizinischen Fakultät unter der Leitung von Leonhard Riedmüller, den der Regierungsrat zum Ordinarius ad personam wählte.[301]

Die Zeit des Zweiten Weltkriegs brachte für das Tierspital und die Pathologie vielfältige Einschränkungen. Nicht nur waren Professoren, Dozierende, Studierende und Mitarbeiter durch den Aktivdienst zeitweise ab-

298 StAZH, Z 70.772, Protokoll des Erziehungsrats Nr. 971, 20. 12. 1938.
299 Schweizer Archiv für Tierheilkunde, 1939, S. 42.
300 StAZH, Z 79.11, Protokoll des Erziehungsrats Nr. 270, 12. 4. 1938.
301 StAZH, Z 34.14668, RRB 825 und 826, 27. 3. 1941; StAZH, Z 34.14668, RRB 1525, 14. 6. 1951.

wesend, was zu pragmatischen Verschiebungen von Vorlesungen und Prüfungen führte, sondern auch technische Einschränkungen traten ein. So informierte zum Beispiel der Rektor der Universität im Oktober 1940 das Tierspital, dass «im Einvernehmen mit dem kantonalen Heizinspektorat unumgängliche Heizsparmassnahmen angeordnet werden mussten».[302]
Im Sommersemester 1945 – nach dem Ende des Zweiten Weltkriegs – wurde Riedmüller wegen nationalsozialistischer Tätigkeit in der Schweiz gestützt auf Artikel 10 des Bundesgesetzes über Aufenthalt und Niederlassung von Ausländern in Verbindung mit Artikel 5 des Bundesratsbeschlusses über die Änderung der fremdenpolizeilichen Regelungen vom 17. Oktober 1939 von der Universität Zürich definitiv und fristlos entlassen[303] und aus der Schweiz ausgewiesen. Er kehrte, soweit bekannt, nach Deutschland zurück.

Situation nach der Etablierung des Instituts für Veterinärbakteriologie

Nach der Abtrennung der Abteilung Bakteriologie und der Schaffung des Instituts für Veterinärbakteriologie war die Personalsituation im verkleinerten veterinärpathologischen Institut, das weiterhin die Abteilung für Physiologie umfasste, angespannt. Infolge der schwierigen wirtschaftlichen Situation während des Zweiten Weltkriegs und der zeitweisen Abwesenheiten der Aktivdienst leistenden Mitarbeiter waren die Chancen für Verbesserungen gering. Die Fakultät erarbeitete in dieser Zeit ein Exposé zuhanden der Erziehungsdirektion, das die geringstmögliche Entwicklung der einzelnen Lehrstühle aufzeigte.[304] Darin heisst es: «Grundsätzlich hatten und haben wir die Absicht, jedem Hauptprofessor einen Oberassistenten beizugeben, welcher ihn im Notfall vertreten und, die notwendige Erfahrung, wissenschaftliche Leistungsfähigkeit und sonstige Qualitäten vorausgesetzt, seine Stellung übernehmen könnte.» Weiter wird ausgeführt: «Nur materiell Gutsituierte können es sich ge-

302 StAZH, Z 34.14668, Z 79.17.
303 Jahresbericht der Universität Zürich 1945/46.
304 StAZH, Z 79.18.

statten, in bescheidener Assistentenstelle auf Avancement zu warten. Die Erwerbsmöglichkeiten eines jungen Tierarztes in der Praxis sind im allgemeinen günstig.» Aufgrund dieser Eingabe gelang es der Fakultät und Frei 1943 – auch unter Hinweis auf die zwischenzeitlich erfolgte Habilitation von –, Heinrich Spörri zum Oberassistenten zu befördern. Nun konnte er im Lehrauftrag einen Teil der Vorlesungen in Physiologie (animale Physiologie) übernehmen, die von den Studierenden der Veterinärmedizin bis anhin an der medizinischen Fakultät gehört wurden. Als weitere Begründung für diesen Lehrauftrag führte Frei sein fortgeschrittenes Alter und die Tatsache an, dass er sich in den verbleibenden Dienstjahren überwiegend auf das Gebiet der Veterinärpathologie beschränken wolle. Mit diesen Begründungen gelang es, eine zusätzliche Assistentenstelle für das Gebiet der Veterinärpathologie zu gewinnen,[305] die an Hugo Stünzi vergeben wurde.

Nachdem nun in der Pathologie ein Mitarbeiter (Stünzi) sich intensiver um den täglichen Routinebetrieb der Sektionen kümmern konnte, wandte sich Frei im April 1944 mit dem Wunsch an Dekan Anton Krupski, dass wieder vermehrt verstorbene Patienten beziehungsweise Organe aus Notschlachtungen in der Grosstierklinik dem veterinärpathologischen Institut für Lehr-, Forschungs- oder Sammlungszwecke zur Verfügung gestellt würden. Gleichzeitig beantragte er einen weiteren Eintrag im externen Telefonverzeichnis der Fakultät, der «Untersuchung von Tierleichen» heissen sollte.[306]

Nach der Entlassung und Ausweisung von Leonhard Riedmüller im Juni 1945 und der Neubesetzung des Lehrstuhls für Veterinärbakteriologie mit Emil Hess, versuchte Frei in einem Schreiben an die Fakultät einmal mehr die «vollständige Integrität des pathologischen Instituts» wiederherzustellen, indem die bisher vom veterinärbakteriologischen Institut durchgeführten Sektionen mit dem dazugehörigen Unterricht wieder an das veterinärpathologische Institut übergehen sollten.[307] Gleichzeitig sollte dafür das Gebiet der Veterinärphysiologie verselbständigt werden. Dieser Antrag wurde vom Dekanat am 1. Juni 1946 an die Erziehungsdi-

305 Ebd.
306 StAZH, Z 79.23.
307 Ebd.

rektion weitergeleitet.[308] Diese beschloss jedoch, nicht darauf einzutreten und einen Entscheid darüber auf die Zeit nach dem Altersrücktritt von Frei im Jahr 1951 zu verschieben.[309] Die Herstellung der vollständigen Integrität des pathologischen Instituts gelang erst 1987 mit der Wahl von Andreas Pospischil. Bis zu diesem Zeitpunkt wurden beispielsweise Sektionen von Schweinen am veterinärbakteriologischen Institut durchgeführt.

Bildung der Abteilungen für Veterinärpathologie und -physiologie und Planung des Rücktritts von Walter Frei

Weitere Verbesserungen im veterinärpathologischen Institut traten durch die Bildung zweier Abteilungen (Veterinärpathologie und Veterinärphysiologie) in den Jahren 1948 und 1949 ein, die im Hinblick auf den bevorstehenden Altersrücktritt von Walter Frei 1951 noch einmal bestätigt wurden.[310] Beide wurden jeweils von einem Oberassistenten geleitet. Aufgrund der Zunahme der diagnostischen Tätigkeit wurde eine weitere Stelle für das Labor bewilligt, sodass nun für das Labor zwei Stellen und eine für Hilfsarbeiten zur Verfügung standen.
Von 1928 bis 1953 unterrichtete Walter Frei auch an der landwirtschaftlichen Abteilung der ETH Zürich[311] und von 1947 bis 1962 am Schweizerischen Tropeninstitut in Basel.[312] Ebenso beteiligte er sich an der zu Beginn der 1930er-Jahre an der Universität begonnenen öffentlichen Folge von interdisziplinären akademischen Aula-Vorträgen – im Wintersemester 1938/39 mit einem Vortrag über das Thema *Die Stellung des Menschen zum Haustier als Kulturproblem,*[313] was sein überfachliches, kulturelles Interesse unterstreicht. Im Rahmen der Herbsttagung des

308 StAZH, Z 79.25.
309 StAZH, Z 79.24, Schreiben der Erziehungsdirektion vom 29. 6. 1946.
310 StAZH, Z 70.772.
311 Auf Antrag des Präsidenten des Schweizerischen Schulrats bewilligte die Hochschulkommission der Universität Zürich am 8. Juni 1927 und am 17. Juli 1928 Walter Frei die Übernahme von Vorlesungen an der ETH. Vgl. StAZH, Z 195.4 und 195.5.
312 Ansprache an der Diplomfeier 1982 von Heinrich Spörri aus Anlass des 100. Geburtstages von Walter Frei.
313 StAZH, Z 79.2.

Zürcher Hochschulvereins 1921 in Thalwil stellte Frei sein Fach unter dem Titel *Die Bekämpfung der Tierseuchen* dar (Köhler, 1933).

Im Jahr 1948 bewilligte der Erziehungsrat nach der Zustimmung des Hochschulrats den Antrag der Fakultät, der auf Wunsch von Walter Frei eine Übertragung aller Vorlesungen und Praktika in Physiologie auf PD Dr. Heinrich Spörri vorschlug. Begründet wurde dies einerseits damit, dass die Vereinigung des Unterrichts auf eine Person im Interesse der Studierenden erwünscht sei, andererseits würde Frei die Möglichkeit gegeben, seine wissenschaftlichen Arbeiten auf dem Gebiet der Pathologie zu Ende zu bringen. Der Erziehungsrat bewilligte gleichzeitig zwei Unterrichtsstunden «Sektionen und Demonstrationen» als bezahlten Lehrauftrag für PD Dr. Hugo Stünzi. Der Beschluss des Erziehungsrats hält fest, dass trotz dieser Entlastung Freis Unterrichtspensum die ordentliche Pflichtstundenzahl eines Ordinarius übersteige.[314]

Mit diesem Wunsch, dem die Fakultät und die Oberbehörden folgten, versuchte Frei geschickt, die Weichen für seine in wenigen Jahren bevorstehende Nachfolge zu stellen.

Frei verhehlte seinen Ärger über die Fakultät nicht und schrieb 1948 bekannt pointiert, aber auch etwas resigniert: «Nachdem ich Jahrzehnte hindurch durch die Verhältnisse an unserer Fakultät zum Dozieren heterogenster Fächer gezwungen war und mich nicht spezialisieren konnte (‹kein pathologischer Anatom, wie wir ihn gerne hätten›), die lächerliche Figur eines ex-officio-Universalgenies machen musste [...].»[315]

Im letzten Jahr der Amtszeit Freis (1952) feierte die veterinärmedizinische Fakultät ihre 50-jährige Zugehörigkeit zur Universität Zürich. Studierende, Assistierende und Professoren versammelten sich zu einem Gruppenbild (Abb. 50–51). Die akademische Feier fand am 24. Mai 1952 in der Aula der Universität Zürich (Abb. 52) unter dem Dekanat von Emil Hess statt,[316] der den Festvortrag mit dem Titel *Aufgaben und Ziele der modernen Tierseuchenbekämpfung* hielt. Die Grüsse und Glückwünsche der Zürcher Regierung überbrachte der Gesundheitsdirektor und stellvertretende Erziehungsdirektor Jakob Heusser, der betonte, dass die Pläne für den Neubau der Fakultät auf dem Milchbuck-Areal mit einer

314 StAZH, Z 79.43.
315 StAZH, Z 79.42.
316 Neue Zürcher Zeitung, 26. 5. 1952.

Kostenschätzung von 14–15 Millionen Franken vorlägen. Und doch dauerte es noch elf Jahre bis zum tatsächlichen Bezug der neuen Gebäude. Der veterinärmedizinischen Fakultät diente Frei als Dekan in den Jahren 1914–1916, 1924–1926 und 1942–1944.

Mit Schreiben vom 24. April 1952 an die Erziehungsdirektion ersuchte Walter Frei um seine Pensionierung als Ordinarius für Veterinärpathologie und Direktor des veterinärpathologischen Instituts auf Mitte Oktober 1952.[317] Der Regierungsrat beschloss die Versetzung Freis in den Ruhestand und seine gleichzeitige Ernennung zum Honorarprofessor auf den 15. Oktober 1952.[318] Für seine Abschiedsvorlesung wählte Frei das Thema *Reaktionen des Organismus auf Krankheitsursachen.*[319]

Nachdem Walter Frei in den Ruhestand versetzt worden war, wurde das veterinärpathologische Institut aufgeteilt und aus der physiologischen Abteilung ein Institut für Veterinärphysiologie unter der Leitung von Heinrich Spörri (Abb. 53) geschaffen, für das Labor stand eine Stelle und eine Position für Hilfsarbeiten zur Verfügung.[320] Aus der verbleibenden Abteilung für Pathologie entstand das veterinärpathologische Institut unter der Leitung von Hugo Stünzi, das die folgenden Stellen erhielt: 1 Assistent, 0,5 Hilfsangestellte und 1 Hilfslaborstelle. Die neu geschaffenen Institute verblieben in den beiden Wohnungen an der Manessestrasse 4, wobei die Wohnung West dem veterinärhysiologischen Institut zugeteilt wurde. Der vorhandene Hörsaal wurde von beiden Instituten genutzt.[321]

317 Frei schreibt: «Zwar wäre die Ausübung der Dozententätigkeit über den 70. Geburtstag hinaus sehr angenehm gewesen. Hingegen erfordern unsere gemeinsam mit dem vet.-chem. Institut Zürich und Herrn Prof. Bernhard in Basel seit mehreren Jahren laufenden und im Herbst 1952 zu Ende gehenden [...] Untersuchungen über die Störungen des Fettstoffwechsels bei Haustieren einen sehr ausführlichen Schlussbericht. Dieser könnte neben der im Wintersemester sehr belastenden Lehrverpflichtung kaum in nützlicher Frist zu Ende gebracht werden.» StAZH, Z 79.110.

318 StAZH, Z 79.110, RRB 2050 vom 1. 8.1952.

319 StAZH, Z 79.110.

320 StAZH, Z 70.772, RRB 2656 vom 16. 10. 1952.

321 StAZH, Z 79.109.

Ehrungen für Walter Frei

Walter Frei leitete das Institut vier Jahrzehnte, ab 1912 als Extraordinarius und ab 1917 als Ordinarius an der Universität Zürich und vertrat in ausgezeichneter Weise Wissenschaft, Praxis und Lehre in der Veterinärmedizin. International wurden seine wissenschaftlichen Erfolge 1930 durch die Ehrung als Honorary Fellow of the Royal College of Veterinary Surgeons in London und 1956 durch die Verleihung der Ehrendoktorwürde der Tierärztlichen Hochschule in Wien anerkannt.[322] Darüber hinaus war Frei international hoch geschätzt, unter anderem als Vorsitzender des Programmausschusses für den 13. internationalen tierärztlichen Kongress, der vom 21. bis 27. August 1938 in Zürich abgehalten wurde.[323] Die 3. Hauptversammlung am 24. August 1938 war dem Thema *Allgemeine Bedingungen der Entstehung von Infektionskrankheiten* gewidmet. Die Sitzung wurde in zwei Hauptvorträge über die inneren und die äusseren Bedingungen der Entstehung von Infektionskrankheiten geteilt. Den ersten hielt Walter Frei, den zweiten Petrus Johan du Toit.[324]
In der von Heinrich Spörri herausgegebenen Festschrift zum 70. Geburtstag[325] von Walter Frei finden sich Beiträge von vielen international und national bekannten Kollegen und Schülern (Tab. 15). In der Einleitung schreibt Spörri: «Nun sind Sie 70 Jahre alt geworden, und wenn Sie zurückblicken, so dürfen Sie sagen, dass es ein gutes, ein gesegnetes und sich erfüllendes Leben war, obschon auch Ihnen Enttäuschungen nicht erspart geblieben sein dürften und wohl nicht alle Blütenträume reiften.»

322 UZH Archiv, AB, 1.0272.

323 Aus diesem Anlass wurde an den Gebäuden des Tierspitals zur Verbesserung des Eindrucks eine Aussenrenovation vorgenommen. In der 105. Sitzung des Zürcher Kantonsrats vom 19. September 1938 wurde dies von Kantonsrat Reichling zwar begrüsst, ansonsten auf die unhaltbaren räumlichen Verhältnisse hingewiesen und der Regierungsrat aufgefordert, mit der Stadt Zürich endlich eine Einigung für einen Bauplatz eines neuen Tierspitals zu suchen. Siehe Neue Zürcher Zeitung, 19. 9. 1938.

324 Petrus Johan du Toit (1888–1967), persönlicher Freund und Nachfolger von Sir Arnold Theiler als Chef des Veterinärwesens der Südafrikanischen Union von 1927–1948. Er studierte Veterinärmedizin in Zürich und promovierte 1912 an der Philosophischen Fakultät II der Universität Zürich in Zoologie und 1916 in Berlin zum Dr. med. vet. Vgl. Schmaltz, 1938.

325 Neue Zürcher Zeitung, 21. 11. 1952, Blatt 11.

Tab. 15: Beiträge zur «Festschrift zur Feier des siebzigsten Geburtstages von Professor Dr. Walter Frei von seinen Freunden, Kollegen und Schülern gewidmet (21. November 1952)»

Zeitschrift	Autor	Institut	Titel
Schweizer Archiv für Tierheilkunde	Almasy, F.	Vet.-chemisches Labor, Vet.-med. Fakultät, Zürich	Neuere Ergebnisse über den Kalzium-Phosphorstoffwechsel des Rindes
	Amman, K.	Vet.-chirurgische Klinik, Vet.-med. Fakultät, Zürich	Über das anaphylaktische Verhalten des Kaninchen- und Pferdeauges im Experiment
	Crasemann, E.	Institut für Haustierernährung, ETH Zürich	Die energetische Wirkung einer Rohfaserzulage beim Kaninchen. Ein Beitrag zur Lehre von der Wertigkeit der Futtermittel
	Dobberstein, J.	Institut für Vet.-Pathologie, Tierärztliche Hochschule, Hannover	Die Obduktion in der forensischen Veterinär-Medizin
	Fey, H.	Vet.-bakteriologisches Institut, Vet.-med. Fakultät, Zürich	Die Bedeutung der serologischen Typendiagnose bei der Pneumokokkensepsis des Kalbes (Kälbermilzbrand). Mit vorläufigen eigenen Typisierungsergebnissen
	Flückiger, G.	Eidg. Veterinäramt, Bern	Der Verlauf und die Bekämpfung der Maul- und Klauenseuche 1951/52 in den europäischen Weststaaten
	Graf, H.	Vet.-pharmakologisches Institut, Vet.-med. Fakultät, Zürich	Über die Behandlung wissenschaftlichen Gedankengutes in der tierärztlichen Literatur deutscher Sprache
	Hauser, H.	Vet.-pathologisches Institut, Vet.-med. Fakultät, Bern	Über Transportschädigungen bei Mastschweinen
	Heusser, H.	Klinik für kleine Haustiere, Vet.-med. Fakultät, Zürich	Die Berufshaftpflicht des Schweizer Tierarztes
	Höfliger, H.	Vet.-anatomisches Institut, Vet.-med. Fakultät, Zürich	Drüsenaplasie und -hypoplasie in Eutervierteln des Rindes – eine erblich bedingte Entwicklungsanomalie
	Hofmann, W.	Vet.-ambulatorische Klinik der Vet.-med. Fakultät, Bern	Über Störungen in der Fruchtbarkeit beim Rind infolge fütterungsbedingter Ursachen
	Jezierski, A.	Laboratoire vétérinaire de L'Inéac, Gabu-Nioka, Belgisch-Kongo	Vaccins contre la peste aviaire et la maladie de Newcastle
	Kilchsperger, G.	Bakteriologisch-serologisches Labor Veterinaria AG, Zürich	Die Bakteriendifferenzierung und Typisierung als Grundlage der epidemiologischen Forschung mit besonderer Berücksichtigung der Brucellen
	Leemann, W.	Vet.-med. Klinik, Vet.-med. Fakultät, Zürich	Der Nikotinsäuregehalt im Blute des gesunden und kranken Pferdes
	Leuthold, A.	Vet.-chirurgische Klinik, Vet.-med. Fakultät, Bern	Die Schulterbursitis beim Pferd
	Lutz, E.	Compagnie Grelco, Biano, Katanga, Belgisch-Kongo	Über Viehzucht im Belgisch-Kongo mit spezieller Berücksichtigung der «Grands Elevages» in den Provinzen Katanga und Kasai
	Margadant, Ch.	Regierungsrat, Chur	Ein Beitrag zur Geschichte der Tierseuchenbekämpfung im Freistaat Gemeiner Drei Bünde (1500 bis anfangs 1800)
	Maskar, Ü.	Histologisch-embryologisches Institut, Universität Istanbul	Über die experimentell erzeugte Entwicklung des Hundebandwurmes (Mesocestoides lineatus) aus den Dithyridien von Huhn und Igel

Schweizer Archiv für Tierheilkunde	Nabholz, A.; Beglinger F.	Kantonales Veterinäramt, Zürich	Erfahrungen bei der Verwendung des syrischen Goldhamsters für die Tuberkulosediagnostik
	Saxer, E.	Bakteriologisch-serologisches Laboratorium Gräub, Bern	Weitere Untersuchungen über die tuberkulöse Reinfektion beim Rind und ihren Einfluss auf die Resistenz
	Seiferle, E.	Vet.-anatomisches Institut, Vet.-med. Fakultät, Zürich	Das Tier und die Angst
	Spörri, H.	Vet.-physiologisches Institut, Vet.-med. Fakultät, Zürich	Die ersten Fälle von sog. Wolff-Parkinson-White-Syndrom, einer eigenartigen Herzanomalie bei Tieren. (Beobachtungen an 2 Rindern)
	Trautmann, A.; Hill, H.	Physiologisches Institut, Tierärztliche Hochschule, Hannover	Beitrag zur Zelluloseverdauung im Blinddarm und grossen Colon der Einhufer
Schweizerische Zeitschrift für allgemeine Pathologie und Bakteriologie	Cohrs, P.	Pathologisches Institut, Tierärztliche Hochschule, Hannover	Typhlitis infectiosa (Enteritis necroticans beim Kaninchen). Vergleichende Betrachtungen zum Darmbrand des Menschen
	Fonio, A.; Henseler, J.	Universität Bern	Eine klinisch verwendbare Kontrollmethode zur Beurteilung der Wirkung von Antikoagulantien auf das Fibringerinnsel
	Grumbach, A.	Hygiene-Institut, Universität Zürich	Der erbliche Einfluss auf die Überlebensdauer, Organlokalisation und -manifestation im Tuberkuloseversuch an C_3H-Mäusen
	Hess, E.	Vet.-bakteriologisches Institut, Vet.-med. Fakultät, Zürich	Zur Diagnostik der Mastitis brucellosa
	Hjärre, A.; Ehlers T.; Thal, E.	Staatliche Vet.-medizinische Anstalt, Stockholm	Riesenzellpneumonien bei Tieren
	Mooser, H.; Joos, H.	Hygiene-Institut, Universität Zürich	Die Infektion der Maus mit menschlichen PPLO-Stämmen
	Rothlin, E.; Undritz, E.	Chemische Fabrik Sandoz, Basel	Beitrag zur Lokalisationsregel der Tuberkulose
	Schmid, G.	Vet.-bakteriologisches Institut, Universität Bern	Kasuistischer Beitrag über das Vorkommen von Salmonellen-Keimen bei Haustieren in der Schweiz
	Stoll, A.; Brack, A.; Renz, J.	Chemische Fabrik Sandoz, Basel	Die pH-Abhängigkeit der Wirkung einiger Antibiotika im Plattentest
	Stünzi, H.; Poppensieck, G. C.	Vet.-pathologisches Institut, Vet.-med. Fakultät, Zürich	Zur Pathogenese der Hepatitis contagiosa canis
	Wagener, K.	Hygiene-Institut, Tierärztliche Hochschule, Hannover	Internationale Tuberkelbakterienstämme
Acta tropica	Buxtorf, A.	Firma J. R. Geigy & Co., Basel	Die Verwendung von Insektiziden zur Bekämpfung von Glossinen, gesehen im Spiegel der Literatur
	Geigy, R.; Huber, M.	Schweiz. Tropeninstitut, Basel	Untersuchungen über Bau und Funktion der Stigmen bei verschiedenen Glossina-Arten und bei Stomoxys calcitrans
	Meyer, K. F.; Eddie, B.	George Williams Hooper-Foundation, University of California, San Francisco	Reservoirs of the psittacosis agent

Helvetica physiologica et pharmacologica acta	Bernhard, K.; Scheitlin, E.	Physiologisch-chemische Anstalt, Universität Basel	Beitrag zur Pathologie des Fettstoffwechsels. Eine aussergewöhnliche Fettsäure-Zusammensetzung der Leber-Glyceride eines Zwergesels
	Hess, W. R.	Physiologisches Institut, Universität Zürich	Physiologische Grundlagen der Ästhetik.
Schweizerische Medizinische Wochenschrift	Guggenstein, M.	Biologische Forschungsabteilung, Hoffmann-La Roche, Basel	Die Arzneimittelentwicklung im Lichte der Chemie und Biochemie
Naunyn-Schmiedebergs Archiv für experimentelle Pathologie und Pharmakologie	Blum, F.	Biologisches Forschungsinstitut (Ferdinand-Blum-Institut), Frankfurt a. M.	Studien über die Zusammensetzung der Perikardflüssigkeit
Wiener Tierärztliche Monatsschrift	Kment, A.	Physiologisches Institut, Tierärztliche Hochschule, Wien	Beeinflussung der Spermeationsreaktion bei Erdkröten durch den spezifischen Gewebsextrakt «Polydyn»

Habilitationen und ausländische Gäste in der Amtszeit von Walter Frei

In der Amtszeit von Walter Frei habilitierten sich neben Walter Pfenninger (1921) und Leo Riedmüller (1929) Heinrich Spörri (1944; Abb. 53A), Emil Hess (1945; Abb. 53D), Aleksander Jezierski (1945; Abb. 53B)[326] und Hugo Stünzi (1948; Abb. 53C).

326 Während des deutschen Westfeldzugs im Zweiten Weltkrieg wurde Anfang Juni 1940 die 2. polnische Infanterieschützen-Division zur Unterstützung der 8. französischen Armee in die Region Belfort geschickt. Nachdem sie vom Nachschub abgeschnitten worden waren, überschritten am 19. und 20. Juni 1940 12 000–13 000 polnische Soldaten die Schweizer Grenze, um der Gefangennahme zu entgehen. Sie wurden in der Schweiz gemäss der Haager Konvention interniert. Ab 1941 entstanden in der ganzen Schweiz Barackenlager, in denen die Polen bis Dezember 1945 lebten. Vgl. http://www.hls-dhs-dss.ch/

Tab. 16: Ausländische Gäste und Doktorierende am veterinärpathologischen Institut unter Walter Frei

Name	Gast bei	Herkunft	Grund	Jahr
Carne, H. R.	W. Frei, L. Riedmüller	Australien	Dissertation: Übertragbare Streptokokken-Mastitis	Dez. 1936
Demmel, M.	W. Frei	Deutschland (München)	Weiterbildung	Juni 1932
Emmerson, M. A.	W. Frei	USA (Ames [Iowa])	Dissertation: Der Serumkalkspiegel beim Rinde mit besonderer Berücksichtigung der Beziehungen zum Geschlechtsapparat	1930–1931
Ernstberger[1]	W. Frei, W. Pfenninger	?	2. Assistent	1925–1926
Finik, Z.	W. Frei	Polen (Lwów)	Stipendiat Rockefeller Foundation	Juni 25
Froebel, O.	W. Frei	?	Dissertation: Über den Einfluss der Infektion auf die Gewebsatmung; Assistent, später Belgisch-Kongo	1931–1936
Ghormantall[1]	W. Frei	Uganda	Histopathologie	1926
Golledge, H. C. D.	W. Frei, L. Riedmüller	England	Dissertation: Investigation on the reductant power of tissue of infected animals	1931
Hruska, K.	W. Frei, W. Pfenninger	Tschechoslowakei	Weiterbildung	1919
Jezierski, A.[2]	W. Frei	Polen (interniert)	Assistent	1941–1946
Kment, A.	W. Frei	Österreich (Wien)	Habilitand (Habilitation in Wien)	1947–1949
Steinbach, F.	W. Frei	USA	Dissertation: Investigations into bacterial respiration with special reference to hydrogen donators	1939–1940
Walker, J.	W. Frei	Kenia (Kabete)	Dissertation: Schweinepest	1932–1933
Weidlich, N.	W. Frei	Tschechoslowakei	Weiterbildung	1927–1928
Witschard, A.	W. Frei	USA	Weiterbildung	1945–1948

1 Vorname unbekannt. 2 Zu Aleksander Jezierski vgl. Anm. 83.

Quellen: Angaben aus dem Besuchsbuch (Gästebuch) von Walter Frei (Original im veterinärpathologischen Institut). Zu Aleksander Jezierski vgl. Anm. 83.

Im Verlauf der 40-jährigen Amtsdauer von Walter Frei als Direktor des veterinärpathologischen Instituts wuchs die internationale Anerkennung des Instituts erheblich. Walter Frei förderte – geprägt durch eigene, äusserst positive Auslandserfahrungen – den Aufenthalt einer ganzen Reihe von ausländischen Gästen und Stipendiaten an seinem Institut, die zum Teil mehrere Jahre blieben und neben anderen Publikationen Dissertationen in Zürich verfassten (Tab. 16). Deren positive Erfahrungen am Zürcher Institut sind aus Einträgen im Besuchsbuch (Gästebuch) Walter Freis ersichtlich.
Ein Doktorand, der 1940 an der veterinärbakteriologischen Abteilung des veterinärpathologischen Instituts bei Leonhard Riedmüller seine Dissertation[327] abschloss, soll wegen seiner Herkunft aus einem asiatischen Land besonders erwähnt werden. Es handelt sich um Prinz Piya Rangsit[328] (Abb. 54), einen Enkel des thailändischen Königs Rama V.[329]

textes/d/D3367.php (4. 7. 2016). – Unter ihnen befand sich Aleksander Jezierski (1909–1991), der als Student der Veterinärmedizin dem «Hochschullager» in Winterthur zugeteilt war. Er konnte ab 1940 bis zu seiner Habilitation 1945 am Institut arbeiten. Danach fand er, vermittelt von Walter Frei, bis 1947 eine Anstellung im Institut Pasteur in Paris. Anschliessend richtete er von dort aus als Direktor das Laboratoire vétérinaire de recherche et de diagnostic de l'Inéac (Institut national pour l'étude agronomique du Congo belge) in Gabu-Nioka im belgischen Kongo ein. Vgl. dazu: Anonym, 1943; Eintrag vom 31. 1. 1951 im Gästebuch von Walter Frei; Jezierski, 1952. – Jezierski führte von 1952 bis 1958 erfolgreiche Versuche mit einem Lebendimpfstoff gegen Polio bei Menschen durch, der über Colobus-Zellen hergestellt wurde. Später wurde fälschlicherweise behauptet, dass dieser Impfstoff über Schimpansen-Zellen hergestellt und dadurch möglicherweise HIV auf den Menschen übertragen worden sei. Vgl. dazu: Desmyter und Teuwen, 2001; Pospischil und Häsler, 2016.

327 Piya Rangsit: Beitrag zur Typenfrage bei der Schweinetuberkulose und über das Vorkommen von tuberkuloseähnlichen Veränderungen in den Kehlgangslymphknoten des Schweines. Untersuchungen am Material des Schlachthofes Zürich». Zürich 1940.

328 Piya Rangsit (1913–1990) schloss das Freie Gymnasium in Zürich mit der Matur ab und studierte 1934–1939 Veterinärmedizin in Zürich. Seine Fakultätsprüfung für Ausländer, bei der er einen Notendurchschnitt von 5,65 erreichte, fand am 28. März 1939 statt. Vgl. StAZH, Z 79.7. – Nach einer Weiterbildung an der Cornell Veterinary School in New York wurde er 1948 Lecturer an der Veterinärmedizinischen Fakultät der Chulalongkorn-Universität in Bangkok.

329 Rama V. (1853–1910), König von Siam (Thailand), Gründer der Chulalongkorn-Universität in Bangkok.

Auch nach seiner Emeritierung war Walter Frei als Doyen der Veterinärpathologie und Ehrengast zum Beispiel an der 3. Arbeitstagung der Arbeitsgemeinschaft für Veterinärpathologen anwesend, die am 30. Mai 1953 in Marburg gemeinsam mit der 37. Tagung der Deutschen Gesellschaft für Pathologie abgehalten wurde (Abb. 55). Am 29. September 1972 verstarb Walter Frei im 90. Altersjahr (Abb. 56).

Walter Frei Stiftung

In Befolgung der letztwilligen Verfügung von Walter Frei beziehungsweise seiner 1974 verstorbenen Gattin wurde am 17. September 1976 aus deren Nachlass die Walter Frei Stiftung mit Sitz in Zürich urkundlich begründet. Danach war die veterinärmedizinische Fakultät der Universität Zürich gehalten, von Zeit zu Zeit einen «Forscher, der auf dem Gebiet der Tiermedizin internationales Ansehen geniesst» zur Walter-Frei-Vorlesung einzuladen und ihm ein Preisgeld samt Diplom zu überreichen. Diese Preisverleihung erfolgte anfangs jährlich, doch ging man aufgrund einer Urkundenänderung 1990 auf Zwei- bis Dreijahresintervalle über. Gleichzeitig wurde die Preissumme erhöht, wobei sie auch auf zwei Preisträger aufgeteilt werden konnte. Die Stiftung wurde am 31. Mai 2012 aufgehoben.

Interessanterweise wollte die Verfügung des Weiteren, dass die zu ehrenden Forscher aus bestimmten Ländern stammen sollen, nämlich ausdrücklich aus der Schweiz, Österreich, Deutschland, England, Dänemark, Norwegen, Schweden, Finnland und Holland. Dass der Stifter vom damaligen Ostblock absah,[330] ist halbwegs verständlich; warum aber das

330 Der Nachfolger von Walter Frei, Hugo Stünzi, berichtete, dass Frei die Heirat seiner Tochter Gerda mit dem «Kommunisten» und zeitweiligen Mitglied der Partei der Arbeit (PDA) Rechtsanwalt Ernst Rosenbusch, der im Übrigen 1956 nach dem Einmarsch der Roten Armee in Ungarn aus Protest aus der PDA austrat, zum Anlass nahm, zu sagen, «er wolle nicht, dass sein Vermögen an einen Kommunisten falle». Dies war ein Grund, die «Walter Frei Stiftung» ins Leben zu rufen. Walter Freis Tochter Gerda Rosenbusch vermachte nach ihrem Ableben der Fakultät ein Legat von 150 000 Franken, das nach Beschluss der Fakultät einem Fond für die Etablierung eines PhD für Veterinärmedizin zugewiesen wurde.

lateinische Europa und ganz Übersee ausgeschlossen waren, bleibt sein Geheimnis.[331]

Der Mensch Walter Frei aus der Sicht der Studenten

Aus Anlass seines 100. Geburtstags erinnerte Heinrich Spörri, einer seiner langjährigen Mitarbeiter und Nachfolger als Professor für Veterinärphysiologie im Rahmen einer Ansprache bei der Feier für frisch diplomierte Tierärzte im Jahr 1982 unter anderem an den Menschen Walter Frei. Bei seinen Vorlesungen hielt sich Frei gemäss Spörri an den Wilhelm Busch zugeschriebenen Spruch: «Was man ernst meint, sagt man am besten im Spass.» Dies wird durch eine grosse Zahl von Aussprüchen unterstrichen, die sich in den von den Studierenden verfassten Bierzeitungen finden, die jeweils für die traditionellen Weihnachtskommerse zusammengestellt wurden (Tab. 17). Neben den Zitaten findet sich in den Bierzeitungen eine Reihe von Karikaturen, die bestimmte, zum Teil alltägliche Missstände, zum Beispiel den Mangel an WC-Papier im Institut, (Abb. 57) oder ein Rauchverbot (Abb. 58) thematisieren. Die Karikatur aus dem Jahr 1949, die Frei auf einem Berg von Büchern «thronend» darstellt, zeigt die Bewunderung der Studierenden für sein grosses Wissen (Abb. 59).

Bei einer durchschnittlichen Zahl von 25–40 Studierenden pro Semester, was etwa der Schülerzahl einer Klasse entsprach, ergab sich naturgemäss ein enges bis sehr enges Verhältnis von Dozierenden zu Studierenden.

Ein Teil dieser Zitate ist heute nicht mehr als politisch korrekt anzusehen und widerspricht dem 2007 von der Universität Zürich erlassenen «Reglement zum Schutz vor sexueller Belästigung an der Universität Zürich».[332] Er zeigt aber auch, wie in der Vergangenheit mit diesem Thema umgegangen wurde.

Frei konnte – nicht zuletzt gegenüber Fakultätskollegen – ziemlich scharf reagieren, wie aus einem Schreiben vom Mai 1947 an den da-

331 Sackmann, 2002.

332 Zürcher Gesetzessammlung, 415.116, http://www.zh.ch/internet/de/rechtliche_grundlagen/gesetze/erlass.html?Open&Ordnr=415.116 (4. 6. 2016).

Tab. 17: Zusammenstellung von Aussprüchen von Walter Frei und solchen, die ihm von den Studierenden zugeschrieben wurden, aus den Bierzeitungen der Jahre 1907–1955

Jahr	Zitat
1923	«Prof. Frei will den Unterricht, den er um 10 h halten soll, schon um 8 h beginnen. Er drückte sein Bedauern aus, 2 Stunden zu früh aufgestanden zu sein.»
1923	«Prof. Walter [Frei] kommt in der Sektion eine gewisse Zote in den Sinn. Er will sie aber erst am Weihnachtskommers erzählen.»[1]
1923	«Tufflis Weihnachtswunsch: Ich möchte Prof. W. Frei höflichst bitten, die weiteren Verse des Liedes der Öffentlichkeit preiszugeben, das da beginnt: ‹Wenn der Hund mit der Wurst über den Schüttstein springt und der Storch in der Luft einen Frosch verschlingt. Mit dem Füdle, mit dem blutte in den Dorfbach hinein, Na, dann wirst du wieder sauber sein.› Gäll, Frei Du singsch'es.»[1]
1924	«Prof. W. Frei drückt sein Bedauern aus, dass die Natur bei der Schöpfung unrecht getan, der Vagina den Platz unter dem Rektum einzuräumen.»
1925	«Prof. W. Frei wünscht sich zum Christkindli eine Klingel, um den Klinikern kund zu tun, wann die Pause beendet und die Arbeit beginnen möge.»
1927	«Prof. Frei ‹fängt› bei der Prüfung einen Studenten sanft auf und führt ihn mit verklärtem Antlitz zum Siege. Andres[2] knirscht die Zähne.»
1927	«Prof. Frey hat wieder Yohimbin[3] geschluckt und erzählt vom Tätowieren an interessanten Körperteilen.»
1928	«Prof. Frei erklärt, bei einer Gerichtsverhandlung seien ihm die Haare theoretisch zu Berge gestanden.»
1929	«Prof. Frei kommt in seiner Vorlesung über Funktionslehre auf Abwege und richtet an die Anatomen die Frage: Wissen sie, woran man die Schweizer im Auslande sofort erkennt??? 1. Er trägt stets ungeplättete Hosen. 2. Er trägt seine Kravatte krumm. 3. Er lässt sich die Haare bis auf den Rücken hinunter wachsen. Huber[4] errötet und kommt Tags darauf mit 3 mm-Schnitt ins Kolleg.»
1929	«Prof. Frei stellt im Examen die Frage: ‹Welches ist das Abbauprodukt von 'Nudeln'?› Spörry [Spörri]:[5] ? ... ? ... Faeces.»
1930	«Prof. Frei kommt in der allgemeinen Pathologie auf Abwege: Ja, wenn die Elisabeth nicht so schöne Beine hät.»
1931	«Prof. Frei: ‹Ist einer der Herren bewandert im Autofahren?› Bisig[6] meldet sich. ‹Also Herr Bisig, pumpen sie mir den Pneu vorne rechts auf!›»
1931	«Sektionen: Prof. Frei zu Hauber[7]: ‹Die Eierstöcke werden im allgemeinen entsetzlich malträtiert. Quetschen sie mal ihre Hoden jeden dritten Tag. Unsere Tierärzte rasen wie verrückt herum und quetschen Zysten, wie der brüllende Löwe, der nach einem Opfer lechzt.›»
1931	«Prof. Frei: ‹Ja, meine Herren, mit dem Genie ist das so eine Sache. Gewöhnlich sind davon 10% Inspiration, die anderen 90% sind Transpiration (Edison). Wissen Sie überhaupt, warum mir die Affen so unsympathisch sind? Weil sie so verdammte Ähnlichkeit haben mit dem Menschen.›»
1932	«Vortrag über Virusschweinepest von Dr. Geiger[8] aus Prag. Prof. Frei: ‹Wir Schweizer sind uns gewohnt, von Ausländern belehrt zu werden. Diesmal haben wir etwas Neues erfahren, nicht wie bei Keyserling, der uns sagte, wir seien eine Knorzgesellschaft; das haben wir schon längst gewusst. Heute wollen wir den Referenten ausquetschen wie eine Zitrone. Schliesslich muss ich noch sagen, dass man es bei Schweinepest mit einer Schweinerei zu tun hat.›»
1932	«Sektion: Ein Kind hat ein Stück Seife verschluckt. Da meint eine Dame: Jetzt gibt's Seifenblasen. Prof. Frei: Wo darf man nicht fragen.»
1934	«Prof. Frei: Feuer breitet sich nicht aus, Hast Du Minimax im Haus, Minimax ist aber Mist, wenn Du nicht zu Hause bist.»[9]
1934	«Prof. Frei: Auch eine Kuh wird alt, sammelt Erfahrungen und gibt Mist von sich.»
1934	«Prof. Frei: Meine Herren, lassen sie sich nicht täuschen, das Helle scheint grösser. Aus diesem Grunde sollten dicke Damen dunkle Kleider tragen.»

1934	«Prof. Frei: Die Frau im Haus erspart den Wassermann.»[10]
1935	«Prof. Frei: Die Kälber werden in der ersten Hälfte des Lebens geboren. Lieber Urin im Zylinder, als Zylinder im Urin.»
1940	«Dieser Tage musste in der Manessestrasse vor dem Hause des veterinärmedizinischen Institutes von der Polizei eine Ansammlung zerstreut werden, die gegen [ein] den Vorsteher dieses Institutes kompromittierendes Firmenschild demonstrierte. Man weiss zwar, dass in tiermedizinischen Kreisen eine grosse Vorliebe für geistige Getränke besteht, doch dürfte man dem Institutsleiter immerhin etwas zu nahe getreten sein mit der Anbringung des Firmenschildes ‹Alkohol-Frei›.»
1945	«Oh, was seh' ich, ei, ei, ei, da sitzt auch noch Papa Frei. Fast erscheint Dein langes Leben wie das Dasein der Amöben oder anderer Gestalten, die sich im Protoplasma spalten. Wunder sagst Du, sei nur das Gen, es allein sei was für wen und die herrlichsten Gefühle seien nur noch Moleküle, seien Säuren oder Basen heilig seien nur Exstasen. Recht hast Du, erfahrener Sohn, darum nimm dafür den Lohn, Aber fall' nicht aus dem Gleise, nimm dies Tränklein tröpfchenweise Leb' im Rhythmus mit den Atomen, die in diesem Tranke wohnen, dann erreichst auch ohne Haare sicherlich die 100 Jahre.»
1945	«Rückblick und Ausblick: [...] Das Ministerium für Wissenschaft, Kunst und Literatur Prof. Frei(chen), der Rangälteste leitet sein Amt mit Routine und Vitalität. Dass bei seiner Weisheit hie und da die Wissenschaft über die Brillengläser rutscht, und er mit Bakterien beginnt und mit Negerweibern endet, vorausgesetzt, dass er überhaupt zu einem Ende kommt, ist ihm nicht übelzunehmen. Seine wissenschaftliche Betätigung befasste sich auch nat. mit der Atomenergie. Als Ausgangsmaterial verwendet er statt Uran blecherne Sektionstische, 10 × zerkleinerte Katzenkadaver und sogar Luft und es ist ihm bereits gelungen, daraus Sektionen zu machen.»
1946	«Rund um den Bau des neuen Tierspitals: Nachdem vor Jahresfrist der Neubau eines Tierspitales beschlossen wurde, riefen letzte Woche die beauftragten Architekten eine Versammlung – bestehend aus der Professorenschaft, den Assistenten und Vertretern der Studenten [–] zusammen, um ihre Wünsche und Anregungen zur Gestaltung des neuen Gebäudes entgegenzunehmen. Prof. Frei freut sich am meisten von allem am geplanten Neubau, weil so sein blitzblankes Auto mehr zur Geltung kommt. Er wünscht sich von der Studentenschaft ein grosses Kissen, damit er besser zum Fenster hinaussehen und beim Vorbeifahren so die armen Fussgänger auch gebührlich auslachen kann.»
1946	«Letzte Woche ereignete sich im physiologischen Institute ein Unfall, der leicht schlimme Folgen hätte haben können. Prof. Frei bemerkte während der Vorlesung, dass sich seine Ausführungen mit denen anderer Dozenten kreuzten. Er erschrak darob so sehr, dass er bewusstlos vom Platze getragen werden musste. Wir wünschen ihm gute Besserung und können ihm versichern, dass bei der Unübersichtlichkeit seines Gebietes eine einzige Überkreuzung verständlich ist.»
1946	«Prof. Frei: ‹Wie heissen sie eigentlich dort hinten?› ‹Frei!› ‹Ach, ja so, diesen Namen vergesse ich immer wieder.›»
1947	«F. Rei: Wasser, das unentbehrliche Hilfsmittel bei Sektionen und Demonstrationen. St. Uenzi: Der Werdegang eines grossen Pathologen. Eine autobiographische Dichtung.»
1949	«Es sind ab sofort zu entlassen: Walti Frei, alias Bärtli, wegen: a) chronischer Verbreitung der Schlafkrankheit mit der allgemein bekannten Dunkelkammermethode. b) Verbreitung von Bakterien und Viren beim Zupfen an seinem Barte. Für das Sommersemester sind folgende Filme angezeigt: ‹Pubertätsdrüsen› Gegen sie kann man nicht. Filmstar F. Rei.»
1949	«Walter Frei: Es gibt nur 2 gute Pathologen, der andere wohnt in Südafrika.»
1949	«Aus Walty Frey's Erzählungen: Soeben ist ein Buch erschienen: ‹Schwärmerische Plauderei über Chronopathologie und geographische Pathologie der Ectoparasiten auf Glatzen›. Der Prophet von Pathologie: Stehen Sie mit dem Rücken an der Sonne und dem Gesicht im Schatten, so schwitzen Sie hinten und klappern vorn mit den Zähnen. Man kann es auch umgekehrt sagen. Abnormität: Wenn man nach einer Exkursion nicht betrunken ist. Ausserdem möchte ich meine Kommilitonen noch auf spez. Vorlesungen aufmerksam machen, die im Vorlesungsverzeichnis nicht mehr aufgenommen werden konnten: 1. Vorteile der islamitischen Religion. 2. Pathologie der Pinguine. 3. Ansiedlungsbedingungen in Australien. 4. Auswanderungskrankheiten der Schweizer. 5. Zoologischer Garten, Tropeninstitut und dessen Direktor. (Ich habe selbst mit ihm gesprochen).»

1950	«Freie pathol. Konsistenztafel: 1. Grad. Weichkäse, 2. Grad. Schachtelkäse, 3. Grad. härterer Weichkäse, 4. Grad: Weicherer Hartkäse, 5. Grad: Hartkäse.»
1950	«W. F. Rey: Es gibt nichts Gemütlicheres als eine Kuh, die wiederkaut. Ja, meine Damen und Herren, sie müssen sich in die Kuh noch versenken.»
1951	«Frei nach Schiller oder aus einer pathologischen Vorlesung. [...] ich erkläre ihnen jetzt dies alles; in Tat und Wahrheit werden sie das ja ziemlich sicher erst viel später in ihrer Praxis verstehen. [...] Jetzt sind sie im Grunde genommen noch Tierarzt-Säuglinge! Was, Sie protestieren nicht??!!!»
1951	«Was, sie wissen nicht, was Kurpfuscher sind? Dafür gibt es nämlich eine ganz feine Definition: Kurpfuscher sind Alchemisten der Medizin [...]. Kennt jemand eine bessere Definition??»
1951	«Es gibt nicht nur Kümmerer unter den Schweinen. Wenn man von einem Kümmerer im täglichen Leben spricht, so meint man damit einfach einen, der sich um einen kümmert! (Eigentlich verdammt originell)»
1952	«W. Frei: Mit Brille Schnauz und Ziegenbart, [/] Sieht er aus so hochgelahrt, [/] Und wo früher Haare stunden, [/] Hat ne Glatze sich eingefunden. [/] Weil wir so manche Stunde schwänzten, [/] Inzwischen manches Glas kredenzten, [/] blieb nur dies Bild zurück, [/] doch wünschen wir ihm weiterhin viel Glück.»

1 Frei war offenbar, auch nach seinem Rücktritt regelmässiger Gast der Weihnachtskommerse (Abb. 7).
2 Josef Andres, damals Assistent der Anatomie.
3 Yohimbin hat offenbar unter anderem auch aphrodisierende Wirkung. Vgl. https://de.wikipedia.org/wiki/Yohimbin (4. 6. 2016)
4 Alfred (1895–1991), später Tierarzt in Kottwil und Zell. Vgl. Sackmann, 2010.
5 Rudolf (1906–1983) später Tierart in Luzern, Olten und Schaffhausen. Vgl. Sackmann, 2010.
6 Josef (1907–1964), später Tierarzt in Einsiedeln, Kaltbrunn. Vgl. Sackmann, 2010.
7 Bei Sackmann (2010) nicht verzeichnet.
8 Geiger, 1927, 1933, 1937.
9 «Feuer breitet sich nicht aus, hast du Minimax im Haus», lautete in den 1930er-Jahren ein Werbespruch der deutschen Feuerlöscher-Firma Minimax. Mindestens so bekannt wie der Originalspruch wurden volkstümliche Abwandlungen wie «Minimax ist grosser Mist, wenn du nicht zu Hause bist». Die Minimax-Feuerlöscher gab es von 1902 bis in die 1960er-Jahre. Minimax war ursprünglich der Name des ersten massenfähigen Feuerlöschers. Vgl. http://www.freiburger-nachrichten.ch/nachrichten-grossfreiburg/feuerwehrgeschichte-zum-anfassen (4. 6. 2016).
10 Walter Frei war als Postdoc vor seiner Berufung an Wassermanns Institut in Berlin.

maligen Dekan der Fakultät, Karl Amman (1905––1986), hervorgeht. Freis Brief ist die Antwort auf ein Schreiben Ammans, in dem er Frei den Auftrag erteilte, die Nutzung des Aufzugs im Haus Manessestrase 4 für Studierende zu beschränken:[333] «Es bedarf keines ‹Auftrages›, um mich zu veranlassen, den Studenten Belehrungen über ihr Verhalten in unserem Haus zu geben. [...] Ich würde Ihnen empfehlen, Ihre legislativen Talente, (welche ich erstmals an einem Dekan diagnostiziere), lieber an jungen Studenten als an alten Dozenten zu betätigen.» Eine Antwort von Dekan Amman ist nicht erhalten.

333 StAZH, Z 79.26.

Abbildung 1: Darstellung eines Hirsches (oben) sowie eines Bisons (unten) in der Höhle von Altamira, Spanien.

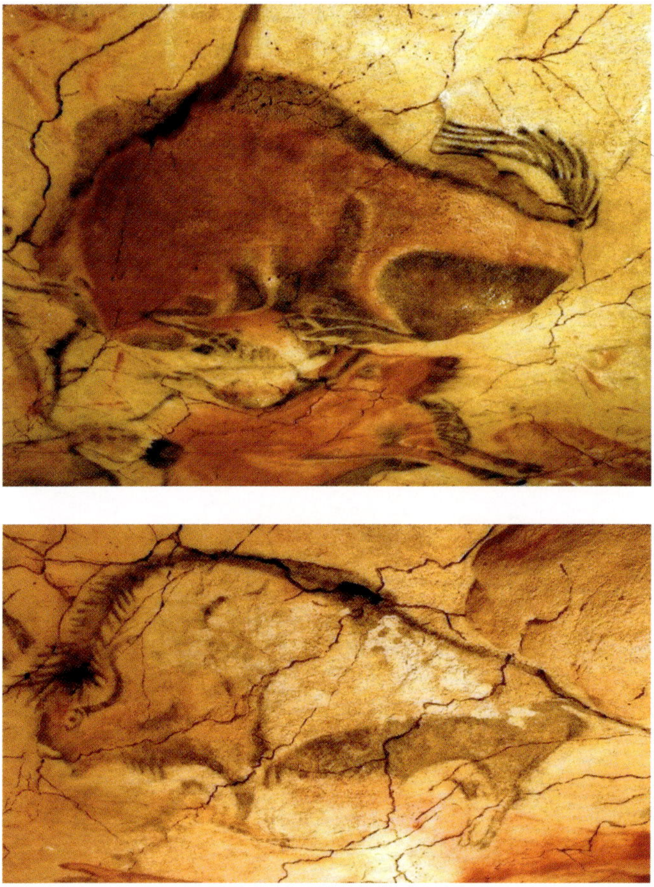

Abbildung 2: Darstellung eines Mammuts mit einem roten Fleck im Brustbereich (Pfeil), der als erste Darstellung eines Herzens interpretiert wird. Höhle von El Pindal, Nordspanien. Alter mindestens 15000 Jahre.

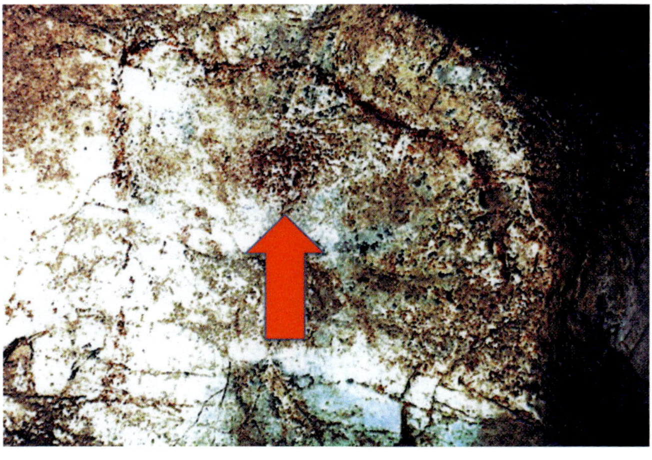

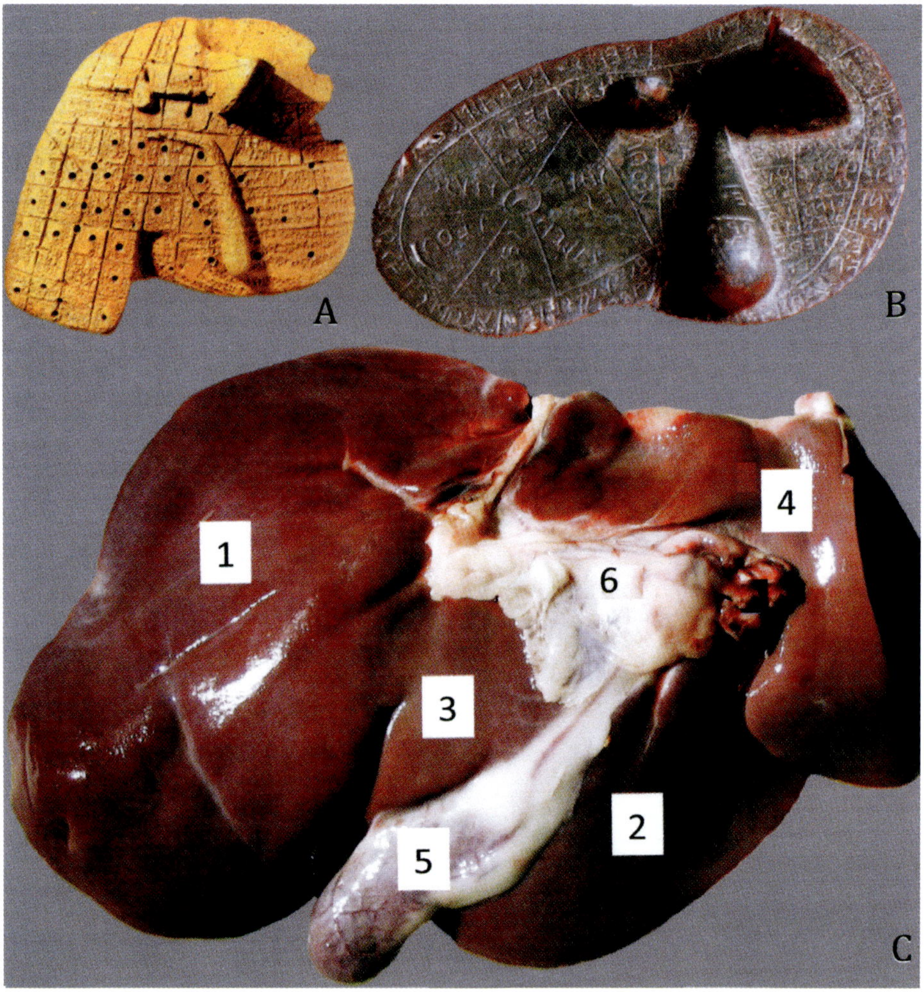

Abbildung 3: A Lebermodell aus Ton, Britisches Museum, London. B Bronzeleber von Piacenza, Museo Civico, Piacenza, Inventarnummer 1101. C Anatomie der Leber eines Schafes: 1 linker Leberlappen (Lobus sinister), 2 rechter Leberlappen (Lobus dexter), 3 Lobus caudatus, 4 Lobus caudatus, 5 Gallenblase, 6 Leberpforte.

Abbildung 4: Bauchamphore: Auszug des Kriegers mit Eingeweideschau (Pfeil: Leber), Vulci, Etrurien, um 500 v. Chr.

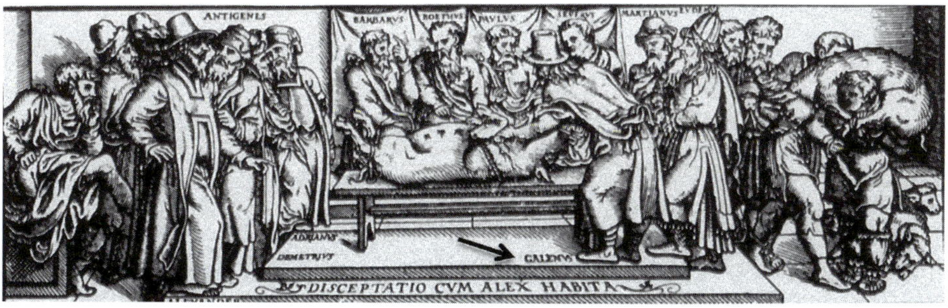

Abbildung 5: Galenos (Pfeil) seziert ein Schwein, Ausschnitt aus dem Titelblatt von: «Galeni Pergamini, quae extant in Latinum sermonem conversa. Quibus post summam antea adhibitam diligentiam, multum nunc quoque splendoris accessit, quod loca quamplurima ex emendatorum exemplarium collatione & illustrata fuerint & castigata. His accedunt nunc primum Con. Gesneri Praefatio & Prolegomena tripartita, De vita Galeni, eiusque libris & interpretibus». Hieronymus Froben und Nicolaus Episcopius, Basel 1561/62. 7 + 3 + 2 Bände.

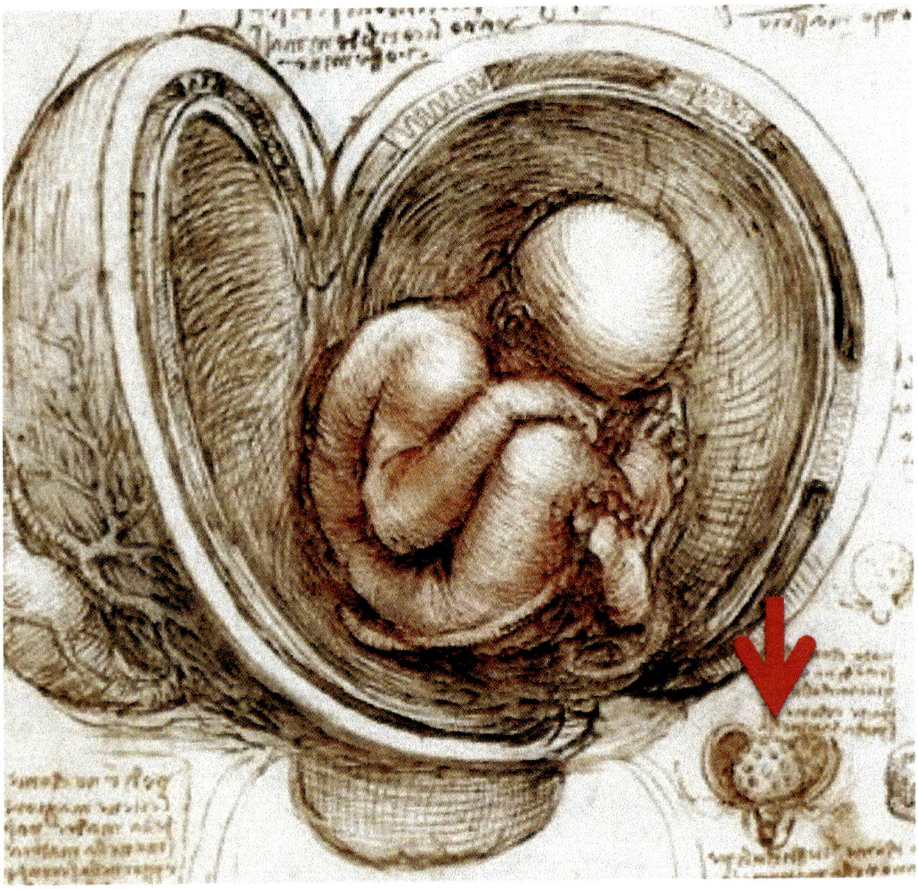

Abbildung 6: Leonardo da Vinci: Menschlicher Uterus und Fetus (1510–1512), mit der Darstellung der Plazenta eines Rindes (Pfeil).

JO. BAPTISTÆ
MORGAGNI
P. P. P. P.
DE SEDIBUS, ET CAUSIS
MORBORUM
PER ANATOMEN INDAGATIS
LIBRI QUINQUE.
Multiplex præfixus est Index rerum, & nominum accuratissimus.
TOMUS PRIMUS
DUOS PRIORES CONTINENS LIBROS.
VENETIIS,
MDCCLXI.
A

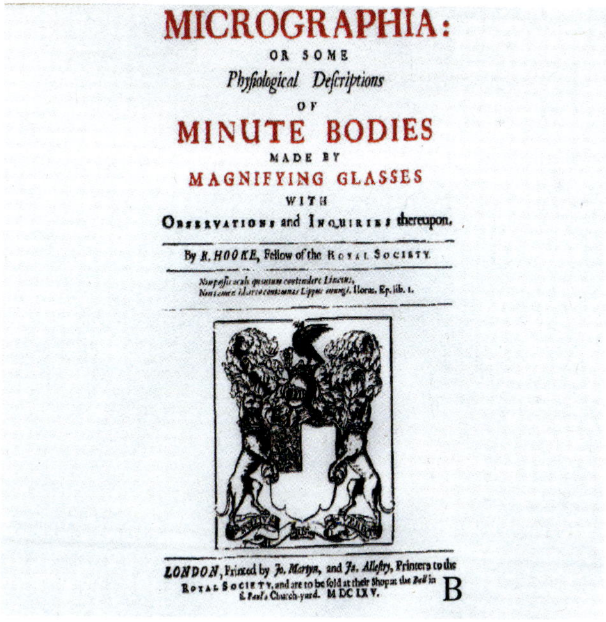

MICROGRAPHIA:
OR SOME
Physiological Descriptions
OF
MINUTE BODIES
MADE BY
MAGNIFYING GLASSES
WITH
OBSERVATIONS and INQUIRIES thereupon.

By R. HOOKE, Fellow of the ROYAL SOCIETY.

Non possis oculo quantum contendere Linceus,
Non tamen idcirco contemnas Lippus inungi. Horat. Ep. lib. 1.

LONDON, Printed by Jo. Martyn, and Ja. Allestry, Printers to the ROYAL SOCIETY, and are to be sold at their Shop at the Bell in S. Paul's Church-yard. MDCLXV.
B

Abbildung 7: A Titelblatt von «De sedibus et causis morborum per anatomen Indagatis» 1761 von Giovanni Battista Morgagni (1688–1771) aus Padua. B Titelblatt von «Micrographia» von Robert Hooke, 1694.

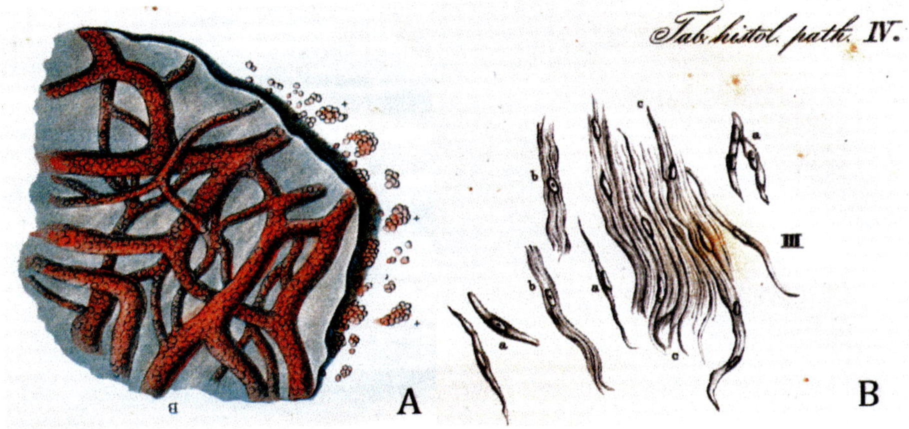

Abbildung 8: A Nativpräparat: Gefässe unter der Luftröhrenschleimhaut, Patient mit Entzündung. B Zupfpräparat: Neubildung von Bindegewebszellen, Patient mit Tumor am Oberarm.

Abbildung 9: Metzg an der Limmat in Zürich, um 1420. Die Metzgerbänke befanden sich unter den grossen Torbögen, gegenüber lag das Schlachthaus.

Wir Präsident und Verordnete Sanitäts-Räthe der Stadt Zürich,
Urkunden offentlich hiermit, daß, nachdeme der ——————
von —————— sich in schuldiger Ehrerbietigkeit bey Uns um Ertheilung der Frey-
heit angemeldet hat, die Vieharzney-Kunst in UnGnHHerren Bottmäßigkeit ausüben zu dörffen, und seinethalben
von der hiezu eigens gesetzten Commißion der Bericht gefallen, daß er bey dem mit ihme nach Unseren Verordnun-
gen vorgenommenen Examen, die hiezu erforderliche Wissenschaft und Kenntniße besitze, wir ihme vermittelst gegen-
wärtigen Patents, das Hochobrigkeitliche Privilegium ertheilen, ernannte Kunst frey, ungehindert, und öffentlich,
wohin er immer beruffen werden mag, zu treiben, als wozu ihme dann der hilfreiche Seegen des Allerhöchsten bestens
angewünschet wird. Zugleich aber gehet Unser ernstliche und wohlmeynende Befehl dahin, daß er alle von
dem ihme nunmehro anvertrauten Beruf abhangende wichtige Pflichten genau und gewüssenhaft erfülle, und sich durch
strafbare Vernachläßigung derselben, besonders aber durch Völlerey oder Gewinnsucht, die hierauf gesetzte angemessene
Verantwortung keineswegs zuziehe; Weßnahen Wir ihme dann überhaupt nachdrucksamst angesinnet haben wollen:

I. Wann er irgendwohin berufen würde, die Krankheit des f. v. Viehes genau und mit aller Sorgfalt zu untersuchen, und keine andere als ver-
nünftige, heilsame, und so viel möglich einfache Mittel dargegen zu gebrauchen; Hingegen sich vor allzuweitläuftigen, schädlichen, abergläubischen
und lachsnerischen Artzneyen äußersten Fleißes zu hüten, auch insonderheit arme Leuthe nicht in unnöthige Kösten zu versetzen.

II. Wohl Acht zu haben, ob eine Krankheit ansteckend seye oder nicht; und in dem erstern Fall es denen Vorgesetzten in der Gemeind unverzü-
[illegible] anzuzeigen: Als welchen es dannzumahlen obligen wird, dasselbe ihren HHerren Ober- und Landvögten einzuberichten, und die übrigen diesfall-
[illegible] Druck gegebenen Anleitungen ordentlich ins Werk zu setzen; Wo sie, die Vieharzte, hierinnen aber einige Nachläßigkeit bemerkten, selbiges Un-
Sanität-Räthen ohne Anstand anzuzeigen.

III. Bey jeder grasierenden ansteckenden Seuche solle dem von Uns hiezu eigens aufgeforderten Vieh-Arzt obligen, die Ställe an dem Or-
[illegible]er Ansteckung mit denen Vorgesetzten wochentlich zu visitiern, davon allemahl eine Liste von dem jedesmaligen Zustand derselben an Uns einzusenden,
[illegible] selbiger diejenigen Arzneyen, davon sie eine besonders gute oder heilsame Würkung verspühret zuhaben vermeinten, umständlich namhaft zu machen,
und überhaupt alles, was ihme von Seithe des Sanität-Raths befohlen wird, geflissen und unverzüglich zu befolgen.

IV. Wenn bey einer solchen ansteckenden Seuche ein Stück f. v. Vieh fallt, oder sonsten abgethan werden muß, dasselbe zu eröfnen, vorsichtig
[illegible] untersuchen, und allemahl mit der vorerwähnten Liste einen wahrhaften schriftlichen Bericht einzusenden, worinnen hauptsächlich die angegriffenen
[illegible]hadhaften Theile, nebst der bestimmten Art der Krankheit, an deren das Stück Vieh gefallen, und den verschiedenen Zufällen derselben genau be-
[illegible], und ausgesetzt werden sollen.

V. Den Landleuthen alles Ernsts anzusinnen, daß sie von erkranketem Vieh, besonders von den f. v. Kühen, keine Milch, oder davon verfertigten
[illegible]er oder Käse essen; auch keineswegs zuzugeben, daß das Fleisch von abgethanem Hornvieh zum Gebrauch aufbehalten werde.

VI. Sollen sie sich das Verheelen und Verschweigen schwehrer oder ihnen verdächtig scheinender Krankheiten, welches zwar jedermann höchstens
[illegible]botten ist, füraus als Vieh-Aerzte bey schwehrer Straffe untersagt seyn lassen, damit nicht hierdurch die Seuchen vermehrt werden, und das
[illegible]nze Land Gefahr lauffe, von den Benachbarten in den Bann gethan zu werden.

VII. Wenn ein Vieharzt gewahr wurde, daß sich jemand mit Artznen schwehrer Vieh-Krankheiten abgeben wollte, ohne daß er durch ein Pate-
[illegible] die Erlaubniß empfangen hätte, so solle er schuldig seyn, ein solches Uns den Sanität-Räthen anzuzeigen, damit derselbe dannzumahlen z[illegible]
[illegible]renden ernstlichen Straffe und Verantwortung gezogen werden könne.

Geben, ——————

Sanität-Raths-Canzley der Stadt Zürich.

Abbildung 10: Patent des Sanitätsrats des Kantons Zürich für Tierärzte, vor 1820.

Zu Zürich starb der, neben seiner großen Kenntniß in der Botanik, vieler anderer wissenswürdiger Dinge kundige Dr. Johann Jacob Römer, 55. J. alt, nach öftern Anfällen eines heftigen Brustkrampfes, am 14. dies urplötzlich. Seinen und seines gelehrten Freundes Schultes zu Landshut anerkannten Verdiensten um ihre Lieblingswissenschaft setzt ihre, leider! noch unvollendete neue Bearbeitung des Linnäischen Pflanzensystems vollends die Krone auf. Seinen Tod beweinen eine ihn auf blühenden und rauhen Pfaden mit rastloser Sorge begleitende Gattin; seine Mitbürger, und nahe und ferne Bekannte den unerschütterlich biedern Wahrheitsfreund, und unverholenen Feind alles eiteln Scheins, und blendenden Nichtseyns. Die litterarische Verlassenschaft seiner Botanischen Bibliothek, und seiner eben so reichen als musterhaft geordneten Herbarien aus allen Welttheilen, dürfen zu den bedeutendsten in Deutschland und der Schweiz gezählt werden.

Abbildung 11: Johann Jacob Römer (1763–1819). Todesanzeige in der Neuen Zürcher Zeitung vom 19. Januar 1819.

Abbildung 12: Haus «Zum Feldegg», heute Badenerstrasse 109.

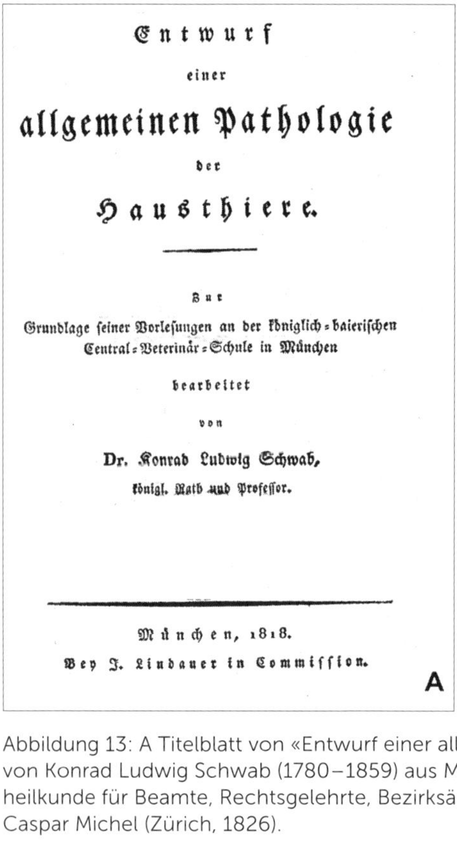

Entwurf
einer
allgemeinen Pathologie
der
Hausthiere.

Zur
Grundlage seiner Vorlesungen an der königlich-baierischen
Central-Veterinär-Schule in München
bearbeitet
von
Dr. Konrad Ludwig Schwab,
königl. Rath und Professor.

München, 1818.
Bey J. Lindauer in Commission.

A

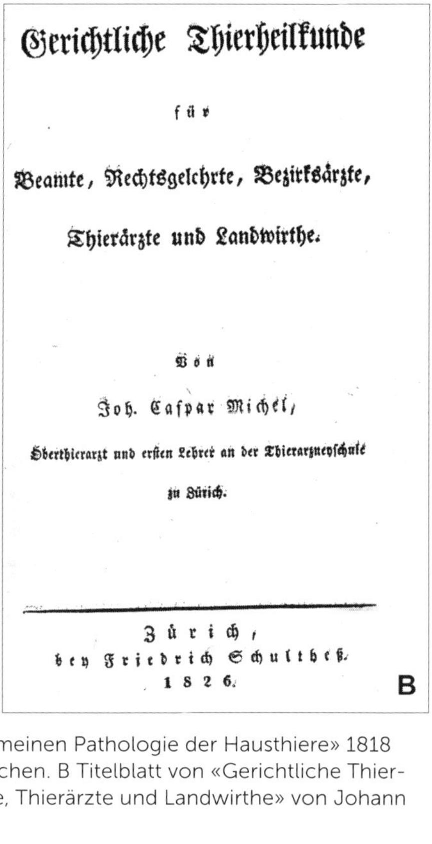

Gerichtliche Thierheilkunde
für
Beamte, Rechtsgelehrte, Bezirksärzte,
Thierärzte und Landwirthe.

Von
Joh. Caspar Michel,
Oberthierarzt und ersten Lehrer an der Thierarzneyschule
zu Zürich.

Zürich,
bey Friedrich Schultheß.
1826.

B

Abbildung 13: A Titelblatt von «Entwurf einer allgemeinen Pathologie der Hausthiere» 1818 von Konrad Ludwig Schwab (1780–1859) aus München. B Titelblatt von «Gerichtliche Thierheilkunde für Beamte, Rechtsgelehrte, Bezirksärzte, Thierärzte und Landwirthe» von Johann Caspar Michel (Zürich, 1826).

Abbildung 14: Heinrich Koller (1811–1880).

Abbildung 15: A Hans Rudolf Zangger (1826–1882). B Alois Renggli (* 1821).

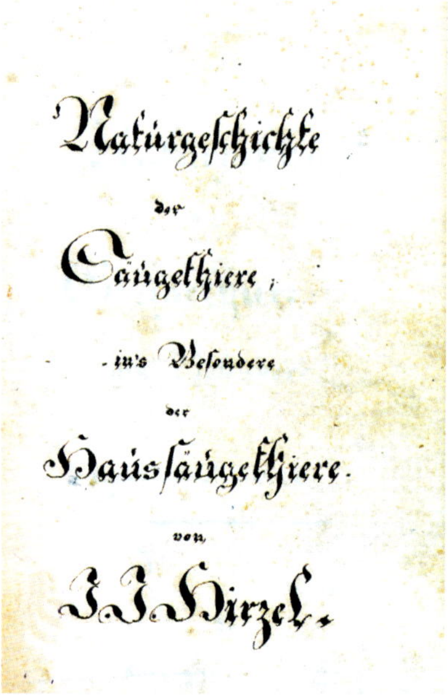
Naturgeschichte
der
Säugethiere,
in's Besondere
der
Haussäugethiere.
von
J. J. Hirzel.

Abbildung 16: Mitschrift der Vorlesung «Naturgeschichte der Hausthiere», gehalten von Johann Jakob Hirzel, ohne Datum.

Abbildung 17: Ehemaliges Wohnhaus des kantonalen Scharfrichters und Wasenmeisters (bis 1834) am Schanzengraben im Selnau-Quartier, danach bis 1963 Tierarzneischule und Tierspital. Zustand im Jahr 1963 kurz vor dem Umzug auf den Irchel.

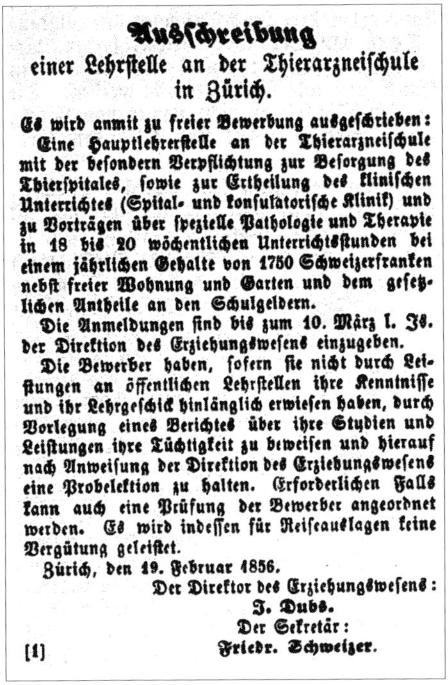

Ausschreibung
einer Lehrstelle an der Thierarzneischule in Zürich.

Es wird anmit zu freier Bewerbung ausgeschrieben:

Eine Hauptlehrerstelle an der Thierarzneischule mit der besondern Verpflichtung zur Besorgung des Thierspitales, sowie zur Ertheilung des klinischen Unterrichtes (Spital- und konsultatorische Klinik) und zu Vorträgen über spezielle Pathologie und Therapie in 18 bis 20 wöchentlichen Unterrichtsstunden bei einem jährlichen Gehalte von 1750 Schweizerfranken nebst freier Wohnung und Garten und dem gesetzlichen Antheile an den Schulgeldern.

Die Anmeldungen sind bis zum 10. März l. Js. der Direktion des Erziehungswesens einzugeben.

Die Bewerber haben, sofern sie nicht durch Leistungen an öffentlichen Lehrstellen ihre Kenntnisse und ihr Lehrgeschick hinlänglich erwiesen haben, durch Vorlegung eines Berichtes über ihre Studien und Leistungen ihre Tüchtigkeit zu beweisen und hierauf nach Anweisung der Direktion des Erziehungswesens eine Probelektion zu halten. Erforderlichen Falls kann auch eine Prüfung der Bewerber angeordnet werden. Es wird indessen für Reiseauslagen keine Vergütung geleistet.

Zürich, den 19. Februar 1856.

Der Direktor des Erziehungswesens:
J. Dubs.
Der Sekretär:
Friedr. Schweizer.

[1]

Abbildung 18: Ausschreibung einer Stelle für einen zweiten Hauptlehrer an der Tierarzneischule Zürich in der Neuen Zürcher Zeitung am 19. Februar 1856.

Abbildung 19: Johann Feser (1841–1896).

Abbildung 20: Gruppenaufnahme der 50 Teilnehmer des 1. Internationalen Veterinärkongresses 1863 in Hamburg (Pfeil: Zangger).

Abbildung 21: Künstlerische Zugabe zum «Amtlichen Bericht über den dritten internationalen Kongress von Thierärzten zu Zürich am 2.–7. September 1867» von Tiermaler Beno Adam: A und B Schweizer Braunvieh, C Schweizer Fleckvieh.

Abbildung 22: Hans Rudolf Zangger (1826–1882), Todesanzeige im «Nebelspalter».

Abbildung 23: A Otto Alexander Siedamgrotzki (1842–1902). B Richard Metzdorf (1837–1925). C Otto von Bollinger (1843–1909). D Alfred Guillebeau (1845–1918).

Abbildung 24: A Edouard Bugnion (1845–1939). B Carl Joseph Eberth (1825–1926). C Erwin Zschokke (185–1929). D Jacob Meyer (1831–1895).

Abbildung 25: Professoren, Mitarbeiter und Studierende der Tierarzneischule Zürich im Wintersemester 1897/98.
Professoren: 1: Erwin Zschokke (1855–1929). 2: Johann Heinrich Hirzel (1854–1905). 3: Jakob Erhardt (1863–1927). 3a: Arnold Rusterholz (1869–1921).
Studenten: 4: Ferdinand Scherrer (1876–1942, 1901–1941 Tierarzt in Wattwil). 5: Hans Ackermann (1878–1913, 1902–1912 Tierarzt in Zürich-Altstetten). 6: Arnold Zürcher (1877–1941, 1900–1941 Tierarzt in Regensdorf). 7: Johann Bärlocher (1875–1948, 1899–1946 Tierarzt in Rheineck). 8: Hermann Schwyter (1878–1960, 1902–1960 Oberpferdearzt). 9: Johann Schönenberger. 10: Anton Amherd (1872–1935, 1900–1935 Tierarzt in Glis). 11: Samuel Dubuis, klinischer Assistent (1871–1934, 1900–1934 Tierarzt in Zürich). 12: Finter. 13: Jakob Unger (1877–1957, 1902–1908 Tierarzt in Herisau, Basel). 14: Jean Gsell, Assistent (1875–1953, 1899–1953 Tierarzt in Romanshorn). 15: Adolf Näf (1875–1962, 1899–1961 Tierarzt in Hausen). 16: Joseph Casura (1874–1931, 1900–1930 Tierarzt in Ilanz). 17: Martin Schibig (1874–1945, 1903–1944 Tierarzt in Steinen, Wollerau, Einsiedeln). 18: Gottfried Aeschlimann (1873–1941, 1901–1941 Tierarzt in Sumiswald). 19: Stephan Simmen (1873–1916, 1900–1916 Tierarzt in Alvaneu, Münster). 20: Gottlieb Jost (1875–1920, 1901–1919 Tierarzt in Wangen a. A.). 21: Rudolf Schneider (1878–1958, 1900–1958 Tierarzt in Zürich, Avenches, Thun). 22: Fritz Zollinger (1878–1961, 1900–1961 Tierarzt in Adliswil und Hinteregg). 23: Eduard Bürki. 24: Huber. 25: Hubuker. 26: Karl Thüer (1876–1931, 1899–1930 Tierarzt in Urnäsch, Zernez, Buchs). 27: Bartholomäus Höhener (1877–1947, 1900–1910 Tierarzt in Thal, 1910–1942 Kantonstierarzt von St. Gallen). 28: Emil Züblin (1878–1913, 1903–1912 Tierarzt in Mogelsberg, Degersheim). 29: Heinrich Schweizer (1874–1955, 1900–1955 Tierarzt in Laufen, Liestal).

Abbildung 26: Professoren und Studenten kurz vor der Gründung der veterinärmedizinischen Fakultät (1901), im Zentrum Zschokke (1), Walter Frei (2?), Karl-Friedrich Meyer (3?), Rusterholz (4?), H. Zangger (5?), Heuscher (6?).

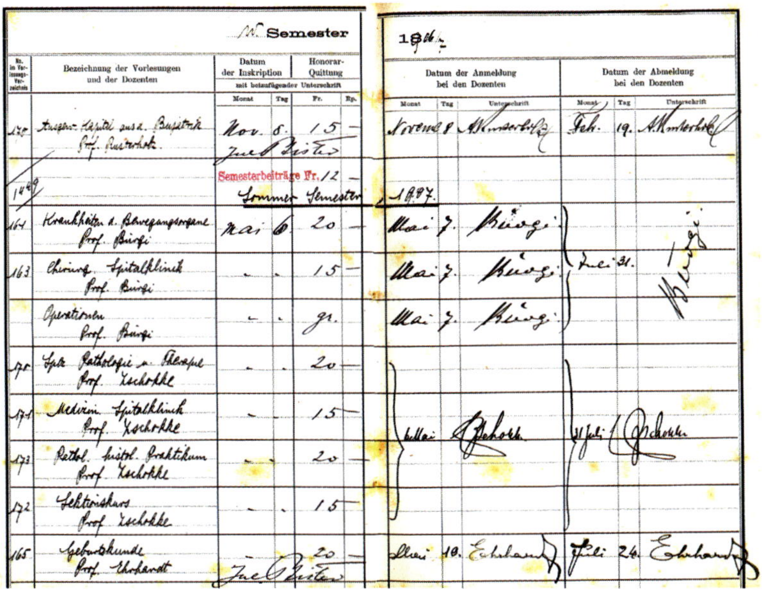

W. Semester 1906/7

Nr. im Vorlesungs-Verzeichnis	Bezeichnung der Vorlesungen und der Dozenten	Datum der Inskription Monat	Tag	Honorar-Quittung Fr.	Rp.	Datum der Anmeldung bei den Dozenten Monat	Tag	Unterschrift	Datum der Abmeldung bei den Dozenten Monat	Tag	Unterschrift
170	Ausgew. Kapitel aus d. Bujatrik Prof. Rusterholz	Nov.	8.	15	–	Novemb.	8	A. Rusterholz	Feb.	19.	A. Rusterholz
1449	Semesterbeiträge Fr. 12 –										
	Sommer Semester 1907										
161	Krankheiten d. Bewegungsorgane Prof. Bürgi	Mai	6	20	–	Mai	7.	Bürgi			
163	Chirurg. Spitalklinik Prof. Bürgi	..	..	15	–	Mai	7.	Bürgi	Juli	31.	Bürgi
	Operationen Prof. Bürgi	..	..	gr.		Mai	7.	Bürgi			
170	Spez. Pathologie u. Therapie Prof. Zschokke	..	..	20	–						
171	Medizin. Spitalklinik Prof. Zschokke	..	..	15	–	Mai		Zschokke	31. Juli		Zschokke
173	Pathol. histol. Praktikum Prof. Zschokke	..	..	20	–						
172	Sektionskurs Prof. Zschokke	..	..	15	–						
165	Geburtskunde Prof. Ehrhardt			20	–	Mai	10.	Ehrhardt	Juli	24.	Ehrhardt

Ausschnitt aus dem Kollegienverzeichnis von Hans Heusser (senior, 1884–1978) für das Sommersemester 1907 (4. Studienjahr) mit der Darstellung verschiedener von Erwin Zschokke gehaltener Vorlesungen. Hans Heusser war nach der Ausbildung als Tierarzt an der Tierarzneischule in Zürich ab 1909 chirurgischer Assistent und danach beinahe 20 Jahre klinischer Oberassistent. Nach seiner Habilitation (1921) war er von 1927 bis 1954 Professor für Krankheiten der kleinen Haustiere.

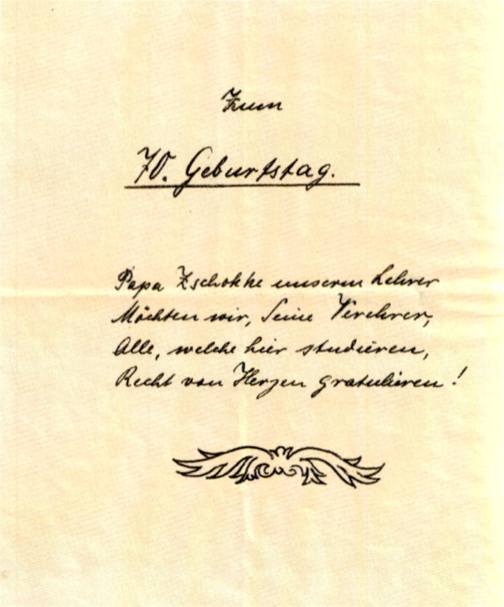
Zum

70. Geburtstag.

Papa Zschokke unserem Lehrer
Möchten wir, seine Verehrer,
Alle, welche hier studieren,
Recht von Herzen gratulieren!

Abbildung 28, 29: Zeitung der Studierenden zum 70. Geburtstag von Erwin Zschokke im Jahr 1925: Titelseite und sportliche Aktivitäten wie Schwingen und Steinstossen.

Abbildung 30, 31: Zeitung der Studierenden zum 70. Geburtstag von Erwin Zschokke im Jahr 1925: Militärdienst und täglicher morgendlicher Kontrollgang im Tierspital, Unterricht mit den Studenten.

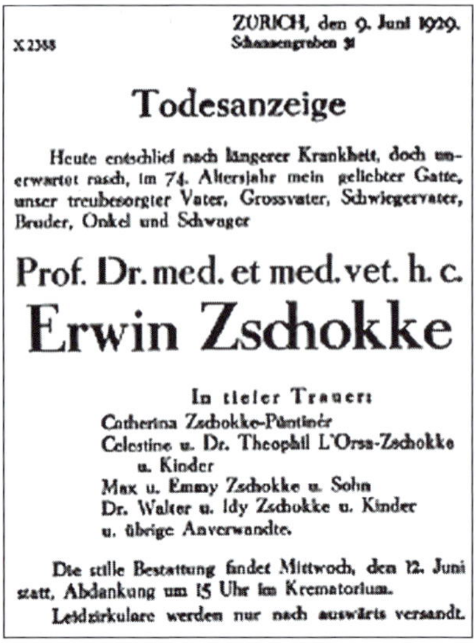

X 2388

ZÜRICH, den 9. Juni 1929.
Schanzengraben 31

Todesanzeige

Heute entschlief nach längerer Krankheit, doch unerwartet rasch, im 74. Altersjahr mein geliebter Gatte, unser treubesorgter Vater, Grossvater, Schwiegervater, Bruder, Onkel und Schwager

Prof. Dr. med. et med. vet. h. c.
Erwin Zschokke

In tiefer Trauer:
Catherina Zschokke-Püntinér
Celestine u. Dr. Theophil L'Orsa-Zschokke u. Kinder
Max u. Emmy Zschokke u. Sohn
Dr. Walter u. Idy Zschokke u. Kinder
u. übrige Anverwandte.

Die stille Bestattung findet Mittwoch, den 12. Juni statt, Abdankung um 15 Uhr im Krematorium.
Leidzirkulare werden nur nach auswärts versandt.

Abbildung 33: Erwin Zschokke (1855–1929), Todesanzeige in der Neuen Zürcher Zeitung vom 16. 6. 1929.

Abbildung 34: Walter Frei (1882–1972), A 1916, B um 1940, C um 1960.

Abbildung 35: Besitzvermerk von Walter Frei (München 1903) in einem seiner Lehrbücher.

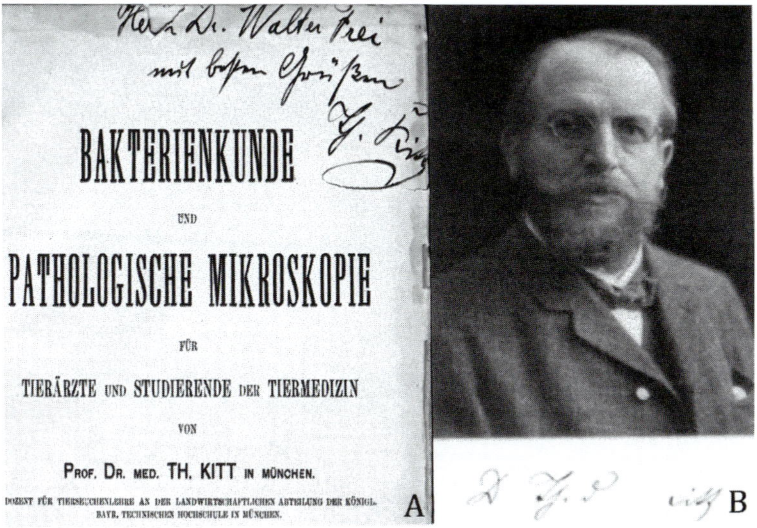

Herrn Dr. Walter Frei
mit besten Grüßen
Th. Kitt

BAKTERIENKUNDE

UND

PATHOLOGISCHE MIKROSKOPIE

FÜR

TIERÄRZTE UND STUDIERENDE DER TIERMEDIZIN

VON

PROF. DR. MED. TH. KITT IN MÜNCHEN.

DOZENT FÜR TIERSEUCHENLEHRE AN DER LANDWIRTSCHAFTLICHEN ABTEILUNG DER KÖNIGL. BAYR. TECHNISCHEN HOCHSCHULE IN MÜNCHEN.

Abbildung 36: A Titelblatt «Bakterienkunde und pathologische Mikroskopie» von Theodor Kitt (1908) mit Widmung an Walter Frei. B Theodor Kitt.

Abbildung 37: Wohnhaus von Walter Frei an der Höhestrasse 68 in Zollikon, Aquarell von Theodor Kitt vom 24. 8. 1928.

Abbildung 38: Wissenschaftliche Mitarbeiter der Veterinary Bacteriological Laboratories in Onderstepoort, Südafrika (1908).

Abbildung 39: Walter Frei (Pfeil) im Labor der Veterinary Bacteriological Laboratories in Onderstepoort, Südafrika (1908).

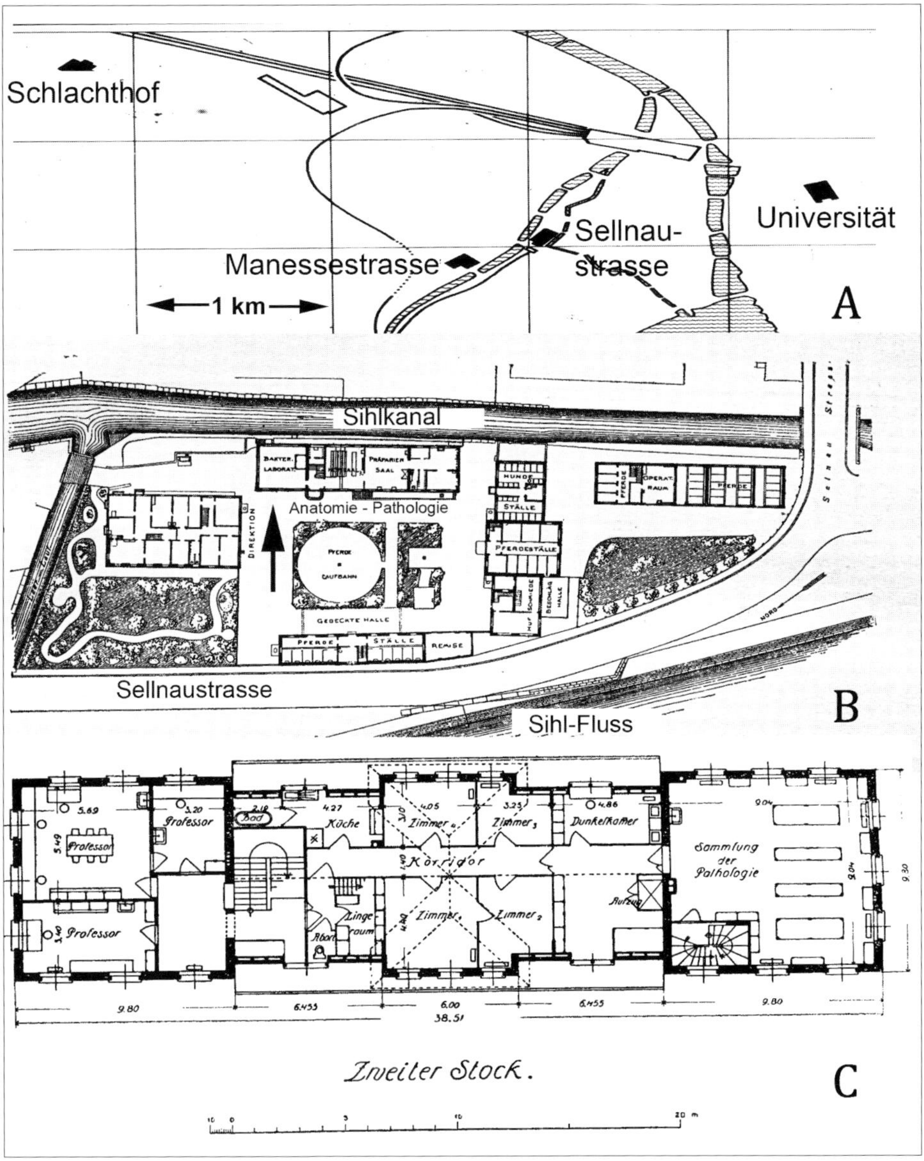

Abbildung 40: A Lage des veterinär-pathologischen Instituts an der Manessestrasse 4 und des Geländes der veterinärmedizinischen Fakultät der Universität Zürich an der Selnaustrasse 36. B Lageplan der Fakultät an der Selnaustrasse (1912). C Plan des zweiten Stocks des Anatomie und Pathologie Neubaus der veterinärmedizinischen Fakultät an der Selnaustrasse (1912).

Gesamtansicht

A

Altes Verwaltungsgebäude und neues Institut
VETERINÄRMEDIZINISCHES INSTITUT

B

Abbildung 41: A Gesamtansicht der veterinärmedizinischen Fakultät der Universität Zürich (1912). B Altes Verwaltungsgebäude und neues Institut an der Selnaustrasse (1912).

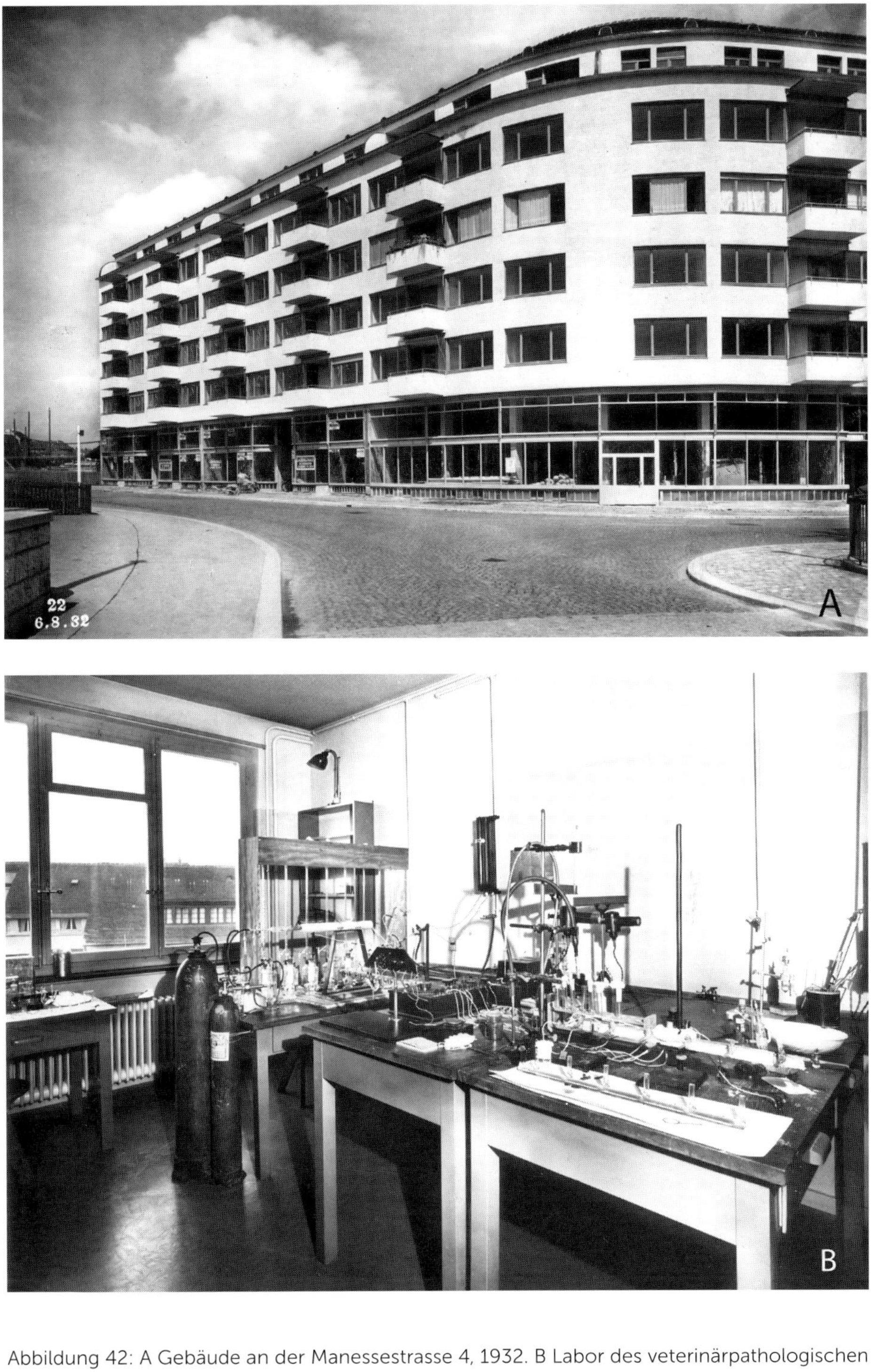

Abbildung 42: A Gebäude an der Manessestrasse 4, 1932. B Labor des veterinärpathologischen Instituts an der Manessestrasse 4 (1933).

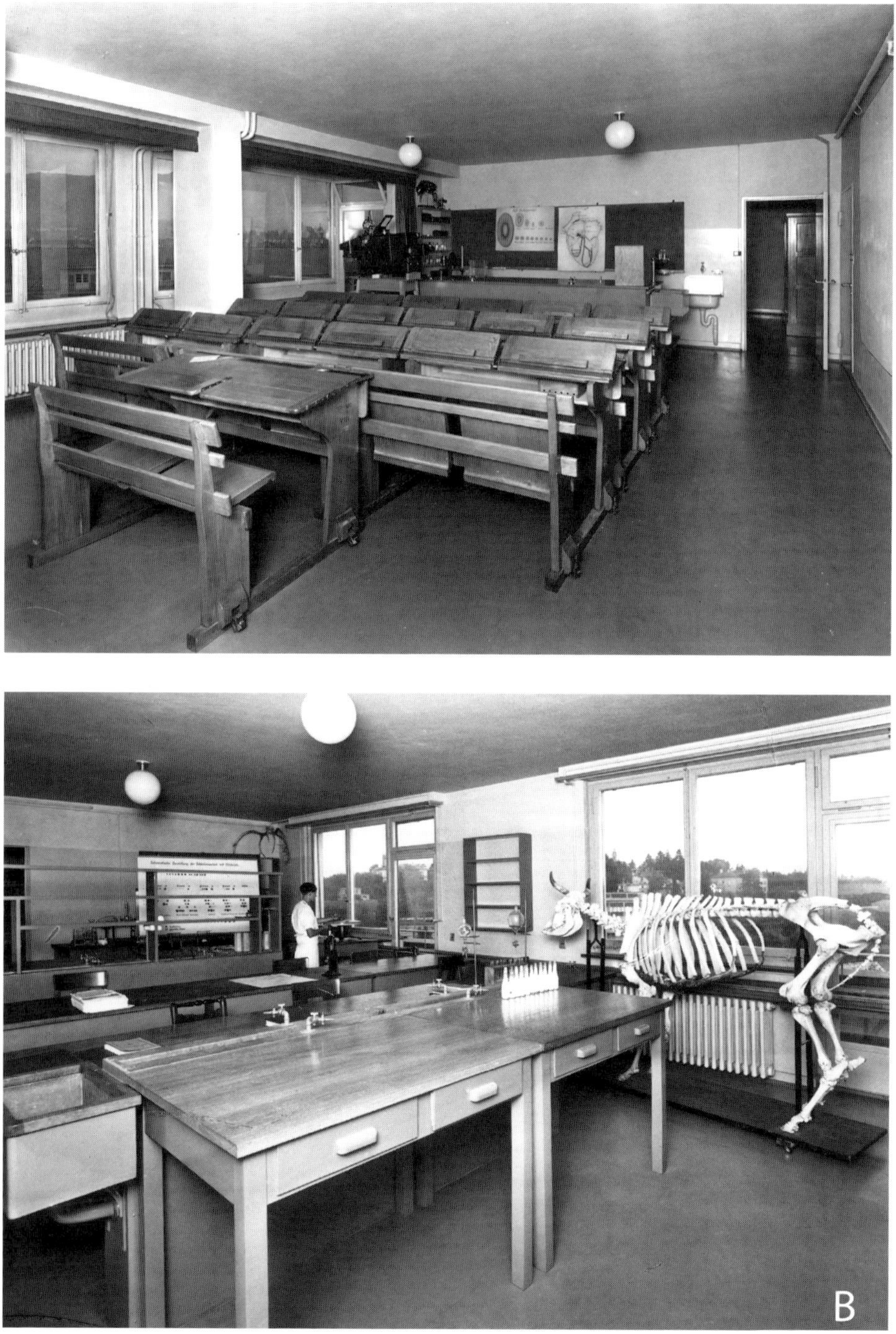

Abbildung 43: A Hörsaal des veterinärpathologischen Instituts an der Manessestrasse 4 (1933). B Labor des veterinärpathologischen Instituts an der Manessestrasse 4.

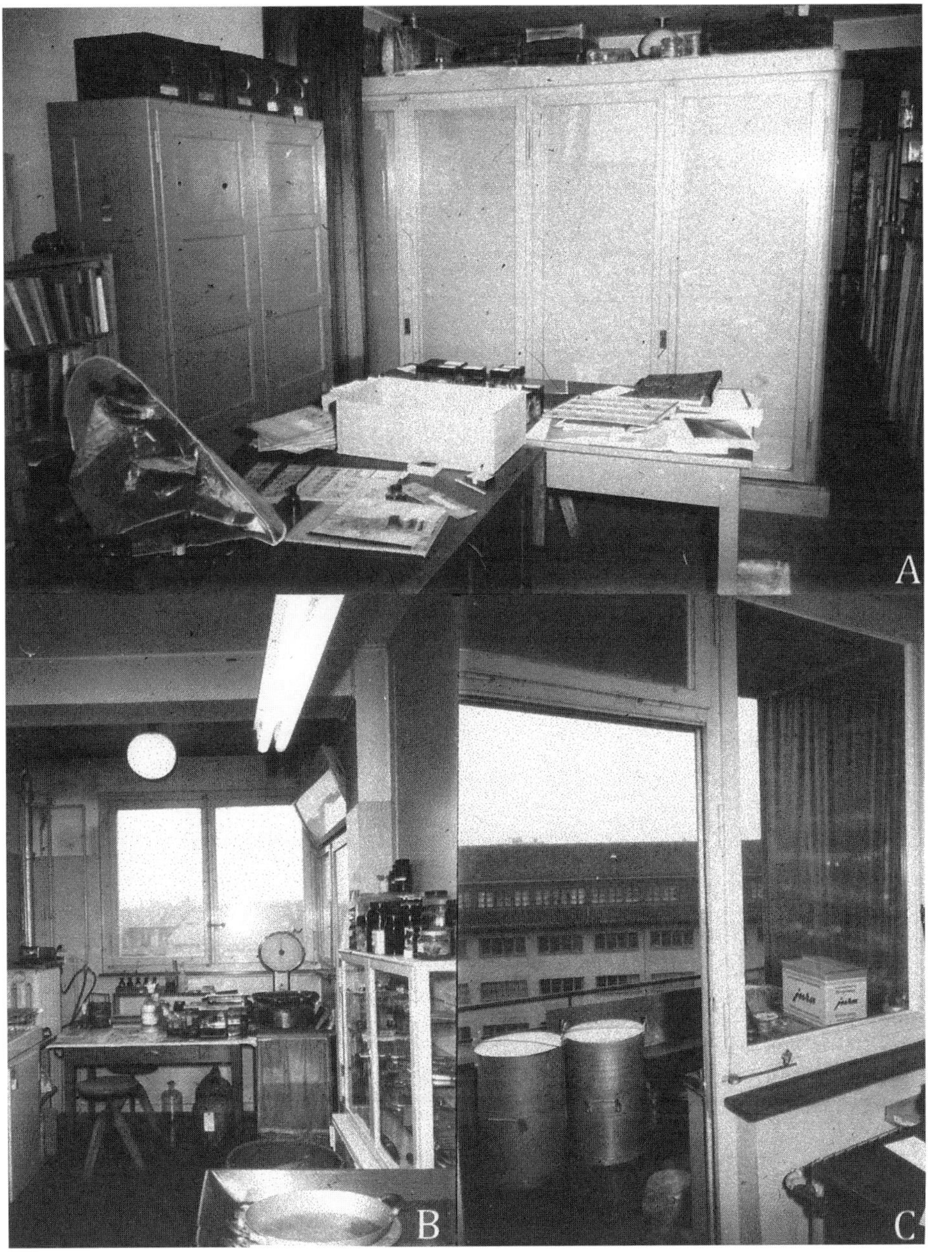

Abbildung 44: A Büroarbeitsplatz im Vorbereitungszimmer des veterinärpathologischen Instituts. B Labor des veterinärpathologischen Instituts. C Entsorgungsbehälter für Gewebe auf dem Balkon an der Manessestrasse 4, um 1963.

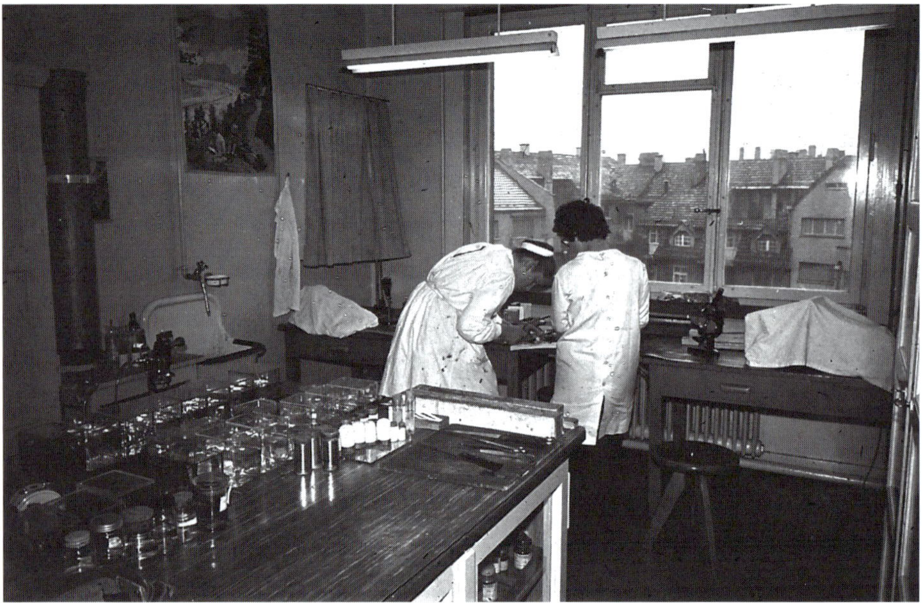

Abbildung 45: Histopathologisches Labor des veterinärpathologischen Instituts an der Manessestrasse 4.

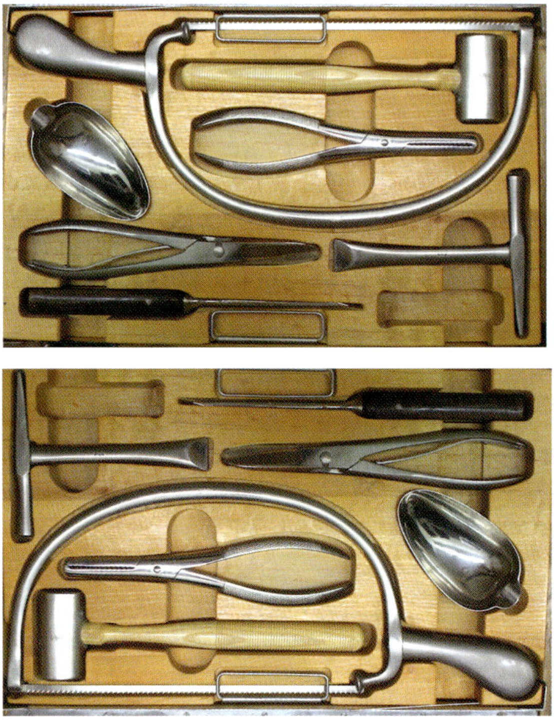

Abbildung 46: Sektionsbesteck für das veterinärpathologische Institut, um 1930.

Abb. 47: Walter Pfenninger (1892–1927).

Abb. 48: «Bierzeitung» 1921, Walter Pfenninger als unermüdliche Stütze von Walter Frei.

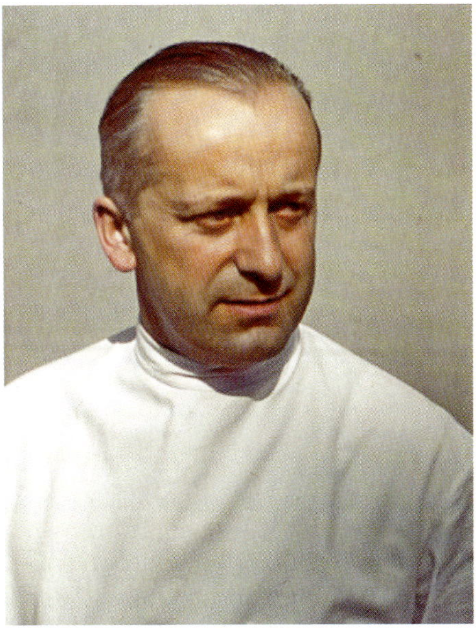

Abbildung 49: Leonhard Riedmüller (1898–1976) um 1938 und um 1944.

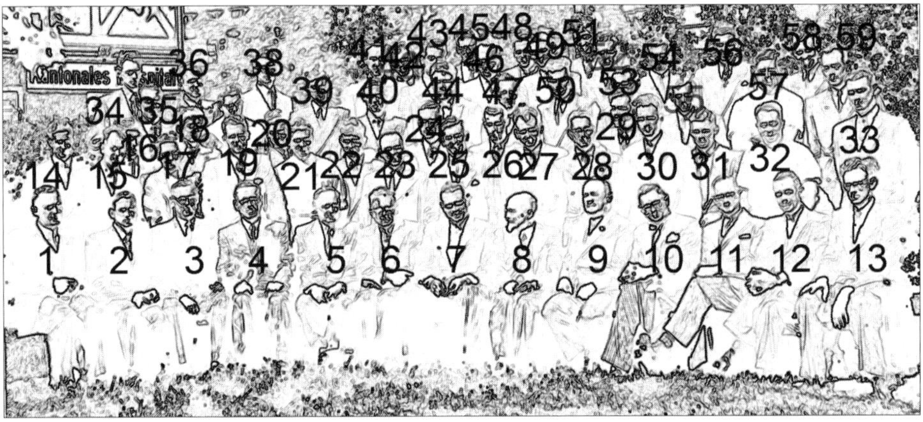

Abbildung 50: Lehrkörper und Studierende im Rahmen des 50-Jahr-Jubiläums der veterinärmedizinischen Fakultät.

1: Winzenried, Hans Ulrich. 2: Spörri, Heinrich. 3: Almasy, Felix. 4: Höfliger, Hans. 5: Graf, Hans. 6: Andres, Josef. 7: Hess, Emil. 8: Frei, Walter. 9: Heusser Hans. 10: Seiferle, Eugen. 11: Ammann, Karl. 12: Leemann, Werner. 13: Stünzi, Hugo. 14: Niggli, Hanns. 15: Sackmann, Werner. 16: Graf, Adolf. 17: Sackmann, Marianne. 18: Müller, Heinz Arno. 19: Fey, Hans. 20: Schär, Andreas. 21: Stücklin, Kurt. 22: Böni, Walter. 23: Schuler, Georg. 24: Rohner, Walter. 25: Schärer, Karl. 26: Krähenmann, Alfred. 27: Rusterholz, Paul, 28: Huber, Eduard. 29: Früh, Urs. 30: Fritschi, Rudolf. 31: Keller, Hans. 32: Boller, Hermann. 33: Frei, Albert. 34: Schuler, Anton. 35: Wandeler, Niklaus. 36: Wettach, Arthur. 37: Werffeli, Fritz. 38: Grauwiler, Jules. 39: Maissen, Alexander. 40: Henseler, Hans J. 41: Adrian, Rudolf. 42: Schumacher Ernst. 43: ? 44: Raschein, Georg. 45: Blättler, Elmar. 46: Sidler Werner. 47: Bischofberger Werner. 48: Blaser Fritz. 49: Haab Paul. 50: Hess Jörg. 51: Diethelm Hermann. 52: Suppiger, Franz. 53: ? 54: Felder, Georg. 55: Suter, Peter F. 56: Meier, Hans. 57: Hotz, Alois. 58: Unger, Heinz. 59: Baumann, Werner.

Abbildung 51: Administrative und technische Mitarbeitende im Rahmen des 50-Jahr-Jubiläums der veterinärmedizinischen Fakultät.
1–3: unbekannt. 4: M. Margadant (Laborantin). 5: Leschinsky (Laborantin). 6–8: unbekannt. 9: Hüssy Bühlmann (Laborantin). 10–16: unbekannt. 17: Müller (Sekretärin). 18: F. Suppiger (Putzfrau). 19: G. Pelloni (wiss. Zeichnerin). 20: Mattenberger (Hauswartin). 21: Thomann (Laborant). 22: Egli (Präparator Anatomie). 23: unbekannt. 24 Baumann (Pfleger). 25: R. Mattenberger (Hauswart). 26: M. Baumann (Kanzlist). 27: Baumgartner (Verwalter). 28: unbekannt. 29: Stäubli (Oberpfleger). 30: unbekannt. 31: Amacher (Pfleger). 32: Roth (Pfleger). 33: Widmer (Sektionspfleger). 34: Stendla (Pfleger). 35–36: unbekannt.

FEIER
ZUM 50JÄHRIGEN BESTEHEN
DER VETERINÄR-MEDIZINISCHEN FAKULTÄT
DER UNIVERSITÄT ZÜRICH
24. MAI 1952

FESTAKT
IN DER AULA DER UNIVERSITÄT ZÜRICH

unter Mitwirkung des Akademischen Orchesters
Leitung: Musikdirektor *Ernst Hess*

Samstag, den 24. Mai 1952, 10.15 Uhr

1. *J. Haydn:* Ouvertüre in g-moll
2. Begrüssung und Ansprache des Herrn Rektors der Universität, *Professor Dr. W. Gut*
3. Ansprache des stellvertretenden Direktors des Erziehungswesens des Kantons Zürich, Herrn Regierungsrat *Dr. med. h.c. J. Heusser*
4. *Joh. Chr. Bach:* Larghetto, Gavotte, Gigue aus der Oper «Amadis des Gaules» (Erstaufführung)
5. Festrede des Dekans der Veterinär-Medizinischen Fakultät der Universität Zürich, Herrn *Professor Dr. Emil Hess:* AUFGABEN UND ZIELE DER MODERNEN TIERSEUCHENBEKÄMPFUNG
6. Ehrungen
7. Ansprache des Vertreters der Studentenschaft der Veterinär-Medizinischen Fakultät
8. Gaudeamus igitur (mit Begleitung des Orchesters)
   Text auf folgender Seite

Nach dem Festakt stehen Autobusse beim Ausgang Rämistrasse zur Verfügung für Teilnehmer am Bankett im Kongresshaus

Abbildung 52: Programm der akademischen Feier zum 50-Jahr-Jubiläum der veterinärmedizinischen Fakultät am 24. Mai 1952, Titelblatt gezeichnet von Heinrich Spörri.

Abbildung 53: Einige Habilitanden von Walter Frei. A Heinrich Spörri, (1934), B Aleksander Jezierski, (1943), C Hugo Stünzi, (1974), D Emil Hess, (1979).

Abbildung 54: Piya Rangsit (Pfeil) mit seiner Klasse im Jahr der Maturität (1933) am Freien Gymnasium Zürich.

Abbildung 55:Teilnehmer an der 3. Arbeitstagung der Arbeitsgemeinschaft für Veterinärpathologen in Marburg vom 3. Mai 1953.
1: P. Cohrs, Tierärztliche Hochschule Hannover. 2: T. C. Jones, American Forces Institute for Pathology (AFIP), Washington, USA. 3: W. Frei, veterinärpathologisches Institut, Zürich. 4: A. Hjärre, Veterinärpathologie, Stockholm. 5: Dobberstein, Veterinärpathologie, Berlin. 6–7: unbekannt. 8: B. Oettel, Toxikologie, BASF, Ludwigshafen. 9: H. Sedlmeier, Tierpathologie, München. 10: Kretzschmar. 11: unbekannt. 12: Messow, Veterinärpathologie, Berlin. 13: R. Fankhauser, Bern. 14: Goldglück, Berlin. 15: Flir, Berlin. 16: Lübke, Tübingen. 17: Jakob, Veterinärpathologie, Berlin. 18: Renk, Veterinärpathologie, Berlin. 19: Potel, Tierpathologie, Leipzig. 21: Schulte, Bonn. 22: Löliger. 23: Fritzsche, Koblenz. 25: Köhler, Veterinärpathologie, Hannover.

8702 Zollikon, 29. September 1972
Höhestrasse 68

TODESANZEIGE

Mein geliebter Gatte, unser lieber Vater und Schwiegervater

Professor Dr. med. vet. Dr. h. c.

Walter Frei

ehem. ord. Professor der Universität Zürich

ist heute in seinem 90. Lebensjahr nach kurzer Alterskrankheit verschieden. Sein Leben war bis ins hohe Alter unablässiger wissenschaftlicher Forschung gewidmet.

Lina Frei geb. Garn
Gerda und Ernst Rosenbusch-Frei

Trauerfeier: Dienstag, 3. Oktober 1972, 14.30 Uhr im Krematorium Nordheim, Halle I.

Wir bitten, allfällige Blumenspenden im Krematorium abzugeben.

Abbildung 56: Todesanzeige für Walter Frei, 1972.

Abbildung 57: «Bierzeitung» (1922): Mangel an WC-Papier im pathologisch-anatomischen Institut.

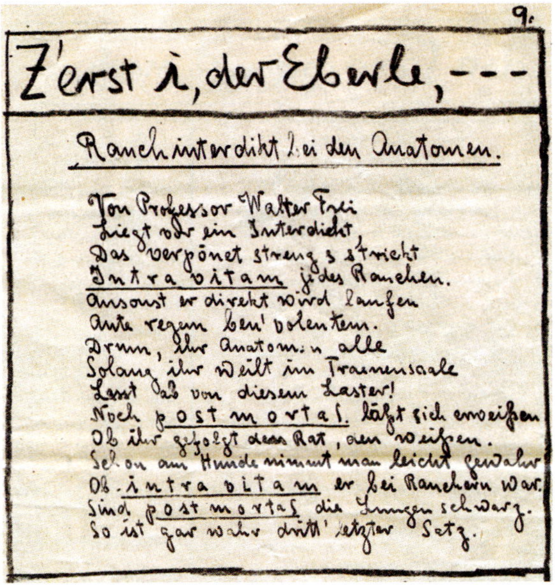
9.

Z'erst i, der Eberle, ---

Rauchinterdikt bei den Anatomen.

Von Professor Walter Frei
Liegt vor ein Interdicht,
Das verpönet streng s'tricht
Intra vitam jedes Rauchen.
Ansonst er direkt wird laufen
Ante regem ben'volentem.
Drum, ihr Anatomen alle
Solang ihr weilt im Trauersaale
Lasst ab von diesem Laster!
Noch post mortal. läßt sich erweißen
Ob ihr gefolgt dem Rat, dem weißen.
Schon am Hunde nimmt man leicht gewahr
Ob intra vitam er bei Rauchern war.
Sind post mortal die Lungen schwarz.
So ist gar wahr dritt' letzter Satz.

Abbildung 58: «Bierzeitung» (1922): Rauchinterdikt (Rauchverbot) im von der Anatomie und der Pathologie gemeinsamen genutzten Sektionslokal an der Selnaustrasse.

Abbildung 59: «Bierzeitung» (1949, 1952), Karikaturen von Walter Frei

Abbildung 60: Assistenten der veterinärmedizinischen Fakultät um 1945–1950. 1 Josef Löhrer, 2 Werner Leemann, 3, 4 unbekannt, 5 Albert Frei, 6 Hugo Stünzi, 7 unbekannt, 8 Heinrich Spörri, 9 unbekannt.

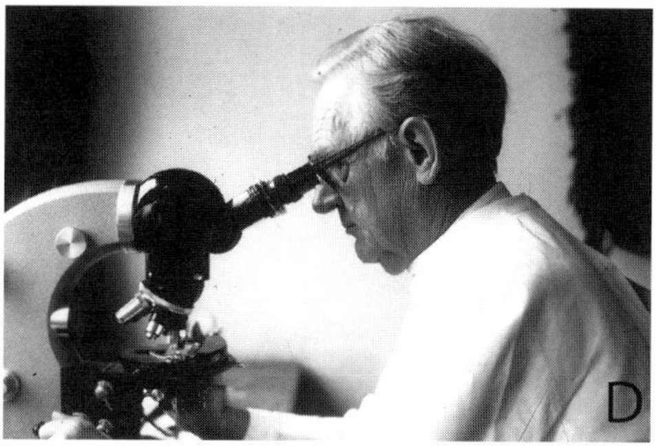

Abbildung 61: Hugo Stünzi A 1960, B 1974, C, D 1986.

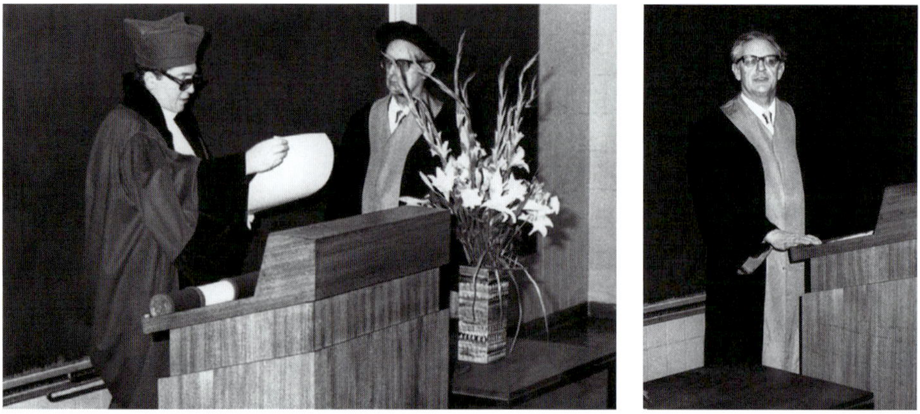

Abbildung 62: Verleihung der Würde eines Ehrendoktor der Tierärztlichen Fakultät der Ludwig-Maximilians-Universität München an Hugo Stünzi durch den Dekan Erwin Dahme, 1974.

Abbildung 63: Habilitierende bei Hugo Stünzi. A Ernest Teuscher, B Joachim Pohlenz, C Eberhard Karbe, D Maja Suter.

Abbildung 64: Claus Messow.

Abbildung 65: Bauliche Situation des Tierspitals an der Selnaustrasse, um 1960. oben: Bakteriologie-Baracke. unten: Hauptgebäude. 1 Bakteriologiekursraum. 2 Anatomiesammlung. 3 Grafik und Fotografie. 4 Hundestall. 5 grössere «Baracke» des Grosstierstalls.

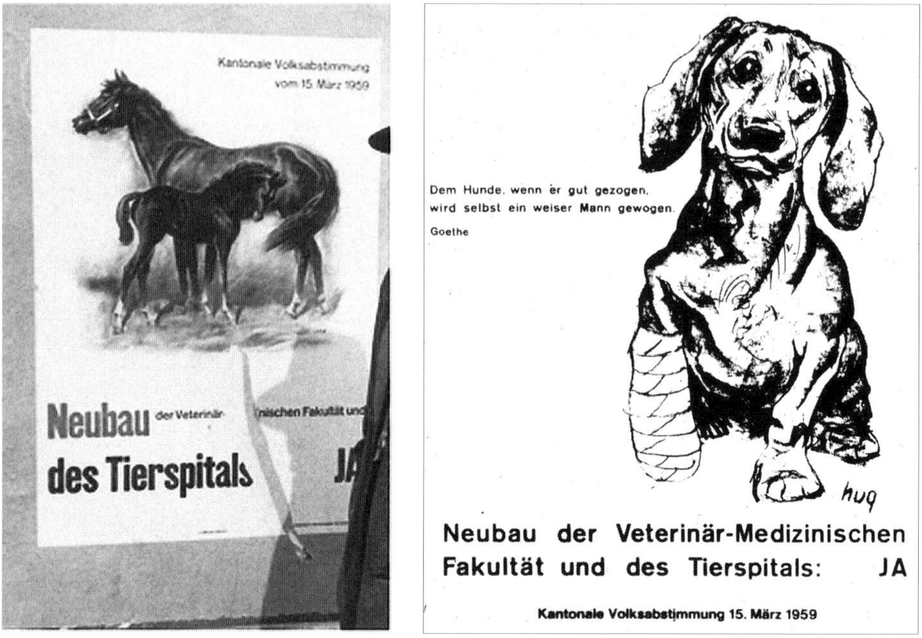

Abbildung 66: Plakate zur Abstimmung über den Neubau des Tierspitals vom 15. März 1959.

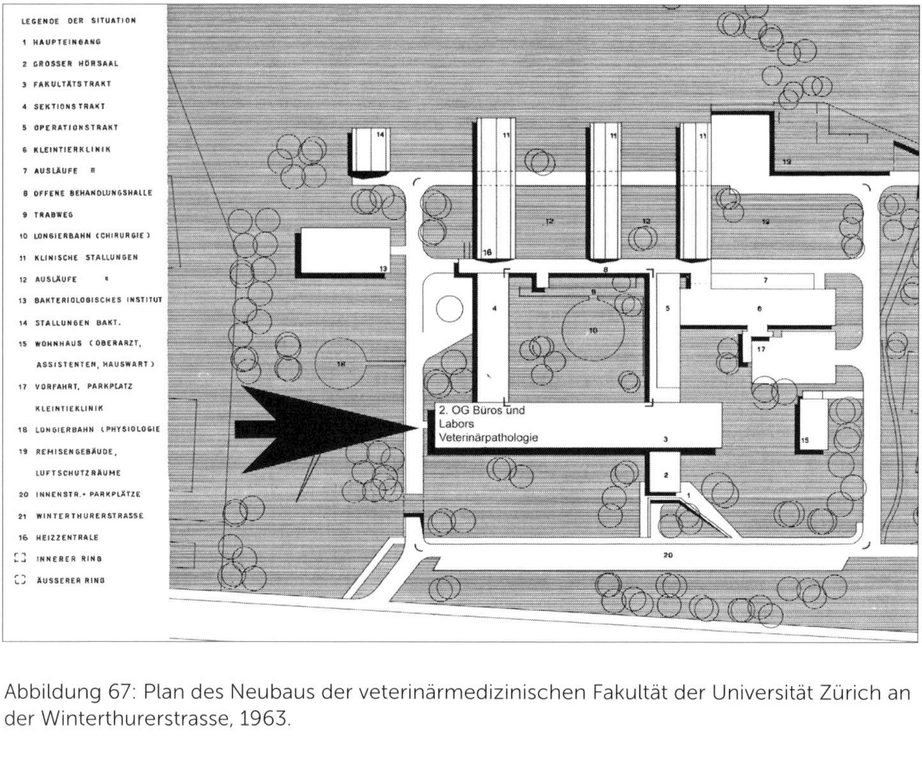

Abbildung 67: Plan des Neubaus der veterinärmedizinischen Fakultät der Universität Zürich an der Winterthurerstrasse, 1963.

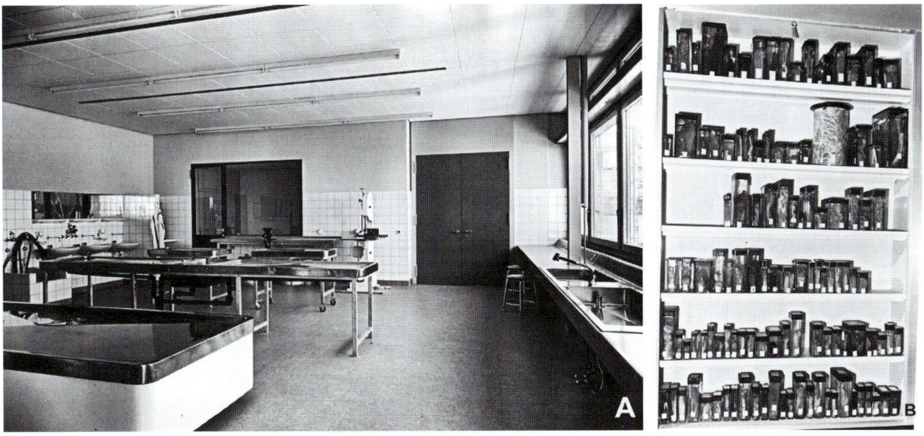

Abbildung 68: A Sektionslokal des veterinärpathologischen Instituts im Neubau der veterinärmedizinischen Fakultät der Universität Zürich, 1963, B Lehrsammlung.

Abbildung 69: Impressionen vom Neubau der veterinärmedizinischen Fakultät 1960–1962.

Abbildung 70: Karikatur von Hugo Stünzi in einer «Bierzeitung» (1952).

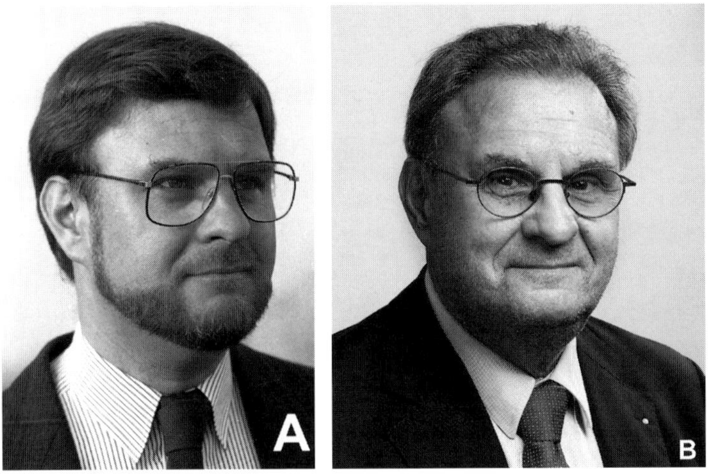

Abbildung 71: Andreas Pospischil, A 1987, B 2014.

Abbildung 72: Diagnostikzentrum, bezogen 1990: A, B Bauphase, C Westfront, D Kunst am Bau, E Sektionslokal.

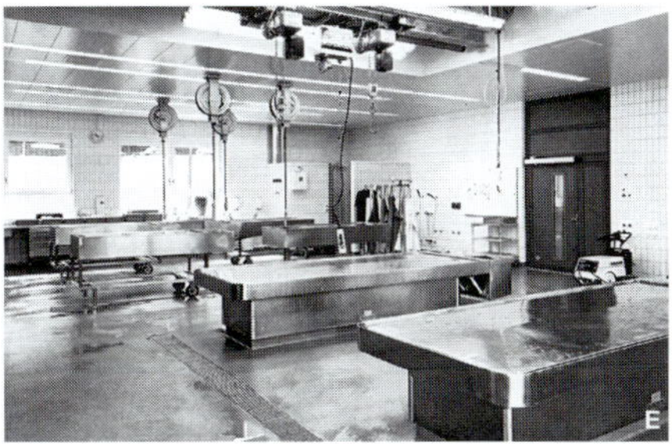

Abbildung 73: Diagnostikzentrum: A, B neu eingerichtetes Elektronenmikroskop, C neu ausgestatteter Kurs- und Mikroskopierraum.

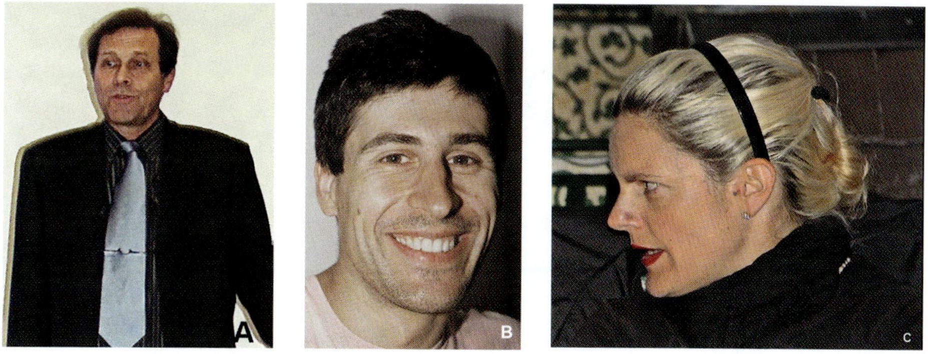

Abbildung 74: Habilitierende zwischen 1987 und 2013: A Felix Ehrensperger (1988), B Franco Guscetti (1999), C Nicole Borel (2012).

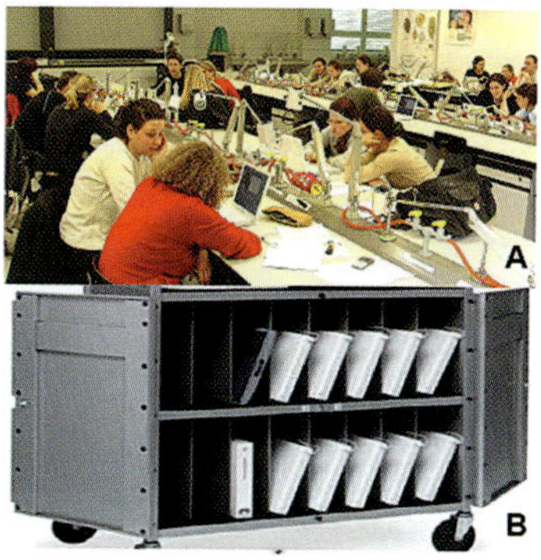

Abbildung 75: E-Learning: A Gruppenunterricht, B technische Ausrüstung mit Laptop-Computern.

Abbildung 76: Mitarbeiter des Instituts für Veterinärpathologie der Universität Zürich, 1991. 1. Reihe (von rechts): Daniela Meier, unbekannt, Iris Reichmuth, Roland Zraggen, Ursi Straumann, Sonja Hitz, Nicole Stoerkle. 2. Reihe (von rechts): Veronika Dieth, Peter Wegmann, Roseline Weilenmann, Anetta Lieb, Andreas Pospischil, Erika Wunderlin, Titus Sydler, Felix Ehrensperger, Renate Kobitzky, Franco Guscetti, unbekannt, Beat Hauser, unbekannt, Pete Ossent, Ruth Reichmuth, Charlotte Burger, Anita Mayer.

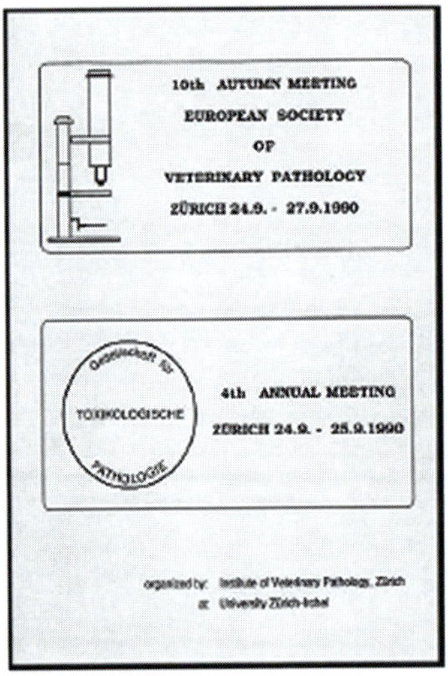

A

B

Abbildung 77: Titelblätter zu internationalen Tagungen, die vom Institut für Veterinärpathologie der Universität Zürich organisiert wurden. A 10. Herbsttagung der Europäischen Gesellschaft für Veterinärpathologie, 1990. B 9. Deutscher Chlamydienworkshop, 2011.

Abbildung 78: Treffen München – Zürich in München, 1991. A Joachim von Sandersleben und Hugo Stünzi, B Erwin Dahme.

Abbildung 79: Treffen München – Zürich in München (1991).
1: E. Dahme. 2: H. Stünzi. 3: F. Ehrensperger. 4: O. Geisel. 5: A. Waldvogel. 6: T. Hänichen.
7: E. Betzel-Kaiser. 8: A. Rohner-Cotti. 9: U. Straumann. 10: A. Haffner. 11: P. Schmid.
12: T. Sydler. 13: P. Loepfe. 14: D. Meier. 15: F. Guscetti. 16: unbekannt. 17: R. Hoffmann.
18: W. Schmahl, 19: R. Steiger. 20: I. Schiller. 21: F. Colbatzky. 22: B. Hauser. 23: P. Ossent.

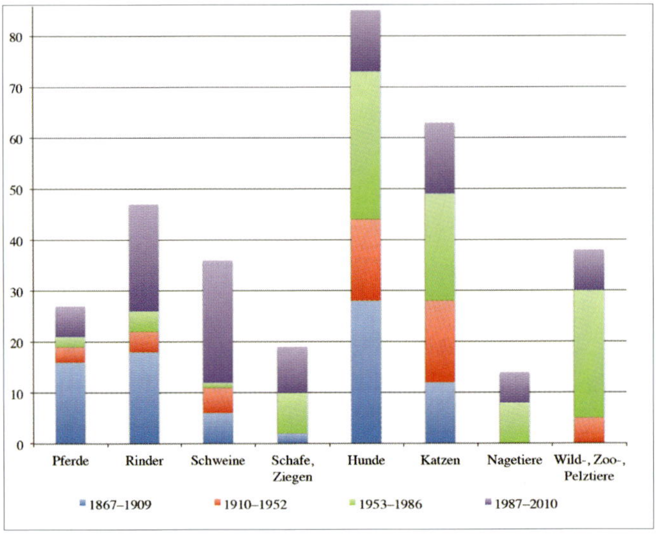

Abbildung 80: Relativer Anteil der obduzierten Pferde, Rinder, Schweine, Schafe/Ziegen, Hunde, Katzen, Nagetiere sowie Wild-, Zoo- und Pelztiere am gesamten Sektionsgut in den Zeitperioden 1867–1909, 1910–1952, 1953–1986 und 1987–2010 in Zürich.

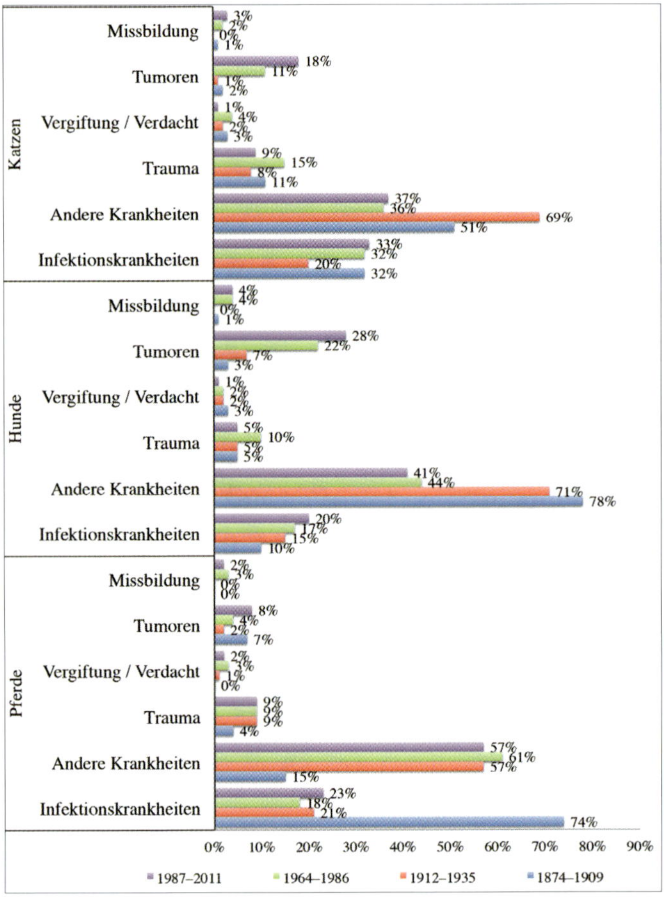

Abbildung 81: Relativer Anteil verschiedener wichtiger veterinärpathologischer Diagnosegruppen an allen Diagnosen bei Pferden, Hunden und Katzen in den Perioden 1874–1909, 1912–1935, 1964–1986 und 1987–2011.

5. Das veterinärpathologische Institut unter der Leitung von Hugo Stünzi (1952–1986)

Zusammenfassung

Auf den 16. Oktober 1952 übernahm Hugo Stünzi als Extraordinarius die Direktion des veterinärpathologischen Instituts. 1960 wurde er zum Ordinarius befördert. Beim Beginn seiner Tätigkeit lag die Personalausstattung des Instituts nur geringfügig über dem Stand von 1911. Der Auf- und Ausbau des Instituts lag Stünzi neben anderen Projekten besonders am Herzen, wobei er auch Mitarbeiterinnen und Mitarbeiter aus dem Ausland für kurze oder längere Zeit in sein Team integrierte. Die räumliche Infrastruktur an der Selnaustrasse war beim Amtsantritt Stünzis beklagenswert. Sie wurde erst 1963 mit dem Bezug des Neubaus an der Winterthurerstrasse entscheidend verbessert.

Vorgeschichte

Nach dem Rücktritt von Walter Frei übernahm Hugo Stünzi (1920–2006) auf den 16. Oktober 1952[334] als Extraordinarius die Direktion des veterinärpathologischen Instituts, das nach der Abtrennung der Veterinärphysiologie nur mehr das Kerngebiet der Pathologie in Lehre, Forschung und veterinärpathologisch diagnostischen Dienstleistungen an der veterinärmedizinischen Fakultät der Universität Zürich umfasste.

334 StAZH, Z 79.111, RRB 2658 vom 16. 10. 1952.

Akademische Ausbildung von Hugo Stünzi

Der aus Horgen stammende Hugo Stünzi, geboren am 9. Januar 1920, studierte ab 1938 an der veterinärmedizinischen Fakultät in Zürich und schloss sein Studium im Juli 1943 ab. Ab 1943 war er – mit Unterbrechungen wegen des Aktivdiensts während des Zweiten Weltkriegs – als Aushilfsassistent am veterinärpathologischen Institut tätig. Auf den 1. Januar 1944 bewilligte die Erziehungsdirektion des Kantons Zürich dem Institut eine zusätzliche Assistentenstelle, die Walter Frei nach dem damals gültigen Reglement zunächst für sechs Semester an Stünzi vergab.[335] Im Juli 1945 promovierte Stünzi zum Dr. med. vet. mit einer Arbeit über die *Beeinflussung des Infektionsverlaufes und der Immunitätsvorgänge durch Ephetonin und Acetylcholin-Prostigmin bei rotlaufinfizierten weissen Mäusen und bei pararauschbrandinfizierten Meerschweinchen* an der Universität Zürich. Weitere Assistenten an den verschiedenen Instituten und Kliniken der veterinärmedizinischen Fakultät waren zu dieser Zeit Josef Löhrer, Werner Leeman, Albert Frei und Heinrich Spörri (Abb. 66).
Von Februar bis Juli 1946 hatte er die Gelegenheit, einen Studienaufenthalt am pathologischen Institut der medizinischen Fakultät in Basel bei Prof. Andreas Werthemann (1897–1974) zu absolvieren. Danach, im August 1946, beantragte Walter Frei mit Zustimmung der Fakultät und mit der Begründung, Stünzi sei eine akademische Nachwuchskraft für die Veterinärpathologie, bei der Erziehungsdirektion seine Beförderung zum Oberassistenten. Frei erläuterte im Antrag seine Vorschläge, nach seiner Pensionierung die Fachgebiete Veterinärpathologie und Veterinärphysiologie zu trennen und als selbständige Institute zu etablieren.[336] (Siehe S. 104) Mit Schreiben vom 7. November 1946 antwortete die Erziehungsdirektion auf den Antrag zur Beförderung Stünzis mit dem Hinweis, er möge sich vor einer Beförderung erst habilitieren.[337]

335 StAZH, Z 79.18, Verfügung der Erziehungsdirektion vom 24. 12. 1943.
336 StAZH, Z 79.25.
337 Das Schreiben enthält die folgende süffisante, eigentlich unsachliche Bemerkung: «Eine Vorzugsbehandlung erscheint uns [der Erziehungsdirektion] umso weniger angebracht als Stünzi [...] in finanziell günstigen Verhältnissen lebt und bei seinem jugendlichen Alter von 27 Jahren auch noch so recht früh in die akademische Laufbahn eintreten wird.» Die Erziehungsdirektion bot in einer

Ab dem 1. Januar 1947 wurde seine Anstellung um ein weiteres Jahr verlängert.[338]

Im Rahmen des Programms zur Förderung des akademischen Nachwuchses bewilligte der Erziehungsrat des Kantons Zürich Hugo Stünzi ein Stipendium von 4 000 Franken, das ihm einen sechsmonatigen Studienaufenthalt in Stockholm bei den Professoren Sven Rubarth[339] und Albert Hjärre[340] an der Königlichen Tierärztlichen Hochschule in Stockholm ermöglichte.[341] Dort arbeitete er von April bis September 1947 intensiv an einem Forschungsprojekt, das er im Februar 1948 als Habilitation bei der Fakultät mit dem Titel *Die Periarteriitis nodosa des Schweines im Rahmen der allergischen Krankheiten der Haustiere* einreichte.

Aus der Zeit kurz vor dem Abschluss von Stünzis Habilitationsverfahren im Jahr 1947 ist ein besonderes Vorkommnis in den Akten des Dekanats überliefert:[342] Aus einem Gespräch mit einer Studierenden erfuhr Emil Hess (Professor für Veterinärbakteriologie), dass die Studierenden über Stünzis Vorlesungen und Kurse nicht erbaut waren. Hess überbrachte diese Information dem Dekan Graf und dem Altdekan Krupski, die daraufhin die Studierenden direkt befragten. In den Gesprächen bekundeten weitere Studierende Missfallen über Stünzis überhebliches und «angeberisches» Wesen und besonders über die Tatsache, dass Stünzi sich abschätzig über seinen Chef Walter Frei äussere. Die Zirkulation der Habilitationsschrift bei den Fakultätsmitgliedern wurde daraufhin unter-

Verfügung vom 8. November 1946 zur Förderung von Stünzi an, seine Besoldung auf den 1. Januar 1947 derjenigen der humanmedizinischen Assistenten anzugleichen und für einen geplanten Studienaufenthalt einen bezahlten Urlaub zu bewilligen. Im Übrigen stellte die Erziehungsdirektion Finanzmittel zur Anstellung einer Aushilfslaborantin in Aussicht, welche die für Stünzis Forschung notwendigen histologischen Schnitte zu seiner Entlastung anfertigen könnte. Vgl. StAZH, Z 79.24.

338 Ebd.

339 Sven Rubarth (1905–1996), Professor für pathologische Anatomie an der königlichen tierärztlichen Hochschule in Stockholm. Er beschrieb 1948 als Erster die pathologisch-histologischen Veränderungen der Hepatitis contagiosa canis beim Hund. Vgl. Rubarth, 1948.

340 Albert Hjärre (1897–1958), Professor für pathologische Anatomie an der königlichen tierärztlichen Hochschule und später am Karolinska Institut in Stockholm.

341 StAZH, Z 79.24, Protokoll Nr. 1434 des Erziehungsrats des Kantons Zürich, 3. 12. 1946.

342 StAZH, Z 79.42.

brochen. Man konfrontierte Stünzi mit den Vorwürfen, er spielte seine Äusserungen herunter, entschuldigte sich aber für den Fall, dass er jemanden beleidigt habe, und bot den Rückzug seiner Habilitationsschrift an. Danach informierte Dekan Graf Walter Frei, der sich erst Anfang Februar 1948 schriftlich meldete. Frei sparte dabei nicht mit beissender Kritik an Stünzis Äusserungen, wies aber gleichzeitig darauf hin, dass ein offizielles Einschreiten seitens des Rektorats oder sogar der Erziehungsdirektion auf eine ausreichende Beweislage angewiesen sei, und fragte, ob dies der Fall sei. Er erinnerte die Fakultät zudem an die Aussenwirkungen eines derartigen offiziellen Verfahrens und bemerkte, gewohnt scharf formuliert: «Wenn die Fakultät als Grund einer Ablehnung [der Habilitation] ‹Grössenwahn›, freches Mundwerk, Überheblichkeit angibt, wird an der Uni die Parole ausgehen, die vet. med. Fakultät beurteile den Nachwuchs nach moralisch-charakterlichen und nicht nach wissenschaftlichen Gesichtspunkten. Resultat: Mitleidig-nachsichtiges Lächeln allerseits. Wir stehen da als ein Kollegium moralinsaurer Pfaffen.» Er schloss seine Philippika mit den Worten: «Ich habe wirklich keine Lust, meine geistige Konzentrierung und meine Gesundheit weiterhin hintanzustellen, weil einige Fakultätsmitglieder moralisch verletzt sind.» Die scharfen Worte Freis verfehlten ihre Wirkung auf die Mitglieder der Fakultät nicht. Stünzis Habilitationsverfahren wurde wiederaufgenommen und erfolgreich abgeschlossen. Die Fakultät sprach ihm jedoch am 10. März 1948 ihre Missbilligung bezüglich der Äusserungen über Walter Frei aus, stimmte aber gleichzeitig zur Entlastung von Frei der Abtretung von Vorlesungen an Stünzi ab Sommersemester 1948 zu, und der Sturm legte sich.[343]

Auf Beginn des Sommersemesters 1948 erteilte die Erziehungsdirektion mit Schreiben vom 13. März 1948 Stünzi die Venia Legendi für das Gebiet der allgemeinen Pathologie und pathologischen Anatomie bei gleichzeitiger Ernennung zum Privatdozenten.[344] Im Juni 1949 wurde Stünzi schliesslich durch Umwandlung seiner Assistentenstelle zum Oberassistenten ad personam befördert.[345]

In den darauffolgenden Jahren bis 1952 hielt Stünzi gemeinsam mit Walter Frei regelmässig Vorlesungen über pathologische Histologie und

343 Ebd.
344 Ebd.
345 StAZH, Z 79.772.

betreute, ebenfalls gemeinsam mit Frei, Sektionen und Demonstrationen. Als selbständige Veranstaltungen las er ausgewählte Kapitel aus der Geschwulstlehre, Differenzialdiagnostik in pathologischer Anatomie, Einführung in die vergleichende Pathologie, vergleichende pathologische Anatomie der Tiertuberkulose und hielt ein Kolloquium über pathologische Histologie ab.[346]
Im Juli 1951 beantragte Stünzi bei der Erziehungsdirektion einen bezahlten Studienaufenthalt von acht Monaten am Angell Memorial Hospital in Boston (MA), wohin er von Prof. D. L. Coffin in das pathologische Institut eingeladen worden war. Der Regierungsrat bewilligte den Antrag und beurlaubte Stünzi von seinen Vorlesungsverpflichtungen.[347] Die Zeit in den USA nutzte Stünzi – neben seinem Aufenthalt in Boston – für eine Stippvisite am Veterinary Virus Research Institute der Cornell University bei Prof. James A. Baker,[348] wo er mit Mitarbeitern des Instituts gemeinsam publizierte (Stünzi et al., 1954). Nach seiner Rückkehr im April 1952 nahm er die Tätigkeit als Privatdozent und Oberassistent wieder auf.

Hugo Stünzi als Direktor (1952–1986)

Im Verlauf des Jahres 1952 diskutierte die Fakultät die Institutsplanung für die Zeit nach dem unmittelbar bevorstehenden Rücktritt von Walter Frei. Im August beantragte sie bei der Erziehungsdirektion die Neuorganisation des bisherigen veterinärpathologischen Instituts und dessen Aufteilung in ein ärmedhysiologisches und ein veterinärpathologisches Institut, die beide durch Extraordinarien als Direktoren geleitet werden sollten. Im Oktober 1952 stimmte der Regierungsrat dieser Aufteilung zu und verfügte die Wahl von Hugo Stünzi zum Extraordinarius für Veterinärpathologie und Direktor des gleichnamigen Instituts (Abb. 61A–C) und die Wahl von Heinrich Spörri zum Extraordinarius für Veterinärphysiologie und Direktor des gleichnamigen Instituts.[349]

346 StAZH, Z 79.109.
347 StAZH, Z 79.84.
348 StAZH, Z 79.84.
349 StAZH, Z 79.111.

In der Begründung des Beschlusses wird darauf hingewiesen, dass die Notwendigkeit einer eigenständigen Professur für Veterinärpathologie im Hinblick auf die Bedeutung der allgemeinen wie der speziellen pathologischen Anatomie für die Klinik, die Seuchenbekämpfung, die Fleischhygiene und die Krankheitsforschung völlig unbestritten sei. Im Übrigen könnten der Unterricht und die Forschung in Veterinärpathologie, bedingt durch den gewachsenen Umfang des Faches, nur gewährleistet werden, wenn ein dafür geeigneter Fachmann sich ausschliesslich dieser Aufgabe widmen könne. Da die beiden Abteilungen des bisherigen veterinärpathologischen Instituts bisher in zwei Wohnungen an der Manessestrasse 4 untergebracht waren, ergab die räumliche Trennung keine Probleme. Dem veterinärpathologischen Institut wurde die Wohnung West, dem veterinärhysiologischen Institut die Wohnung Ost zugewiesen. Nach der Aufteilung des Stellenplans standen dem veterinärpathologischen Institut nun die folgenden Positionen zur Verfügung: 1 Direktor, 1 Assistent, 1 Laborant, 1 Hilfsangestellte.[350]
Im Jahr 1960 wurde Stünzi in Würdigung seines erfolgreichen Wirkens zum Ordinarius befördert.[351] Danach, in den Jahren 1962/63, war er als *part-time consultant* an der Schaffung einer Abteilung für vergleichende Kreislauf- und Krebspathologie der WHO in Genf beteiligt. Von der Erziehungsdirektion wurde ihm für diese Tätigkeit ein Teilurlaub bewilligt. Sein Stellvertreter für diese Zeit war Oberassistent Teuscher.[352] Die Kontakte zur WHO führten dazu, dass das Institut 1966 als «kooperierendes Zentrum für die Erforschung der Lungengeschwülste beim Haustier der WHO» bezeichnet wird.[353] Im Jahr 1974 verlieh die Tierärztliche Fakultät der Universität München Stünzi die Ehrendoktorwürde (Abb. 62).
Im Laufe seiner aktiven Dienstzeit war Hugo Stünzi zweimal Dekan der veterinärmedizinischen Fakultät (1960/62 und 1970/72), Präsident der Europäischen Gesellschaft für Veterinärpathologie (1961), Präsident der Weltvereinigung der Veterinärpathologen (1967–1979) und Präsident der Schweizerischen Gesellschaft für (Human-)Pathologie (1970).

350 Ebd.
351 StAZH, Z 79.111.
352 UZH Archiv, AB, 3.215.
353 StAZH, Z 79.772.

Tab. 18: Inhalt der Sonderausgabe des «Schweizer Archivs für Tierheilkunde» zum 60. Geburtstag von Hugo Stünzi

Autoren	Titel	Heft	Seiten
Pohlenz J., Palmer D., Zindel W.	Zur Pathologie und Pathogenese der neonatalen Diarrhoe beim Kalb	121, 1979	607–614
Sandersleben J. von, Kriegleder H.	Plötzliche Todesfälle bei Welpen infolge Myokarditis		615–622
Köhle H.	Zum Vorkommen von Tumoren beim Meerscheinchen		623–634
Ehrensperger F., Pohlenz J.	Infektiöse Bovine Rhinotracheitis bei Kälbern		635–642
Lott-Stolz G.	Endotheliosarkom beim Hund: Rassespezifische Unterschiede		643–648
Engels M., Suter M., Ruckstuhl B.	Nachweis des caninen Herpesvirus in einem Fall von Welpensterben		649–654
Mettler F, Engels M., Wild P., Bivetti A.	Herpesvirus-Infektion bei Zicklein in der Schweiz		655–662
Bestetti G., Häni H., Dudan F., Meister S., Waber S., Luginbühl H.	Panleukopenie-ähnliche Enteritis und plötzliche Todesfälle bei Welpen infolge Myokarditis, wahrscheinlich verursacht durch Parvoviren		663–672
Fankhauser R., Bestetti G.	Hamartieartige Melanose im Kleinhirn eines Maultieres		673–681
Drommer W., Langer I., Schulz L.-Cl., Trautwein G.	Die Veränderungen der Lysosomenzahl und -grösse an den Synovialdeckzellen bei experimenteller chronischer Rotlaufpolyarthritis des Schweines	122, 1980	1–14
Keller H., Corboz L., Waldvogel A., Weideli U.	Über Spontan- und Experimentalfälle von Polyarthritis und -synovitis bei Kälbern, verursacht durch Mykoplasmen. I. Klinische Aspekte		15–26

Im September 1974 beantragte Stünzi «aus sprachlichen Gründen» die Umbenennung des Instituts in «Institut für Veterinärpathologie». Dem Ersuchen gab der Regierungsrat im Juli 1975 statt.[354]

Im Jahr 1980, zu Stünzis 60. Geburtstag, erschien ein Sonderheft des *Schweizer Archivs für Tierheilkunde* (Tab. 18), seine Leistungen wurden darüber hinaus in der *Neuen Zürcher Zeitung* vom 9. Januar 1980 gewürdigt.

Entwicklung der Personalsituation

Der Auf- und Ausbau des Instituts lag Hugo Stünzi neben anderen Projekten besonders am Herzen. Er bemühte sich erfolgreich um eine stetige Erweiterung der personellen Ausstattung des Instituts. In regelmässigen, kleinen Schritten (1955, 1956, 1959, 1962, 1963, 1964, 1965, 1967,

354 StAZH, Z 79.772.

1969, 1970, 1973, 1974, 1976)[355] wurde das wissenschaftliche Personal bis 1977 auf zwei habilitierte Oberassistenten, vier Oberassistenten und fünf Assistenten aufgestockt und konnten weitere Stellen für das technische, administrative und Laborpersonal geschaffen werden.

Daneben förderte Stünzi den akademischen Nachwuchs. So habilitierten in Zürich Ernest Edouard Teuscher[356] (1957; Abb. 63A), Eberhard Karbe[357] (1970; Abb. 63C), Joachim Pohlenz[358] (1975; Abb. 63B) und Maja Suter[359] (1983; Abb. 63D).

Stünzis Initiativen zur Schaffung von Assistenzprofessuren zum Beispiel für Ernest Edouard Teuscher (Assistenzprofessur für Parasitologie,

355 StAZH, Z 79.772.

356 StAZH, Z 79.772, RRB 3316 vom 18. 10. 1956. – Ernest Edouard Teuscher (1925–2002) studierte 1944–1949 Veterinärmedizin an der veterinärmedizinischen Fakultät in Zürich. Nach einer Tätigkeit in der tierärztlichen Praxis wurde er Assistent am veterinärpathologischen Institut in Zürich, wo er 1953 seine Dissertation *(Quelques expériences in vitro à propos de la stéatose hépatique)* abschloss, 1956 Oberassistent wurde und 1957 für Parasitologie und pathologische Anatomie habilitierte und zum Privatdozenten ernannt wurde. Anschliessend verbrachte er einige Zeit als Gastprofessor in Nairobi und wurde später als Mitarbeiter der Food and Agriculture Organization of the United Nations (FAO) in verschiedenen Ländern eingesetzt. Danach übernahm er einen Lehrstuhl an der Universität von Montreal. Vgl. Suter, 2003.

357 StAZH, Z 79.772, RRB 3495 vom 9. 7. 1975. – Eberhard Karbe (* 1935) studierte Zoologie und Veterinärmedizin in Marburg, Wien und Giessen. Nach seiner Dissertation in Mikrobiologie in Giessen und dem Erlangen eines Master of Veterinary Science am Ontario Veterinary College in Guelph schloss er mit einem PhD in Veterinärpathologie an der University of Connecticut in Storrs ab. Von 1967 bis 1970 arbeitete er als Oberassistent am veterinärpathologischen Institut in Zürich und habilitierte hier 1970 mit einer Arbeit über GM2-Gangliosidose und andere neuronale Lipodystrophien mit Amaurose beim Hund. Danach dozierte er als Privatdozent an der veterinärmedizinischen Fakultät in Zürich bis 1976. Nach Aufenthalten in Afrika und den USA wurde er Leiter des Instituts für Toxikologische Pathologie der Bayer AG in Wuppertal.

358 Joachim Pohlenz (1936–2006) studierte Veterinärmedizin an der Tierärztlichen Hochschule in Hannover, promovierte dort 1962 und wurde Oberassistent und wissenschaftlicher Rat am pathologischen Institut in Hannover. 1980 kam er als Oberassistent an das veterinärpathologische Institut in Zürich und habilitierte dort 1975 mit einer Arbeit über *Experimentelle Untersuchungen zur Vitamin B1-Hypovitaminose bei Wiederkäuern*. Von 1981 bis 1985 war er Professor am Departement of Veterinary Pathology der Iowa State University in Ames (IA) und kehrte danach als Professor für Pathologie an die Tierärztliche Hochschule Hannover zurück.

359 Privatarchiv des Autors, CV Maja Suter.

Tab. 19: Ausländische Mitarbeiterinnen und Mitarbeiter am veterinärpathologischen Institut unter Hugo Stünzi

Name und Vorname	Herkunft	Zeitraum
Schiefer Bruno	Deutschland	1956–1957
Messow Claus (Abb. 64)	Deutschland	1963–1964
Karbe Eberhard (Abb. 63C)	Deutschland	1967–1970
Pohlenz Joachim (Abb. 63B)	Deutschland	1970–1981
Williams Dorothy	Kanada	1972–1975
Grevel Vera	Deutschland	1974
Schiefer Bruno	Kanada	1977–1978

1965),[360] für Hansruedi Luginbühl aus Bern (1966), der damals in den USA tätig war,[361] für Eberhard Karbe (1971)[362] und für Joachim Pohlenz (1981)[363] fanden in der Fakultät keine Unterstützung.

Die personelle Situation im Laborbereich konnte ab 1970 stetig verbessert werden und ein sich formierendes Laborteam unter der Leitung von Roseline Weilenmann setzte die methodischen Verbesserungen, insbesondere auf dem Gebiet der Immunhistologie, erfolgreich um.

Stünzi führte auch die von Walter Frei begründete Tradition der Internationalisierung des Instituts fort und integrierte Mitarbeiterinnen und Mitarbeiter aus dem Ausland für kurze oder längere Zeit in sein Team (Tab. 19). Gleichzeitig ermöglichte er seinen Assistenten und Oberassistenten kürzere oder längere Auslandsaufenthalte an verschiedenen renommierten Forschungseinrichtungen im Ausland. So konnten zum Beispiel Maja Suter Aufenthalte in den USA, Felix Ehrensperger in Kanada und Deutschland, Beat Hauser in England, Pete Ossent (1948–2010) in den Niederlanden oder Joachim Pohlenz in den USA absolvieren.

Damit ergaben sich eine deutlich erhöhte internationale Visibilität und Anerkennung des Instituts und eine Steigerung der Forschungs- und

360 Privatarchiv des Autors, Antrag an die Fakultät vom 17. 2. 1965 (Kopie).

361 Privatarchiv des Autors, Korrespondenz Stünzi – Luginbühl, Juli–August 1966 (Kopie überliefert).

362 Persönliche Mitteilung von Eberhard Karbe, 2014.

363 Persönliche Mitteilung von Joachim Pohlenz, 1991.

der Publikationstätigkeiten. Auch gelang es in der Folge vermehrt, Gelder aus verschiedenen externen Quellen (Schweizerischer Nationalfonds und andere) zur Durchführung von Forschungsprojekten einzuwerben.

Entwicklung der räumlichen Infrastruktur

Die räumliche Infrastruktur der veterinärmedizinischen Fakultät an der Selnaustrasse im Allgemeinen und für die Pathologie im Besonderen war beim Amtsantritt Stünzis 1952 beklagenswert. So waren zum Beispiel der Sektionsraum und das dazugehörige Assistentenzimmer nur durch einen Vorhang getrennt. Um diesen unhaltbaren Zustand zu beseitigen, beschloss der Regierungsrat am 27. November 1952: «Um die zum Teil recht unangenehmen Gerüche, welche bei der Arbeit im Sezierraum entstehen, aus dem Arbeitszimmer fern halten zu können, ist die Errichtung einer Zwischenwand aus Pavatex vorgesehen.»[364] Es liegen keine Berichte darüber vor, wie wirkungsvoll dieses Provisorium tatsächlich war.

In Hugo Stünzis Amtszeit als Leiter des veterinärpathologischen Instituts fielen die intensiven Bemühungen der veterinärmedizinischen Fakultät, den seit Jahrzehnten diskutierten Neubau Realität werden zu lassen. Die Tatsache, dass im Verlauf des Jahres 1956 im Kanton Bern eine Volksabstimmung zum Neubau der dortigen veterinärmedizinischen Fakultät geplant war, motivierte die Zürcher Fakultät unter der Leitung von Dekan Werner Leemann und Aktuar Eugen Seiferle 1955, ein Memorandum[365] zuhanden des Regierungsrats zu verfassen, das einen Neubau der Zürcher Fakultät dringlich forderte. Darin wird die Ungeduld der Fakultätsmitglieder über die unhaltbaren infrastrukturellen und baulichen Verhältnisse der veterinärmedizinischen Fakultät an der Selnau- und der Manessestrasse und die zögerliche Verwirklichung der Neubaupläne in deutlichen Worten ausgedrückt, insbesondere nachdem im Kanton Bern ein Neubau für die veterinärmedizinische Fakultät

364 StAZH, Z 79.772, RRB 3022 vom 27. 11. 1952.

365 Privatarchiv des Autors, Memorandum betreffend Neubau der vet.-med. Fakultät der Universität Zürich vom 31. 8. 1955. Darin wurde eine weitere Verzögerung des Neubaus mit einer Aufgabe der Fakultät gleichgesetzt und unter anderem auf die unhaltbaren hygienischen Zustände am Standort Selnaustrasse hingewiesen.

in der Planung sehr weit fortgeschritten sei und im Jahr 1956 zur Volksabstimmung kommen solle. Folgende Punkte wurden mit Nachdruck unterstrichen:

- Nach der Verwirklichung der Berner Pläne entstünde dort die modernste tierärztliche Lehranstalt Europas, während Zürich dann die «älteste, aber auch primitivst ausgerüstete veterinär-medizinische Fakultät» beherberge. Dies würde letztlich zur Schliessung der Fakultät führen, denn «wer wird dann in den ‹heimeligen›, aber grösstenteils baufälligen Räumlichkeiten des alten ‹Tierspitals› inmitten eines provisorischen Barackendorfes noch studieren wollen?» (Abb. 65A–B).
- Die Fakultät warte nun seit über 30 Jahren auf die Verwirklichung der Neubaupläne.
- Es würden insbesondere für die Pathologie gesetzwidrige bauliche und hygienische Zustände herrschen, etwa: eine direkte Verbindung von Schlacht-, Sektionslokal und zugehörigen Toiletten mit dem Aufbewahrungsraum für Tierkörper zur Entsorgung; Überlastung der Kanalisation von Schlacht-/Sektionslokal mit häufigem Rückstau von Abwässern; Sektionen von Grosstieren im Schlachtlokal, da der Sektionsraum zu klein sei.
- Raumnot für die pathologisch-anatomische Sammlung.

Am Schluss des Memorandums wird festgehalten: «Es ist für uns jedesmal ausserordentlich bemühend, wenn wir ausländischen Besuchern unsere Fakultät zeigen müssen. Vor allem wird von Besuchern aus kriegsversehrten Ländern nicht verstanden, dass ein Kanton, der beispielsweisend im Bau von Spitälern, Schulhäusern und einem international anerkannten Flugplatze ist, keine Mittel sollte aufbringen können, um einer Fakultät, die immerhin von wesentlicher volkswirtschaftlicher Bedeutung ist, ein angemessenes Heim zu verschaffen.»

Nach einer sehr erfolgreichen Kampagne, über die auch die Presse intensiv berichtete, wobei die Leistungen und die Bedeutung der Fakultät gewürdigt wurden,[366] stimmte der Kantonsrat am 11. Januar 1959[367] und das Zürcher Volk am 15. März 1959 (Abb. 66) der «Vorlage über den Neubau der Veterinär-medizinischen Fakultät und des Tierspitals Zürich»

366 Neue Zürcher Zeitung, 5. 8. und 30. 9. 1958.

367 Neue Zürcher Zeitung, 12. 1. 1959.

mit 93 345 Ja- gegen 47 672 Neinstimmen deutlich zu. Der beantragte Kredit von 17,68 Millionen Franken war damit bewilligt.
Im beleuchtenden Bericht zur Abstimmung schrieb der Regierungsrat, «dass die Verhältnisse in der Veterinär-medizinischen Fakultät und dem ihr angegliederten Tierspital in hygienischer und betriebstechnischer Hinsicht unhaltbar geworden sind. Nicht nur wird dadurch die Ausbildung erschwert, sondern es wird auch die diagnostische Untersuchungstätigkeit und die von einer wissenschaftlichen Anstalt zu erwartende Forschungsarbeit in unzulässiger Weise behindert.»[368] Zur Bedeutung der Pathologie hielt er fest: «Praktisch ganz besonders bedeutsam, obwohl nach aussen wenig in Erscheinung tretend, sind die Arbeiten des Pathologischen und des Bakteriologischen Institutes [...] bei der Bekämpfung der akuten und chronischen Tierseuchen, durch welche dem Lande gewaltige wirtschaftliche Werte erhalten werden.»[369]
Die Planungen des Neubaus gehen auf einen Architekturwettbewerb aus dem Jahr 1944 zurück, den der damals junge Architekt Werner Stücheli (1916–1983)[370] gewonnen hatte. Das Projekt wurde jedoch mehrfach redimensioniert (Abb. 67). Die Bauphase begann im August 1960, 1963 konnten die Gebäude fertiggestellt und bezogen werden (Höfliger, 1963). Im zweiten Obergeschoss des nördlichen Flügels des Hauptgebäudes konnten damit für das veterinärpathologische Institut endlich ausreichende Labor- und Büroräumlichkeiten geschaffen werden. Auch die Einrichtung eines modernen, den hygienischen Anforderungen entsprechenden Sektionslokals (Abb. 68A) und eines Sammlungsraums (Abb. 68B) wurde nun Wirklichkeit.
Im Frühjahr 1970 gelangte Nationalrat Josef Leu (1918–1997; Konservativ-christlichsoziale Volkspartei, Luzern) gemeinsam mit 51 weiteren Nationalräten mit einem Postulat an den Bundesrat, das die Errichtung

368 Beschluss des Kantonsrates über die Bewilligung eines Kredites für die Erstellung eines Neubaues für die Veterinärmedizinische Fakultät der Universität Zürich und das kantonale Tierspital (17,68 Mio.) [Abstimmung vom 15. 3. 1959], in: Abstimmungsarchiv Kanton Zürich – Vorlagen, https://wahlen-abstimmungen.zh.ch/internet/justiz_inneres/wahlen-abstimmungen/de/abstimmungen/abstimmungsarchiv.html (20. 10. 2017).

369 Ebd.

370 Vgl. https://de.wikipedia.org/wiki/Werner_Stücheli (16. 11. 2016)

einer zentralen eidgenössischen veterinärmedizinischen Forschungsanstalt forderte.[371]

In der Zürcher Fakultät löste dieses Postulat eine intensive interne Diskussion darüber aus, wie sich die Fakultät bei der zukünftigen Beschäftigung mit Themen aus dem Gebiet der Infektionskrankheiten landwirtschaftlicher Nutztiere positionieren solle. Die Gründung einer Planungskommission war die Folge, die sich unter anderem der weiteren Fakultätsplanung widmete. Diese diskutierte etwa die Einrichtung eines Diagnostikzentrums für die bessere Abwicklung der diagnostischen Untersuchungen der Institute für Veterinärpathologie, Veterinärbakteriologie, Virologie und Parasitologie. Im Rahmen dieser Bemühungen gelangte man an den Zürcher Regierungsrat, der 1975 in einem Bericht über die finanzpolitischen Grundlagen für die Jahre 1976–1981 festhielt, dass die Gebäude der veterinärmedizinischen Fakultät übermässig ausgelastet seien (Direktion der öffentlichen Bauten, 1990). Darüber hinaus wurde mit dem Rücktritt von Emil Hess als Leiter des Instituts für Veterinärbakteriologie der Bereich Lebensmittelsicherheit aus dem Institut ausgegliedert und in ein eigenständiges Institut umgewandelt. Dies verschärfte die beengte Raumsituation auf dem Gelände an der Winterthurerstrasse weiter.

Die Planungen kamen schrittweise voran und dauerten mehrere Jahre. Erst nach einer Redimensionierung des Projekts stimmte der Zürcher Kantonsrat der Vorlage zum Neubau eines Diagnostikzentrums im Herbst 1985 zu. Der Baubeginn erfolgte nach dem Rücktritt von Hugo Stünzi, den Bezug erlebte er als Emeritus.

Entwicklung der technischen Infrastruktur

Eine Verbesserung der technischen Ausstattung des Instituts brachte in Stünzis Anfangsjahren die Bewilligung für die Beschaffung eines modernen Mikroskops (Leitz Dialux), welches das bisher verwendete private Mikroskop Stünzis ersetzte.[372] Es sollten unzählige weitere folgen, sodass das Institut in den Gebäuden an der Winterthurerstrasse am Ende seiner Amtszeit sehr gut und modern ausgestattet war.

371 Privatarchiv Prof. Johannes Eckert, Zürich. Siehe dazu S. 190.

372 StAZH, Z 79.111.

Rücktritt von Hugo Stünzi

In den Jahren nach 1980 hatte Hugo Stünzi mit verschiedenen gesundheitlichen Problemen zu kämpfen, sodass er sich entschloss, so früh wie möglich zurückzutreten. Er informierte die Fakultät über seine Absichten, die daraufhin ein Planungskonzept für die Veterinärpathologie erarbeitete, das unter anderem vorsah, das Institut mit einem Ordinariat und einem Extraordinariat auszustatten sowie die Eingliederung der Abteilung Elektronenmikroskopie in das Institut vorzunehmen. Das Institut für Veterinäranatomie, bei dem diese Abteilung bisher angesiedelt war, war mit dieser Lösung einverstanden. Im Juli 1983 erfolgte die Ausschreibung für die Neubesetzung des Ordinariats Veterinärpathologie in der Nachfolge Stünzis. Im Juni 1984 konnte nach Probevorträgen von Bewerbern eine erste Berufungsliste mit drei Kandidaten erstellt werden. Im Juni 1984 entschied die Fakultät jedoch, eine Berufungsliste mit nur einem Bewerber an die Erziehungsdirektion weiterzuleiten. Die Verhandlungen mit dem *primo et unico loco* gelisteten Kandidaten zogen sich in die Länge und führten im April 1986 zu dessen Absage.[373] Die Fakultät geriet durch diese Verzögerungen bei der Regelung von Stünzis Nachfolge durch die Erziehungsdirektion und den Kantonsrat unter politischen und zeitlichen Druck, sodass auf eine weitere Ausschreibung der Nachfolge verzichtet wurde. Der Dekan nahm deshalb zu Beginn des Sommersemesters 1986 persönlich Kontakt mit vier möglichen, jüngeren Kandidaten aus der Schweiz und Deutschland auf und forderte sie zu einer Bewerbung auf. Nachdem alle angefragten Personen sich beworben hatten, fanden die Probevorträge in den letzten Wochen des Sommersemesters 1986 statt. Unmittelbar danach erstellte die Fakultät eine Berufungsliste mit drei Kandidaten, die umgehend an die Erziehungsdirektion geleitet wurde. Diese nahm im September 1986 Verhandlungen mit zwei der Kandidaten auf. Die Verhandlungen mit dem Münchner Andreas Pospischil (* 1948) konnten im November 1986 erfolgreich abgeschlossen werden, sodass er vom Regierungsrat am 28. Januar 1987 auf den 1. April 1987 als Professor für Veterinärpathologie und Direktor des Instituts gewählt wurde.

373 UZH Archiv, AB, 3.215.

Hugo Stünzis definitiver Rücktritt erfolgte auf den 15. Oktober 1986, nach 34-jähriger Leitung des Instituts. Er wurde zum Honorarprofessor ernannt und seine Jahrzehnte andauernden Leistungen wurden von der Erziehungsdirektion und Fakultät verdankt. Er verstarb am 16. April 2006.

Der Mensch Hugo Stünzi aus der Sicht von Kommilitonen und Studenten

Bereits während der Gymnasialzeit erhielt Stünzi am Konservatorium in Zürich Unterricht in Klavier und Orgel. Diese Fähigkeiten nutzte er in seiner Studienzeit, um sich als Kirchenorganist ein Taschengeld zu verdienen. Später gab er in seinem Haus in Thalwil nicht selten Hauskonzerte am Klavier.

In der Bierzeitung zum Weihnachtskommers 1940 charakterisierten Stünzis Kommilitonen dessen Charme und Charisma mit der teils sarkastischen, teils bewundernden Bemerkung: «Wir können nicht umhin, die Verdienste eines gewissen Herrn Stünzi, der, – laut Protokoll –, in selbstloser Weise sich anerboten hat, die Vorlesungen zu vervielfältigen, erheblich zu schmälern, da er sich nämlich lediglich dadurch auszeichnete, zwei Sekretärinnen für diese Arbeit begeistert zu haben.»

Ebenfalls in einer Bierzeitung findet sich zum Weihnachtskommers 1946 der Eintrag: «Rund um den Bau des neuen Tierspitals: Nachdem vor Jahresfrist der Neubau eines Tierspitales beschlossen wurde, riefen letzte Woche die beauftragten Architekten eine Versammlung – bestehend aus der Professorenschaft, den Assistenten und Vertretern der Studenten – zusammen, um ihre Wünsche und Anregungen zur Gestaltung des neuen Gebäudes entgegenzunehmen. Dr. Stünzi schlägt vor, im Sectionslocal eine verschliessbare Registriertabelle anzubringen für Ein- und Ausgänge, damit keiner seine exact geführte Kontrolle mit seinen Strichen vervollständigen kann.» Dies weist auf Stünzis Vorstellungen zur Registrierung und möglichen statistischen Auswertung pathologischer Befunde hin, die er später an seinem Institut tatsächlich einführte (Stünzi und Lott-Stolz, 1965; Stünzi, 1967; Stünzi und Lott-Stolz, 1967; Lott-Stolz, 1967).

Da Hugo Stünzis Aussehen sehr charakteristisch war, konnte er in der Bierzeitung zum Weihnachtskommers 1952 als Karikatur wiedergegeben werden (Abb. 70).

6. Das Institut für Veterinärpathologie unter der Leitung von Andreas Pospischil (1987–2013)

Zusammenfassung

Nach seiner 1986 erfolgten Wahl zum Nachfolger von Hugo Stünzi trat Andreas Pospischil die Stelle am 1. April 1987 an. Der Einstieg in die Endphase der Neubauplanung des Diagnostikzentrums stellte das erste umfangreiche und komplexe Projekt der Amtszeit von Pospischil und seinen Mitarbeitenden dar. Danach hatte der sogenannte Vetsuisse-Prozess nachhaltigen Einfluss auf die weitere Entwicklung des Instituts für Veterinärpathologie. Damit erfolgte auch eine Umstrukturierung des Ausbildungsgangs der Veterinärmedizin, was nicht ohne erhebliche Auswirkungen auf die Lehre innerhalb der Veterinärpathologie blieb. Unter der Bezeichnung «Projekt Patho21» erfolgte zudem eine interne Reorganisation des Instituts und der Arbeitsabläufe.
Auf das Wintersemester 1989 wurde Felix Ehrensperger (* 1945) auf Antrag der Fakultät vom Regierungsrat zum Extraordinarius für Immunpathologie und Leiter der gleichnamigen Abteilung gewählt.

Ausbildung und Berufsweg von Andreas Pospischil

Geboren am 13. Januar 1948 in Wien und aufgewachsen in München, studierte Andreas Pospischil von 1969 bis 1974 an der Tierärztlichen Fakultät der Ludwig-Maximilians-Universität München Veterinärmedizin. Nach einem kurzen Ausflug in die tierärztliche Praxis promovierte er 1976 am Institut für Medizinische Mikrobiologie, Infektions- und Seuchenmedizin bei Prof. Anton Mayr mit der Arbeit *Untersuchungen über die Wirksamkeit einer aktiven Praemunisierung auf Wundinfektionen.*

Im Jahr 1977 wechselte er in das Institut für Tierpathologie, um sich auf dem Gebiet der Veterinärpathologie weiterzubilden und die Betreuung des elektronenmikroskopischen Labors zu übernehmen. Nach der Qualifikation zum Fachtierarzt für Pathologie und Mikrobiologie war er mehrere Jahre als Assistent und Oberassistent am Institut für Tierpathologie in München tätig. In dieser Zeit hatte er die Möglichkeit, Lehr- und Forschungsaufenthalte in Argentinien und der Dominikanischen Republik (Pospischil et al., 1979; Pospischil et al., 1982) zu absolvieren.
Im Jahr 1984 habilitierte er sich für das Fach allgemeine und spezielle Tierpathologie mit einer experimentellen Arbeit über enterale Mischinfektionen von Rota-Viren und enterotoxigenen Escherichia coli bei neugeborenen Kälbern, die in Zusammenarbeit mit Peter A. Bachmann vom Institut für medizinische Mikrobiologie, Infektions- und Seuchenmedizin der Tierärztlichen Fakultät in München durchgeführt und danach in einer Reihe von Publikationen veröffentlicht wurde (Mannl et al., 1985, 1986, 1987; Pospischil et al., 1986a, b, c, d; Stiglmair-Herb und Pospischil, 1985, Stiglmair-Herb et al., 1986).
Nach der Habilitation absolvierte er eine Nachdiplomausbildung am National Animal Disease Center (NADC) und an der Iowa State University in Ames (IA) in den Arbeitsgruppen von Harley Moon[374] (Bakteriologie) und Norman Cheville[375] (Pathologie). Dort führte er eine grössere experimentelle Studie zur Dauerausscheidung von Salmonellen bei Schweinen durch (Pospischil et al., 1987a, b; Wood et al., 1989).
Vor der Wahl nach Zürich verbrachte er ein Jahr als Leiter des elektronenmikroskopischen Labors der Abteilung Toxikologie der BASF AG in Ludwigshafen.
Einen Ruf auf den Lehrstuhl für Pathologie und gerichtliche Veterinärmedizin an der veterinärmedizinischen Universität in Wien lehnte er 1999 ab. Nach seiner Zeit als Prodekan und Dekan der veterinärmedizinischen Fakultät (1996–2000) schloss sich ein Sabbatical am Center for Molecular Biotechnology der School of Life Science der Queensland

374 Vgl. https://www.researchgate.net/figure/236636511_fig2_Fig-2-NADC-scientists-in-the-ARS-hall-of-fame-Clockwise-from-upper-left-Ron-Horst (14. 11. 2016).

375 Norman F. Cheville, DVM, PhD, Professor emeritus für Veterinärpathologie an der Iowa State University in Ames (IA) und ehemaliger Chief of Pathology am National Animal Disease Center (NADC) ebendort.

University of Technology in Brisbane bei Peter Timms[376] an. Dort ergab sich die Gelegenheit zum Erlernen molekularbiologischer Methoden, die später in der Veterinärpathologie Anwendung finden sollten.
Am 31. Juli 2013 wurde Andreas Pospischil emeritiert und beendete seine Tätigkeit am Institut für Veterinärpathologie.

Tätigkeit von Andreas Pospischil

Nach der 1986 erfolgten Wahl zum Nachfolger von Hugo Stünzi trat Andreas Pospischil die Stelle am 1. April 1987 an (Abb. 71).[377] Der Einstieg in die Endphase der Neubauplanung des Diagnostikzentrums, des ersten grösseren Erweiterungsbaus auf dem Gelände der veterinärmedizinischen Fakultät an der Winterthurerstrasse seit 1963, stellte das erste umfangreiche und komplexe Projekt der Amtszeit von Pospischil und seinen Mitarbeitenden dar.[378]
Der Umzug des Instituts für Veterinärpathologie und der anderen dort beheimateten Institute erfolgte ab dem 27. Juni 1990 (Abb. 72A–E). Mit dem Neubau für das Institut für Veterinärbakteriologie, für Veterinärpathologie und für Lebensmittelsicherheit konnten unter anderem wichtige Vorhaben und Anpassungen der Arbeitsbedingungen für die Forschung, Lehre und veterinärpathologische Untersuchungen des Instituts für Veterinärpathologie erreicht werden. Dabei handelte es sich zum Beispiel um dringend notwendige Verbesserungen der Hygienesituation im Sektionsbereich, wie etwa Garderoben und Duschen für Mitarbeitende und Studierende, um die Optimierung der Laborräume mit Anpassungen der Lüftungen, um mehr Büroräume, die Anschaffung sowie die Unterbringung eines im Rahmen des Einrichtungskredits bewilligten Transmissionselektronenmikroskops (Abb. 73A–B).
Nachdem es in den Jahren ab 1980 zu einem starken Anstieg der Zahl der Studierenden der Veterinärmedizin gekommen war, gelang es mit

376 Vgl. http://www.usc.edu.au/explore/structure/faculty-of-science-health-education-and-engineering/staff/professor-peter-timms (14. 11. 2016).
377 Neue Zürcher Zeitung, 10. 4. 1987.
378 Broschüre der Direktionen der öffentlichen Bauten und des Erziehungswesen zur Eröffnung des Diagnostikzentrums Lebensmittelhygiene im Juni 1990.

der Einrichtung und Ausstattung eines grosszügigen Kurs- und Mikroskopierraums im Neubau ausgezeichnete Bedingungen für die Lehre zu schaffen (Abb. 68C). Das Institut für Veterinärpathologie der Universität Zürich blieb wie bisher in Lehre, Forschung und Patienten-bezogener Dienstleistung tätig.[379]

Das Planungskonzept der Jahre 1985–1987 der veterinärmedizinischen Fakultät für die Veterinärpathologie nach der Neubesetzung der Professur in der Nachfolge Hugo Stünzis sah die Schaffung eines Extraordinariats vor. Auf das Wintersemester 1989 wurde Felix Ehrensperger (* 1945) auf Antrag der Fakultät vom Regierungsrat zum Extraordinarius für Immunpathologie und Leiter der gleichnamigen Abteilung gewählt (Abb. 74A).

Ehrensperger studierte zwischen 1965 und 1970 Veterinärmedizin an der Universität Zürich. Anschliessend war er Assistent am veterinärpathologischen Institut und promovierte unter der Leitung von Joachim Pohlenz 1974 mit dem Thema *Das Ulcus oesophagogastricum beim Schwein.* In den Jahren 1974/75 verbrachte er einen Gastaufenthalt am Ontario Veterinary College, University of Guelph, im kanadischen Guelph und wurde dort als Assistant Professor im Pathology Department angestellt. Nach der Rückkehr nach Zürich erfolgte seine Beförderung zum Oberassistenten. Eine Förderung durch die Alexander von Humboldt-Stiftung ermöglichte ihm 1980 einen Forschungsaufenthalt am Institut für Pathologie der Tierärztlichen Hochschule Hannover in der Abteilung Immunpathologie bei Prof. Gerhard Trautwein, wo er wesentliche Experimente für seine spätere Habilitationsarbeit durchführte. Sein weiterer Berufsweg führte ihn 1981/82 als wissenschaftlichen Mitarbeiter an das Eidgenössische Vakzine-Institut des Bundesamts für Veterinärwesen in Basel, wo er die in Hannover begonnenen Experimente fortsetzen konnte. Nach seiner Rückkehr an das Institut für Veterinärpathologie habilitierte er im Sommersemester 1988 mit der Arbeit *Zur Immunpathogenese der diaplazentaren Infektion mit dem Virus der Europäischen Schweinepest (ESP)* und wurde zum Privatdozenten ernannt.

379 Siehe dazu unten, S. 190.

Der Vetsuisse-Prozess und die damit verbundenen Reorganisationen
Die folgenden Jahre standen im Zeichen des sogenannten Vetsuisse-Prozesses, mit dem auf Initiative des Zürcher Erziehungsdirektors Ernst Buschor eine Fusion der beiden veterinärmedizinischen Fakultäten der Schweiz in Bern und Zürich erfolgen sollte. Vordergründiges Ziel war eine Kostenreduktion. Politisch sollte aber auch versucht werden, durch eine Fusion von Fakultäten zweier kantonaler Universitäten «föderale Grenzen» im tertiären Bildungssystem zu sprengen. Auf die weitere Entwicklung des Instituts für Veterinärpathologie sollte dieses Vorhaben nachhaltigsten Einfluss nehmen. Der Prozess begann mit gemeinsamen Diskussionen der Planungskommissionen der beiden Fakultäten ab 1992 und führte 1997 zu einer «Verfügung zur Fusion zwischen den veterinärmedizinischen Fakultäten der Universitäten von Zürich und Bern», die von den Erziehungsdirektionen der Kantone Bern und Zürich unterschrieben wurde. Als Hauptziele der Fusion wurden die «Sicherung der Qualität von Ausbildung und Forschung sowie der internationalen Wettbewerbsfähigkeit» und die «Ausnützung der möglichen Synergien und Sparpotentiale, die mittels einer Schwerpunktbildung in der Lehre, der Forschung und im Dienstleistungsbereich realisiert werden können», vorgegeben. Die Realisierung des Prozesses wurde an die beiden Fakultäten delegiert. In einer ersten Projektphase erfolgte im Jahr 2000/01 eine Evaluation beider Fakultäten durch die Association of Universities in the Netherlands (VSNU),[380] die der Gewinnung vergleichbarer Entscheidungsgrundlagen dienen sollte. Daneben erarbeitete eine gemeinsame Lehrkommission ein neues, für beide Standorte gemeinsames Curriculum für die Ausbildung von Tierärzten.[381] Es wurde in Bern und Zürich je ein moderner Teleteaching-Hörsaal eingerichtet, der eine simultane Übertragung von Vorlesungen zwischen den beiden Standorten ermöglicht. Weitere Ziele bildeten die Stärkung der klinischen Forschung und eine Planung fachlicher Schwerpunkte für die Jahre 2007–2011, die für beide Standorte gelten sollten.
Die Fusion der beiden veterinärmedizinischen Fakultäten Bern und Zürich zur Vetsuisse-Fakultät Schweiz wurde 2003 eingeleitet. Im März 2006 verabschiedeten die Parlamente der beiden Kantone das dazu

380 Vgl. http://www.vsnu.nl/en_GB/index.html (15. 11. 2016).
381 Siehe unten, Abschnitt «Entwicklungen in der Lehre», S. 183.

notwendige Vetsuisse-Konkordat, das die Rechtsgrundlage des in der schweizerischen Bildungslandschaft neuen Konstrukts bildete. Die offizielle Gründung der Vetsuisse-Fakultät erfolgte auf den 1. September 2006. Danach konnte das neue Curriculum, das nun Bologna-kompatibel war, eingeführt und eine erfolgreiche europäische Akkreditierung der Ausbildung durch die European Association of Establishments for Veterinary Education (EAEVE)[382] erreicht werden.

In der ersten Phase des Fusionsprozesses wurde unter dem Namen «Vetsuisse heavy» ein Vorschlag diskutiert, der am Standort Bern eine vollständige Infrastruktur der Institute beziehungsweise Abteilungen für Bakteriologie, Immunologie, Parasitologie, Pathologie und Virologie vorsah, was eine weitgehende Auflösung des bisherigen Instituts für Veterinärpathologie in Zürich bedeutet hätte und bei den Mitarbeitenden der betroffenen Zürcher Institute auf allen Ebenen zu einer grossen Verunsicherung über ihre weitere berufliche Situation führte. Dieser Plan war in der veterinärmedizinischen Fakultät in Zürich allerdings chancenlos und fand keine Zustimmung.

Zur Bewältigung der neuen Situation wurde am Institut für Veterinärpathologie eine bereits zuvor begonnene Diskussionen über eine interne Reorganisation intensiv weitergeführt. Es begann mit externer, professioneller Begleitung ein Prozess unter der Bezeichnung «Projekt Patho21», der unter Berücksichtigung der Ergebnisse der VSNU- Evaluation zu einer Steigerung der Qualität der am Institut durchgeführten Arbeiten führen sollte. Ziel war es, den zukünftig wachsenden Anforderungen in Forschung, Lehre und Patienten-bezogener Dienstleistung (veterinärpathologische Untersuchungen) unter den veränderten Rahmenbedingungen besser gerecht werden zu können. Als Konsequenz wurde das Institut in verschiedene Arbeitsbereiche gegliedert: zum einen Forschung/Lehre, zum anderen veterinärpathologisch-diagnostische Untersuchungen/Lehre. Damit wurde den Mitarbeitenden die Möglichkeit geboten, sich unter Berücksichtigung persönlicher Vorstellungen auf die gewählten Arbeitsbereiche zu konzentrieren. Gesamthaft sollte für das Institut eine Steigerung der Effizienz erreicht werden. Von Seiten des Instituts für Veterinärpathologie wurde damit auch die

382 Vgl. http://www.eaeve.org/about-eaeve/mission-and-objectives.html (15. 11. 2016).

Zusammenarbeit mit den Kliniken des Tierspitals optimiert und so ein Beitrag zu einem der Vetsuisse-Ziele, der Steigerung der klinischen Forschung, geleistet.
Im Jahr 2010 erfolgte eine erste Evaluation der gesamten Vetsuisse-Fakultät durch die Evaluationsstelle der Universität Zürich. Im Bericht über den Bereich «Pathobiologie und VPH (Veterinary Public Health)», zu dem das Institut für Veterinärpathologie gehört, wird dem Institut bescheinigt, sehr gute Arbeit geleistet zu haben. Die Evaluation ergab keine gravierenden Mängel. Der Bericht erwähnt die folgenden Punkte:

- Verunsicherung der Mitarbeitenden des IVPZ (Institut für Veterinärpathologie Zürich) auf allen Stufen aufgrund der wenig durchdachten Vetsuisse-Vorgaben bei gleichzeitig zunehmender Belastung durch Lehre, Dienstleistung und Administration und im Hinblick auf den Rücktritt von Prof. Felix Ehrensperger (2011) und Prof. Andreas Pospischil (2013).
- Sehr gute Organisation und sehr gutes Arbeitsklima am IVPZ.
- Die Ausstattung des IVPZ mit Ressourcen durch die Fakultät/Universität liegt mit 76 Prozent deutlich unter dem Durchschnitt der gesamten Fakultät (84 Prozent).
- Die durch Drittmittel und eigene Dienstleistungseinnahmen dem IVPZ zur Verfügung stehenden finanziellen Ressourcen liegen mit 23 Prozent sehr deutlich über dem Durchschnitt der Fakultät (12 Prozent).
- Die Raumsituation des IVPZ im Bereich Büroarbeitsplätze ist mangelhaft (Arbeitsplatzbilanz = –8).
- Die apparative Ausstattung des IVPZ ist ausgezeichnet.
- Die finanzielle Abgeltung der Dienstleistungen (Sektionen) für die Kliniken der Vetsuisse-Fakultät ist überfällig.

Eine Behebung der Mängel erfolgte in der noch verbleibenden Dienstzeit von Andreas Pospischil bis 2013 nicht.

Entwicklungen in der Lehre

Die Aufgaben in der Lehre für das Fach Veterinärpathologie wurden gemeinsam mit den dafür qualifizierten Mitarbeitenden getragen. Im Rahmen des Vetsuisse-Prozesses erfolgte ab 2003 eine Umstrukturierung des Ausbildungsgangs Veterinärmedizin, was nicht ohne erhebliche

Auswirkungen auf die Lehre in Veterinärpathologie blieb. Gleichzeitig mit der Umstellung auf das neue Curriculum wurde ein Anrechnungspunktesystem auf der Basis des European Credit Transfer System (ECTS)[383] eingeführt. Damit soll eine individuelle Ausgestaltung der Studiengänge im vorgegebenen Rahmen ermöglicht sowie die internationale Mobilität der Studierenden gefördert werden.

Neu unterschied man «Organ-zentrierte» von «nicht Organ-zentrierten Fächern». Der Unterricht in allgemeiner Pathologie wurde den «nicht Organ-zentrierten Fächern» zugeteilt, vom 3. in das 2. Studienjahr verlegt und neu mit einer Prüfung am Ende des Jahres abgeschlossen. Der Organ-zentrierte Unterricht erfolgte im 2. und 3. Studienjahr, wobei die Organe blockweise fachübergreifend unter Einbezug der jeweiligen Organ-typischen pathologischen Veränderungen und deren Bedeutung gelehrt wurden. Der praktische Unterricht in Veterinärpathologie wurde im Sektionskurs im 4. und 5. Studienjahr erteilt.

Etwa gleichzeitig wirkte sich die Maturitätsreform von 1995 (MAR95),[384] welche die Kürzung der Ausbildungszeit bis zur Maturität von 13 auf 12 Jahre eingeführt hatte, auf die Zahl der Studienanfänger aus. Da die Umsetzung der Reform zügig erfolgte, erlangte im Jahr 2003 die doppelte Zahl von Schülern die Maturität, was Auswirkungen auf die Implementierung eines neuen Curriculums zeitigte. Zeitweise erforderte dies eine parallele Führung des alten und des neuen Curriculums. Diese Herausforderungen konnten nur durch den Einsatz elektronischer Lehr- und Prüfungsverfahren gemeistert werden.

Das Schwergewicht lag auf der Entwicklung von E-Learning-Projekten und auf deren Einsatz in der täglichen Praxis. Mit der Zeit lagen erste Erfahrungen über den Einsatz dieser Lehrmittel im Unterricht vor, die zeigten, dass eine sinnvolle, effiziente und nachhaltige Verwendung durch die Studierenden wesentlich von der Anleitung und der technischen Einführung des Lehrmittels durch die Dozierenden abhing.

383 Vgl. https://de.wikipedia.org/wiki/European_Credit_Transfer_System (14. 1. 2016).

384 Vgl. dazu: https://www.be.ch/portal/de/veroeffentlichungen/publikationen.assetref/dam/documents/ERZ/GS/de/BiEv/ERZ_2004_Konsequenzen_der_Maturitaetsreform_1995_fuer_das_Bestehen_der_Matura.pdf (14. 11. 2016); http://www.kbw.ch/webautor-data/47/mar.pdf (14. 11. 2016).

Die Akzeptanz der im Rahmen der Pathologie durchgeführten Lehrveranstaltungen bei den Studierenden war durchschnittlich sehr hoch, die technische Durchführbarkeit aufgrund der guten Ausstattung der Kurs- und Lehrräume problemlos. Diese wurden nach und nach technisch aufgerüstet, sodass mit der Anschaffung von Laptop-Computern für 60 Studierende gemeinsam mit den Mitarbeitenden ideale Bedingungen für den Einsatz von E-Learning in der Lehre geschaffen werden konnten (Pospischil et al., 2007a; Abb. 75A–B). Im Rahmen der Lehrevaluationen der Universität Zürich wurden alle Veranstaltungen durch Studierende evaluiert und positiv bewertet.[385]
Parallel zum E-Learning-Projekt wurde ein neues Prüfungsverfahren in Form von Computer-basierten Multiple-Choice-Fragen für das Fach allgemeine Pathologie aufgebaut und erstmals an der Universität Zürich erfolgreich unter Verwendung der im Kurssaal vorhandenen Laptops durchgeführt (Pospischil et al., 2007b).[386]
Im Bereich der Nachdiplomausbildung übernahm das Institut für Veterinärpathologie die folgenden Aufgaben:

- Fortbildung der Assistentinnen und Assistenten (Spezialtierarzt/Fachtierarzt für Pathologie FVH,[387] European College of Veterinary Pathologists,[388] European College of Veterinary Surgeons).[389] Ziel der Fachausbildung von Assistentinnen und Assistenten ist es, die Qualifikation als Spezialtierarzt für Pathologie FVH zu erreichen oder die Prüfung für die Aufnahme in das European College of Veterinary Pathologists zu absolvieren.
- Berufsbezogene Weiterbildung für praktizierende Tierärzte.

385 Vgl. https://www.animalpatho.org/de/ (14. 11. 2016).
386 Vor Monitoren schwitzen statt über Prüfungsbögen. Erste Online-Prüfung an der Universität, in: Neue Zürcher Zeitung, Nr. 199, 27./.28. 1. 2005, S. 59.
387 Vgl. https://berufsberatung.ch/dyn/show/1900?id=6081 (14. 11. 2016).
388 Vgl. http://www.ecvpath.org/# (14. 11. 2016).
389 Vgl. https://www.ecvs.org/home/ (14. 11. 2016).

Qualitätssicherung am Institut für Veterinärpathologie

Im Jahr 1999 wurde der Bereich Dienstleistung erfolgreich nach EN 45001 durch die Schweizerische Akkreditierungsstelle (SAS) akkreditiert; dies als erstes schweizerisches und europäisches universitäres Institut für Veterinärpathologie. Notwendig war dies aufgrund der Vorgaben des schweizerischen Tierseuchengesetzes (Art. 312 der Tierseuchenverordnung TSV). Es ist in aufwendigen Vorarbeiten gelungen, die Arbeitsabläufe im Dienstleistungsbereich weitgehend zu standardisieren und die notwendige Transparenz zu schaffen. Eine Erneuerung des Computersystems mit Einbezug des Laborbereichs erfüllte die Vorgaben einer optimalen Qualitätssicherung. Als Folge kann das Institut weiterhin auf dem freien Markt mit privaten Untersuchungsinstitutionen konkurrenzieren. Die mit der Akkreditierung verbundenen weiterführenden Aufgaben wurden danach planmässig verfolgt. Es zeigte sich, dass dieser Prozess zwar einen erheblichen zusätzlichen Aufwand bedeutete, sich aber positiv auf die Dienstleistungsqualität auswirkte.

Tätigkeit von Andreas Pospischil und Felix Ehrensperger in der akademischen Selbstverwaltung und anderen fachlichen Gremien

Die veterinärmedizinische Fakultät wählte Pospischil von 1994 bis 1996 und 1998 bis 2000 zum Prodekan sowie 1996 bis 1998 zu ihrem Dekan. Von 1990 bis 1991 und von 1997 bis 2000 war er zudem Präsident der Europäischen Gesellschaft für Veterinärpathologie und einer der Gründer des European College for Veterinary Pathology.
Die Società Italiana delle Scienze Veterinarie ernannte ihn 1992 zu ihrem Ehrenmitglied. Im Jahr 1994/95 amtete er als Präsident der Schweizerischen Gesellschaft für Pathologie (SGPath). Die School of Life Science der Queensland University of Technology ernannte ihn 2001 zum *adjunct professor*. Von 1999 bis 2017 wirkte er als Fellow am Collegium Helveticum der Universität Zürich und der ETH Zürich. Im Ausland war Pospischil mehrere Jahre Mitglied des wissenschaftlichen Beirats des

Friedrich-Loeffler-Instituts in Deutschland und des Deutschen Primatenzentrums in Göttingen.
Felix Ehrensperger war unter anderem in der Studienreform aktiv, fakultätsintern in der Studienreformkommission, später in der Vetsuisse-Lehrkommission, gleichzeitig in der Lehrkommission der Universität Zürich. Während vier Jahren amtete er als Prodekan Lehre an der Vetsuisse-Fakultät der Universität Zürich. Als Board Member of the European Society of Veterinary Pathology (ESVP) hatte er von 2007 bis 2012 und von 2009 bis 2011 zudem das Amt des Honorary Secretary inne. Diese zusätzlichen Aufgaben konnten dank der effizienten Unterstützung der Verwaltungsassistentinnen Elisabeth Wicker und Nadja Susanne Schenker bewältigt werden.

Akademische Fortschritte von Mitarbeitenden

In der Zeit von 1987–2013 habilitierten sich am Institut für Veterinärpathologie Felix Ehrensperger[390] (1988; Abb. 68A), Franco Guscetti[391] (1999; Abb. 68B) und Nicole Borel[392] (2012; Abb. 68C).

Organisation von Tagungen

Im September 1990, kurz nach dem Einzug in das neue Diagnostikzentrum, wurde durch das Institut unter Einsatz aller Mitarbeitenden (Abb. 76) die 10. Herbsttagung der Europäischen Gesellschaft für Veterinärpathologie (Abb. 77A) organisiert. Im Auftrag des European College of Veterinary Pathologists erfolgte 2010 gemeinsam mit dem Institut für Tierpathologie in Bern die Organisation der traditionellen Summer School. Im Februar 2011 wurden zudem die 9. Deutschen Chlamydien-

390 Ehrensperger, F.: Zur Immunpathogenese diaplazentarer und perinataler Infektionen mit dem Virus der Europäischen Schweinepest (ESP). Zürich 1988.
391 Guscetti, F.: Chlamydia in Swine. Field Studies and Experimental Enteric Infections in Gnotobiotic Piglets. Zürich 1999.
392 Borel, N.: Chlamydial Abortion in Ruminants. Serological, Epidemiological and Zoonotic Investigations. Zürich 2012.

workshops im Centro Steffano Franscini auf dem Monte Verità in Ascona ausgerichtet (Abb. 77B).
Bereits 1973 hatte Hugo Stünzi gemeinsam mit seinen Münchner Kollegen, den Professoren Erwin Dahme und Joachim von Sandersleben, die Tradition eines jährlichen, später im zweijährigen Rhythmus durchgeführten Kolloquiums begründet, das jeweils alternierend in München und Zürich stattfand (Abb. 78A–B, 79). Neben der Möglichkeit zum gegenseitigen Kennenlernen in ungezwungener Atmosphäre und des fachlichen Gedankenaustausches war es ein Ziel der Treffen, jüngeren Mitarbeitenden die Möglichkeit zur erstmaligen Präsentation eigener Untersuchungsergebnisse oder Fallpräsentationen zu bieten. Diese Tradition wurde von den Nachfolgern von Dahme, von Sandersleben und Stünzi weitergeführt. In München waren dies Walter Hermanns und Wolfgang Schmahl, in Zürich Andreas Pospischil und Felix Ehrensperger. Es erfolgten weitere Treffen in den Jahren 1974, 1975, 1977, 1979, 1982, 1984, 1986, 1989, 1991, 1993, 1995, 1999, 2001, 2003 (30-Jahr-Jubiläum mit vielen ehemaligen Teilnehmerinnen und Teilnehmern), 2008, 2010, 2012 und 2013.

Akademische Gäste am Institut für Veterinärpathologie

Im Laufe der Jahre verbrachten viele ausländische Kolleginnen und Kollegen Studien- und Weiterbildungsaufenthalte von unterschiedlicher Länge am Institut, wie zum Beispiel der Ägypter Hamdy Fetaih, der Ungar Levente Szeredi, der Australier Adam Polkinghorne (2004–2008), der US-Amerikaner Jim Summersgill, Emdad Chowdhury aus Bangladesh, der Thailänder Komkrich Teankum und die Italienierin Simonetta Appino (1993–1994).

7. Veterinärpathologische Untersuchungen und Forschung an der Tierarzneischule am veterinärpathologischen Institut beziehungsweise Institut für Veterinärpathologie in Zürich

Zusammenfassung

Von Anfang an führte man an der Tierarzneischule Zürich Untersuchungen (Sektionen) landwirtschaftlicher Nutztiere und von Heimtieren durch, die auch der Feststellung von Tierseuchen und vom Tier auf den Menschen übertragbaren Krankheiten dienten. An dieser Arbeitsverteilung änderte sich bis 1970 wenig, als aus politischen Gründen eine zentrale Eidgenössische veterinärmedizinische Forschungsanstalt gefordert wurde, die den Auftrag gehabt hätte, wirtschaftlich bedeutungsvolle gesundheitliche Probleme der landwirtschaftlichen Nutzviehhaltung zu bearbeiten. Diese Forderung wurde in der Folge nicht realisiert, führte aber zu wesentlichen Änderungen.

Aus der Zeit von 1820–1873 liegen keine Angaben zur Anzahl und Art der durchgeführten Untersuchungen vor. Erst ab 1874 sind handgeschriebene Sektionsprotokolle überliefert. Ab 1964 sind regelmässige und vollständige Aufzeichnungen über die Untersuchungen vorhanden. Sie zeigen, dass sich die Zahl der durch Sektion untersuchten Tiere zwischen 1867 und 2013 verfünffacht hat.

Die Forschungen auf dem Gebiet der Veterinärpathologie beschränkten sich bis in die Mitte des 19. Jahrhunderts auf Berichte über pathologisch-anatomische Veränderungen, die in deutscher und teilweise in französischer Sprache hauptsächlich im *Archiv für Thierheilkunde* veröffentlicht wurden.

Die methodischen Entwicklungen, die eine Herstellung von Gewebeschnitten ermöglichten, erwiesen sich ab der Mitte des 19. Jahrhunderts als eminenter Fortschritt und führten auch in Zürich zur Verfeinerung von Diagnosen und damit zur intensiven Erforschung insbesondere von Infektions- und Tumorerkrankungen. Beide Gebiete sind bis heute wichtige Arbeitsgebiete der Veterinärpathologie.

Die ab dem Jahr 2001 durch den Vetsuisse-Prozess eintretenden Veränderungen führten zur Bildung von Forschungsschwerpunkten am Institut.

Veterinärpathologische Untersuchungen an der Tierarzneischule, dem veterinärpathologischen Institut und dem Institut für Veterinärpathologie (1867–2011)

Allgemeine Entwicklung

An der Zürcher und der Berner Tierarzneischule führte man seit deren Gründung wie heute Untersuchungen von landwirtschaftlichen Nutztieren durch, die auch der Feststellung von Tierseuchen und vom Tier auf den Menschen übertragbaren Krankheiten dienten. Dabei stützte man sich einerseits auf die klinische Diagnose, andererseits auf die Sektion toter Tiere beziehungsweise die Untersuchung einzelner Organe.
Im Laufe der Jahrzehnte erlangten für eine Diagnose weiterführende bakteriologische, virologische und parasitologische Untersuchungen neben den veterinärpathologischen zunehmend Bedeutung. Das Einzugsgebiet für die Patienten blieb nicht auf die Standortkantone der beiden Schulen beschränkt, sondern erstreckte sich nach und nach auch auf die benachbarten Kantone. Die jeweiligen Kantonsregierungen sowie die Bundesbehörden sahen dies mit der Zeit als selbstverständliche Gegebenheit an.
An dieser Arbeitsverteilung der beiden Fakultäten änderte sich für mehr als ein Jahrhundert nichts Wesentliches. Im Frühjahr 1970 gelangte jedoch der Luzerner Nationalrat Josef Leu (1918–1997; Konservativ-christlichsoziale Volkspartei) mit 51 weiteren Nationalräten mit einem Postulat an den Bundesrat, das die Errichtung einer zentralen Eidgenössischen veterinärmedizinischen Forschungsanstalt forderte. Als Ziel beschrieben die Initianten: «Diese [veterinärmedizinische Forschungsanstalt] hätte den Auftrag, ausschliesslich wirtschaftlich bedeutungsvolle gesundheitliche Probleme der landwirtschaftlichen Nutzviehhaltung zu bearbeiten.»[393] Politisches Ziel des Postulats war eine Unterstützung der schweizerischen Landwirtschaft bei der Bekämpfung der durch die In-

393 Die Unterlagen zum «Postulat Leu» wurden freundlicherweise von Prof. Johannes Eckert aus seinem Privatarchiv zur Verfügung gestellt (2. 12. 2016).

tensivierung der Tierhaltung auftretenden Infektionskrankheiten. Das Eidgenössische Veterinäramt in Bern wurde vom Bundesrat mit der Bearbeitung des Postulats beauftragt und lud die Fakultäten zur Diskussion des «Postulats Leu» ein. In der Zürcher Fakultät löste dies eine intensive interne Diskussion aus, insbesondere darüber, wie man zukünftig die Bearbeitung von Problemen im Zusammenhang mit Infektionskrankheiten landwirtschaftlicher Nutztiere umgehen sollte. Man gründete als Konsequenz eine sogenannte Planungskommission, die sich unter anderem der weiteren Fakultätsplanung zu widmen hatte.

Eine Eingliederung von Forschung und diagnostischer Untersuchung in eine zentrale, eidgenössische Einheit wurde vorerst nicht realisiert, sodass die beiden Fakultäten weiterhin als «offizielle diagnostische Institutionen» funktionieren konnten. In einer späteren Antwort (1972) wies der Bundesrat auf die wachsende Bedeutung von Laboratoriumsuntersuchungen bei der Tierseuchenbekämpfung hin und anerkannte unter anderem die zunehmende räumliche und personelle Belastung der dadurch betroffenen Institute an den beiden veterinärmedizinischen Fakultäten. Direkte Bundesbeiträge für regionale Diagnostikzentren wurden frühestens für das Jahr 1973 in Aussicht gestellt, nach einer Änderung des Tierseuchengesetzes und einer parlamentarischen Beratung. Erste Zahlungen erfolgten aber erst ab 1977.[394] Im Artikel 2 der später erlassenen Tierseuchenverordnung (TSV) wurden «hochansteckende, auszurottende, zu bekämpfende und zu überwachende Seuchen» genannt, für die jeweils Referenzlaboratorien bezeichnet werden sollten.[395] Diese entstanden unter Einbezug der «Institute für Pathologie» überwiegend an den beiden Fakultäten (heute Vetsuisse-Fakultät), die für ihre Tätigkeiten vom Bund finanziell entschädigt wurden. Voraussetzung für diese Tätigkeit war eine nach Artikel 312 der TSV geregelte Akkreditierung des jeweiligen Labors.

Nach der 1999 erfolgten Akkreditierung des Instituts für Veterinärpathologie erfolgte auch seine Anerkennung als Referenzlabor.[396]

394 Systematische Rechtssammlung (SR) 916.40, Tierseuchengesetz (TSG), https://www.admin.ch/opc/de/classified-compilation/19660145/index.html (15. 12. 2016).

395 SR 916.401, Tierseuchenverordnung (TSV), https://www.admin.ch/opc/de/classified-compilation/19950206/index.html (15. 1. 2016).

396 Siehe dazu S. 183.

Untersuchungen 1820–1909

Die Bedeutung der neu gegründeten Tierarzneischule lag in den Anfangsjahren neben der Lehre überwiegend auf praktischem Gebiet wie der Diagnose und Behandlung von Tierkrankheiten sowie bei der Mitwirkung im Rahmen der Seuchenbekämpfung, die eines der wesentlichen Motive für die Gründung der Schulen dargestellt hatte. Die Arbeitszeit der wenigen Lehrer war daher in den ersten Jahrzehnten des Bestehens der Tierarzneischule mit dem Aufbau der Schule und mit Vorlesungen und Kursen weitgehend ausgefüllt (Frei, 1946).

Untersuchungen von toten Tieren oder Teilen davon stellten in dieser Zeit eine Vertiefung des klinischen Unterrichts dar und dienten im Weiteren dem Erkenntnisgewinn für Tierärzte, die diese Patienten behandelt hatten, sowie für Studierende, Forscher und Lehrpersonen. Als Untersuchungsmethode stand anfangs nur die Sektion von ganzen Tierkörpern und einzelnen Organen von Patienten im Vordergrund. Man suchte hauptsächlich eine Bestätigung oder Verbesserung der klinischen Diagnose, die man zuvor am lebenden Patienten erarbeitet hatte. Heute bezeichnet man dieses Vorgehen als Qualitätskontrolle der klinischen Diagnose, weshalb sie immer noch eine grosse Bedeutung hat (Schertenleib et al. 2017; Wäsle et al., 2017). Es war somit folgerichtig, dass diese Sektionen damals von den jeweils behandelnden Klinikern vorgenommen wurden. Die Zahl der Sektionen nahm im Laufe der Zeit jedoch kontinuierlich zu, die Zahl der Mitarbeiter der Klinik hingegen blieb nahezu auf dem gleichen Stand. Daher delegierte man diese Aufgabe ab 1886 an die Schüler der oberen Klassen der Tierarzneischule, welche die Sektionen unter der Anleitung eines Lehrers durchführten und die Berichte verfassten (Schläpfer 1982).

Aus der Zeit vor 1867 finden sich in den Archiven keine Unterlagen zur Zahl und Art der durchgeführten Sektionen. Im *Catalog der pathologisch-anatomischen Sammlung der Thierarzneischule Zürich*[397] sind bei verschiedenen Sammlungspräparaten Hinweise auf ein Journal zu finden, in dem die Untersuchungen offenbar protokolliert wurden. Leider ist keines dieser Journale erhalten geblieben. Auch die detaillierten Protokolle der Aufsichtskommission der Tierarzneischule aus dieser Zeit

397 Siehe dazu S. 64.

Tab. 20: Tierart, Anzahl und Diagnosen der 1857 an der Tierarzneischule in Zürich sezierten Tiere

Tierart	Anzahl	Diagnose
Pferd	13	Pleuritis (3), Kolik (2), Encephalitis (2), Myelitis (2), Hepatitis (2), Pneumonie (1)
Hund	5	Vergiftung (1), Trauma (1), Enteritis (1), Zystitis/Urethritis (1), Karzinom (1)
Katze	3	Räude (1), Aszites (1), Trauma (1)
Schwein	1	Darminvagination
Ziege	1	Nicht erwähnt

enthalten keine Angaben zum Umfang der veterinärpathologischen Untersuchungen. Einige wenig präzise Angaben kann man den *Berichten über die Thierarzneischule* für die Jahre 1845, 1847 und 1857 entnehmen, die im *Archiv für Thierheilkunde* publiziert wurden (Hirzel, 1846; Hirzel, 1848; Zangger, 1856–1861). Demnach sezierte man im Jahr 1845 27 und im Jahr 1847 29 Tiere jeweils ohne Angabe von Tierart und Diagnose. Zangger (1856–1861) machte für 1857 genauere Angaben, die in der Tabelle 20 dargestellt sind. Die Zuverlässigkeit dieser Angaben kann aufgrund des fehlenden Journals nicht überprüft werden. Für 1867 gibt Zschokke (1920) die Zahl der «obduzierten Kadaver» mit 120 an. Dabei handelt es sich um die erste verfügbare Angabe dieser Art.
Erst für den Zeitraum von 1874–1902 und von 1906–1909 finden sich genauere Angaben in zehn Büchern (im Format von 22 × 35 Zentimetern), die ausführliche handgeschriebene Sektionsprotokolle der untersuchten Fälle enthalten.[398] Bei der Auswertung zeigt sich, dass das pathologi-

398 Diese Bücher umfassen den folgenden Zeitraum: Bd. 1: 9. 10. 1874–19. 3. 1877; Bd. 2: 18. 3. 1877–11. 10. 1885; Bd. 3: 12. 10. 1885–26. 3. 1887 (transkribiert und ausgewertet durch Nussbaumer, 1992); Bd. 4: 26. 3. 1887–2. 5. 1891, Bd. 5: 6. 5. 1891–28. 11. 1893, Bd. 6: 29. 11. 1893–1. 9. 1895 (transkribiert und ausgewertet durch Kaczmarcyk, 1994); Bd. 7: 2. 11. 1895–17. 2. 1897, Bd. 8: 17. 2. 1897–6. 5. 1898, Bd. 9: 7. 5. 1898–22. 3. 1900, Bd. 10: 23. 3. 1900–5. 6. 1902, Bd. 11: 8. 6. 1902–21. 4. 1908, Bd. 12: 22. 4. 1908–22. 12. 1909 (transkribiert und ausgewertet durch Friemel, 1997).

Tab. 21: Anzahl der veterinärpathologischen Untersuchungen (Sektionen, Präparate, histologische Untersuchungen, Biopsien und Zytologie) bei verschiedenen Tierarten in den Zeitperioden 1867–1909, 1910–1952, 1953–1986 und 1987–2010

Untersuchungen		Zeitraum				
		1867–1909	1910–1952	1953–1986	1987–2010	Total
Total		19 331	142 845	83 357	160 247	405 780
Sektionen		11 916	21 812	60 287	58 539	152 554
Präparate, pathohistologische Untersuchungen, Biopsien		7 451	121 033	23 070	58 257	209 811
Zytologie		0	0	0	43 451	43 451
Pferde	Sektionen	1 960	597	1 212	3 240	7 009
	Präparate, pathohistologische Untersuchungen, Biopsien	752	1 380	734	3 709	6 575
	Zytologie	0	0	0	3 640	3 640
Rinder	Sektionen	2 092	820	2 357	12 264	17 533
	Präparate, pathohistologische Untersuchungen, Biopsien	3 921	32 768	770	11 128	48 587
	Zytologie	0	0	0	1 115	1 115
Hunde	Sektionen	3 307	3 519	17 189	6 970	30 985
	Präparate, pathohistologische Untersuchungen, Biopsien	589	963	19 729	41 699	62 980
	Zytologie	0	0	0	26 787	26 787
Katzen	Sektionen	1 483	3 505	12 382	8 213	25 583
	Präparate, pathohistologische Untersuchungen, Biopsien	1	549	1 512	16 104	18 166
	Zytologie	0	0	0	11 151	11 151
Nager	Sektionen	2	0	4 552	3 553	8 107
	Präparate, pathohistologische Untersuchungen, Biopsien	0	0	0	5 301	5 301
	Zytologie	0	0	0	360	360
Schafe, Ziegen	Sektionen	238	0	4 714	5 518	10 470
	Präparate, pathohistologische Untersuchungen, Biopsien	316	0	68	1 331	1 715
	Zytologie	0	0	0	110	110
Schweine	Sektionen	722	1 170	901	13 865	16 658
	Präparate, pathohistologische Untersuchungen, Biopsien	1 025	6 311	196	2 925	10 457
	Zytologie	0	0	0	34	34

Hühner,-Geflügel	Sektionen	897	5 240	1 418	0	7 555
	Präparate, pathohistologische Untersuchungen, Biopsien	25	66 514	0	0	66 539
	Zytologie	0	0	0	0	0
Wild-, Zoo-, Pelztiere	Sektionen	0	1 145	15 200	4 908	21 253
	Präparate, pathohistologische Untersuchungen, Biopsien	0	730	61	946	1 737
	Zytologie	0	0	0	254	254
Andere Tiere	Sektionen	1 095	1 583	126	0	2 804
	Präparate, pathohistologische Untersuchungen, Biopsien	715	3046	0	0	3 761
	Zytologie		0	0	0	0

sche Institut in immer grösserem Umfang als Untersuchungsanstalt für Tiere in Anspruch genommen wurde und damit eine Fülle von Material für den Unterricht und die Forschung zur Verfügung stand (Schläpfer, 1982; Zschokke, 1920). Der Paragraf 6 des Reglements für das veterinär-pathologische Institut der Hochschule Zürich vom 3. Juli 1902 präzisiert die offenbar seit Jahrzehnten angewandte administrative Abwicklung für Untersuchungen wie folgt: «Die dem veterinär-pathologischen Institute zugewiesenen Untersuchungen werden in der Regel unentgeltlich ausgeführt. Wo eine grössere Inanspruchnahme an Arbeit und Material nötig wird, findet eine billige Berechnung der Kosten statt; die hieraus erzielten Erträge fallen in die Kasse des Instituts.» Damit wurde eine bereits zuvor geübte Praxis legalisiert und die Rolle des Instituts als quasi öffentliches Untersuchungsamt bestätigt, was im Prinzip bis heute gilt.
Eine zusammenfassende Darstellung der in den Zeitperioden 1867–1909, 1910–1952, 1953–1986 und 1987–2007 durchgeführten veterinärpathologischen Untersuchungen, bestehend aus Sektionen ganzer Tierkörper und von Präparaten (Teilsektionen von Tierkörpern beziehungsweise Organen), histopathologischen Untersuchungen von Biopsien und Ausstrichen (Zytologie), findet sich in der Tabelle 21.
Die Daten von 1874–1902 und 1906–1909, sie umfassen 31 Jahre der Ära von Zangger und Zschokke, entstammen den Dissertationen von Nussbaumer (1992), Kaczmarcyk (1994) und Friemel (1997), in denen die handschriftlich archivierten Aufzeichnungen der Untersuchungen und Befunde transkribiert und ausgewertet wurden und die damit einen de-

taillierten Einblick in das Spektrum der damaligen Untersuchungen ermöglichen.
Insgesamt fanden in dieser Zeit 19 331 veterinärpathologische Untersuchungen (624 per annum) statt, wovon 60 Prozent in Form von vollständigen Sektionen und 40 Prozent als Teilsektionen von einzelnen Organen oder Organgruppen erfolgten, die man damals als «Präparate» bezeichnete. Im Zeitraum von 1874–1886 führte man 89 histopathologische Untersuchungen von Ausstrichen durch (1,7 Prozent aller Untersuchungen). Diese dienten nahezu ausschliesslich zum Nachweis von Milzbrand (Bacillus anthracis), der durch das Auftreten von charakteristischen stäbchenförmigen Bakterien in den veränderten Geweben gekennzeichnet ist (Nussbaumer, 1992).
Im Untersuchungszeitraum von 1887–1894 (Kaczmarcyk, 1994) stieg die Zahl der histopathologischen Untersuchungen auf 368 (10 Prozent aller Untersuchungen), wobei neben dem Nachweis von Bakterien (zum Beispiel Streptokokken, Actinomyces und andere) Parasiten wie Coccidien bei Erkrankungen wie zum Beispiel Milzbrand oder Tuberkulose im Ausstrich, aber auch in vereinzelten Gewebeschnitten diagnostiziert werden konnten.
Der technisch-wissenschaftliche Fortschritt der Labortechnik in dieser Zeit zeigt sich an histopathologischen Diagnosen von Tumoren in Gewebeschnitten wie zum Beispiel Karzinomen und Osteosarkomen. Diese Entwicklung setzte sich fort, sodass im Auswertungszeitraum von 1895–1909 (Friemel, 1997) der relative Anteil der histopathologischen Diagnosen zwar etwa gleich blieb, aber durch die Auswertung von Gewebeschnitten zum Teil komplexe Diagnosen wie Harnsäuregicht, Myokarditis, Rückenmarksmalazie, hyaline Degeneration und Ähnliches erstellt werden konnten.

Untersuchungen 1910–1952

Frei (1914) präzisierte die Aufgabe des veterinärpathologischen Instituts kurz nach der Übernahme der Direktion 1911 wie folgt: «[...] das Institut steht auch in Verbindung mit der tierärztlichen Praxis beziehungsweise mit der Landwirtschaft, indem von Tierärzten und Privaten eingesandte Objekte (Tierkadaver, Organe, verschiedene Nahrungsmittel, besonders Milch) untersucht werden. Das Resultat der Untersuchung wird unverzüglich brieflich, telegraphisch oder telephonisch dem Absender mitgeteilt. Insbesondere in Seuchenfällen (Milzbrand, Rauschbrand, Schweinerotlauf, Tuberkulose, Geflügelcholera, gelbem Galt usw.) [...] wird das Institut sehr häufig beansprucht und auf dessen Befund abgestellt [...]. Die Grosszahl der Objekte stammt aus dem Kanton Zürich, ein Teil aus der Nordost- und Zentralschweiz, ein geringerer Prozentsatz aus der Westschweiz und aus dem Ausland [...]. Die Sektion grosser Kadaver wird auf einem niedrigen, starken fahrbaren Tisch, die Zerlegung kleiner Tiere und die Untersuchung einzelner Organe auf kleineren, hohen, mit Zinkblech überzogenen Tischen vorgenommen.»

Frei führte ab 1911 eine regelmässige Berichterstattung (Jahresstatistik) über die am Institut durchgeführten veterinärpathologischen Untersuchungen ein, die in unregelmässigen Abständen im *Schweizer Archiv für Tierheilkunde* publiziert wurde. Berichte liegen für die Jahre 1912, 1913–1918, 1920–1925, 1928, 1929, 1933–1935 vor.

Die tabellarische Berichterstattung enthält Angaben zu den untersuchten Tierarten: Pferde, Rinder, Schweine, Hunde, Katzen, Hühner und «andere Tierarten», unter denen sich Wild- und Zootiere sowie Reptilien, Fische und andere selten untersuchte Tierspezies finden. Daneben sind die festgestellten Krankheiten aufgelistet.

Bei der Jahresstatistik der Untersuchungen unterschied man vollständige Sektionen und Präparate. Diese Aufteilung birgt für eine vergleichende Betrachtung des Untersuchungsumfangs ein Problem. Da Zschokke ab zirka 1885 am veterinärpathologischen Institut auch bakteriologische Untersuchungen durchführte, nahm deren Zahl kontinuierlich zu. Walter Frei wurde beim Amtsantritt verpflichtet, diese Untersuchungen weiterzuführen, darüber hinaus wurde dem veterinärpathologischen Institut von der Gesundheitsdirektion des Kantons Zürich ab 1916 als offizielle Aufgabe zusätzlich die Durchführung der bakteriologischen Untersuchung im Rahmen der Fleischschau zugewiesen (Frei, 1927). Damit stieg die Zahl der bakteriologischen Untersuchungen weiter an, sodass diese vom klassischen Sektionsbetrieb arbeitstechnisch getrennt werden mussten und ab 1918 in einer eigenen Arbeitsgruppe unter der Leitung von Walter Pfenninger (1892–1927) durchgeführt wurden. Nach Pfenningers plötzlichem Tod im Jahr 1927 übernahm der Oberassistent Leonhard Riedmüller (1898–1976) zuerst stellvertretend diese Aufgaben.

Er erhielt ab 1928 einen Lehrauftrag für Bakteriologie und Hygiene und führte die bakteriologischen Untersuchungen durch. 1938 erfolgte die Einrichtung einer bakteriologisch-serologischen Abteilung am veterinärpathologischen Institut bei gleichzeitiger Ernennung Riedmüllers zum Extraordinarius ad personam und Leiter dieser Abteilung auf den 16. Oktober 1938. Im Jahr 1941 wurde die bakteriologisch-serologische Abteilung in ein eigenständiges Institut für Veterinärbakteriologie an der veterinärmedizinischen Fakultät unter der Leitung von Riedmüller umgewandelt. Ab diesem Zeitpunkt wurde das Format der Jahresstatistik des veterinärpathologischen Instituts abgeändert, indem bakteriologische Untersuchungen nicht mehr gelistet wurden.
Alle vom veterinärpathologischen Institut durchgeführten bakteriologischen Untersuchungen wurden bis 1935 wie die Untersuchungen einzelner Organe (Teilsektionen) in der Rubrik «Präparate» aufgeführt, was in den vorherigen (1867–1909) und den darauffolgenden Jahren (1964–1986 und 1987–2013) nicht der Fall war, weshalb ein Vergleich mit den anderen Zeitperioden nicht möglich ist. Innerhalb der Kategorie «Präparate» wurden in der Zeit von 1910–1952 rund 87 Prozent aller Untersuchungen vorgenommen, die klassischen Sektionen wiesen lediglich einen Anteil von 13 Prozent auf (Tab. 21). Die weitere Darstellung der in der Zeitperiode 1910–1952 durchgeführten veterinärpathologischen Untersuchungen beschränkt sich daher auf die Zahl der vollständig durchgeführten Sektionen (21 812; 519 per annum), die in der Kategorie «Sektionen» aufgelistet sind (Tab. 21).
In der Zeit des Ersten Weltkriegs und in dem nachfolgenden Jahrzehnt ging die Zahl der Sektionen von Pferden und Rindern im Vergleich zur Periode 1867–1909 deutlich zurück (Abb. 74). Zschokke (1920) erklärt dies wie folgt: «Die Zahl von Untersuchungen grosser Tiere, insbesondere Pferde ging zufolge der ‹Hippophagie› stark zurück.» Die im Vergleich zur Periode 1867–1909 deutliche Zunahme der 1909–1952 insgesamt durchgeführten Sektionen auf 21 812 ist auf eine starke Zunahme der Sektionen von Hühnern und anderem Geflügel zurückzuführen (Tab. 21). Verantwortlich dafür ist die erfolgreiche Arbeit einer 1930 mit Zustimmung der Erziehungsdirektion am veterinärpathologischen Institut geschaffenen Spezialabteilung für Geflügelkrankheiten, wofür eine zusätzliche Oberassistentenstelle bewilligt wurde.

Untersuchungen 1952–1986

Aus den ersten Jahren der Ära Hugo Stünzis sind keine Aufzeichnungen über den Umfang veterinärpathologischer Untersuchungen erhalten. Die damals alle zwei Jahre üblichen Jahresberichte für die Universität Zürich weisen nur die Anzahl der Sektionen aus. Die Anzahl histopathologischer Untersuchungen (Biopsien) wurde als Gesamtzahl der angefertigten Gewebeschnitte und nicht als Zahl der untersuchten Patienten dargestellt, was einen Vergleich mit anderen Zeitperioden verunmöglicht.

Erst mit der Einführung von Sichtlochkarten zur Registrierung der verschiedenen am veterinärpathologischen Institut durchgeführten Untersuchungen ab 1964 sind diese Informationen in präziser Form erhältlich (Stünzi und Lott-Stolz, 1965, 1967; Stünzi, 1967). Diese in der Vor-Computer-Zeit erhobenen Daten konnten später aufwendig in eine digitale Datenbank überführt und damit vergleichend ausgewertet werden (Grüntzig et al., 2015, 2016; Graf et al., 2015, 2016).

Gegen Ende der aktiven Dienstzeit von Hugo Stünzi, ab 1986, wurde die Aufzeichnung der Daten der veterinärpathologischen Untersuchungen des Instituts in eine Computer-basierte Datenbank überführt, die dann kontinuierlich weitergeführt wurde.

Die Darstellung der in der Zeitperiode 1952–1986 durchgeführten veterinärpathologischen Untersuchungen beschränkt sich für die Zeit bis 1964 daher auf die Zahl der vollständig durchgeführten Sektionen (60 287), die in der Kategorie «Sektionen» aufgelistet sind (Tab. 21). Erst für die Zeit danach liegen bis 1986 Angaben über histopathologische Untersuchungen vor.

Im Zeitraum 1952–1986 wurden insgesamt 83 357 Untersuchungen (2 452 per annum) durchgeführt, wovon 60 287 (1 773 per annum) in Form von Sektionen und 23 070 (678 per annum) als histopathologische Untersuchungen erfolgt waren. Die Zahl der Sektionen konnte im Vergleich zu den Perioden 1867–1909 und 1910–1952 deutlich gesteigert werden. Ein Vergleich der Anzahl der histopathologischen Untersuchungen ist aus den zuvor geschilderten Gründen nicht möglich.

Der grösste Teil der histopathologischen Untersuchungen wurden in dieser Zeit von den Oberassistierenden Gret Lott-Stolz und Beat Hauser (1946–2017) durchgeführt.

Untersuchungen 1987–2013
(unter Einbezug der Abteilung Immunpathologie ab 1990)

Im «Gesetz über die Universität Zürich» vom 15. März 1998 ist festgehalten, dass die Universität neben wissenschaftlicher Arbeit in Lehre und Forschung auch Dienstleitungen erbringt. Die Universitätsordnung präzisiert, dass Dienstleistung zugunsten Dritter erfolgen kann und dass sie Lehre und Forschung nicht behindern darf. Diese Grundsätze haben Eingang in das Leitbild der Universität Zürich vom 16. Januar 2001 gefunden.

Damit erfolgte auch eine präzisere Umschreibung der veterinärpathologischen Untersuchungen für Auftraggeber ausserhalb der Universität, die nun unter dem Begriff «Dienstleistungen für die Öffentlichkeit» zusammengefasst sind. Im Fall des Instituts für Veterinärpathologie kommen sie den niedergelassenen Tierärzten, landwirtschaftlichen und nichtlandwirtschaftlichen Tierbesitzern im Kanton Zürich und in den Nachbarkantonen zugute. Für die Öffentlichkeit ist bei landwirtschaftlichen Nutztieren die Erhaltung und Förderung einer Produktion von gesunden Nahrungsmitteln tierischen Ursprungs mit hoher Qualität von wachsender Bedeutung. Diese Aufgabe ist den diagnostischen Instituten der veterinärmedizinischen Fakultät als Leistungsauftrag übertragen worden. Die Fakultät übernimmt demgemäss Aufgaben eines kantonalen Labors.

Die in der Ära Hugo Stünzis begonnene Registrierung der durchgeführten veterinärpathologischen Untersuchungen des Instituts in einer elektronischen Datenbank wurde konsequent weitergeführt und ausgebaut. Die vorhandenen historischen Daten konnten bei mehreren Systemwechseln jeweils in das neu angeschaffte System überführt werden, sodass eine zusammenhängende Auswertung über den gesamten Zeitraum seit 1987 möglich ist. Auch kann eine klare Unterscheidung in Sektionen und histopathologische Untersuchungen von Biopsien in der Struktur dieser Datenbank vorgenommen werden. Als zusätzliche Untersuchungsmethode konnte ab 1990 die Auswertung von Ausstrichen (Zytologie) durch Feinnadelbiopsien bei Patienten eingeführt und den Kunden angeboten werden. Die Ergebnisse dieser Untersuchungen wurden unter dem Stichwort «Zytologie» in die Datenbank eingefügt. Diese Ergänzung des diagnostischen Spektrums entsprach einem

Wunsch von Tierbesitzern und behandelnden Tierärzten nach «minimal invasiven Methoden» zur Schonung der Patienten. Sie fand ihre Anwendung hauptsächlich bei «Heimtier-Patienten» wie Hund und Katze. Die Anzahl der in der Zeitperiode 1987–2010 durchgeführten veterinärpathologischen Untersuchungen zeigt die Tabelle 21. Insgesamt erfolgten 160 247 (6 967 per annum) Untersuchungen, von denen 58 539 (2 545 per annum) als Sektionen, 58 257 (2 534 per annum) als histopathologische Untersuchungen von Biopsien und 43 451 (1 889 per annum) als Zytologie verzeichnet sind. Die durchschnittliche Anzahl der 1986–2010 jährlich durchgeführten Sektionen verfünffachte sich im Vergleich mit den Perioden 1867–1909 und 1910–1952 etwa und stieg gegenüber der Periode 1952–1986 um rund 42 Prozent. Der Umfang der durchschnittlich jährlich durchgeführten histopathologischen Untersuchungen von Biopsien verdoppelte sich in der Periode 1986–2010 im Vergleich mit der Zeit 1952–1986.
Die histopathologischen Untersuchungen von Biopsien und zytologischen Präparaten wurden in dieser Zeit von den Oberassistentinnen und -assistenten Paula Grest, Gret Lott, Maya Rütten und Beat Hauser durchgeführt. Die Durchführung der Sektionen erfolgte durch Assistierende und Doktorierende unter der Aufsicht der Oberassistenten und Professoren des Instituts.
Die Zahl der in der Schweiz registrierten Hunde nahm in den vergangenen Jahrzehnten zu und erreichte 2010 die Zahl von 500 000 (Pospischil et al., 2013). Bei Katzen geht man rund 1,3 Millionen Tieren aus. Diese Zunahme und die Tatsache, dass die Zahl der tierärztlichen Behandlungen von Heimtieren als Konsequenz deutlich stieg, liess mit der Zeit auch die Zahl der beantragten histopathologischen Untersuchungen von Biopsien und zytologischen Präparaten deutlich anwachsen. In der Folge überstieg das Arbeitsaufkommen die Kapazitäten des Instituts, das auch durch die erhöhten Anforderungen an die Bereich Forschung und Lehre gefordert war. Dies führte im Laufe der Zeit zur Gründung von privaten Laboratorien, die sich überwiegend der Untersuchung von Biopsien und zytologischen Einsendungen widmen, was eine Entlastung des Instituts für Veterinärpathologie nach sich zog.
Im Jahr 1999 wurden die veterinärpathologischen Untersuchungen des Instituts für Veterinärpathologie der Universität Zürich durch die

Schweizerische Akkreditierungsstelle (SAS) nach EN 45001 (heute ISO/IEC 17025:2005)[399] als erstes schweizerisches und europäisches Universitätsinstitut akkreditiert. Notwendig war dieser Schritt aufgrund der Vorgaben der Tierseuchenverordnung vom 27. Juni 1995 geworden.[400] Durch aufwendige Vorarbeiten war es gelungen, die Arbeitsabläufe im diagnostischen Bereich weitgehend zu standardisieren und die notwendige Transparenz zu schaffen. Im Weiteren erfüllte eine Erneuerung des Computersystems mit Einbezug des Laborbereichs die Vorgaben einer optimalen Qualitätssicherung. Der Prozess bedingte zwar einen erheblichen zusätzlichen Aufwand, wirkte sich aber positiv auf die diagnostische Qualität aus. Im Jahr 2003 erfolgte eine routinemässige Reakkreditierung.
Das Institut fungiert darüber hinaus im Auftrag des Bundesamts für Lebensmittelsicherheit und Veterinärwesen als Nationales Referenzzentrum für Chlamydienabort bei Schafen und Ziegen[401] und ist Referenzzentrum der World Organization for Animal Health (OIE)[402] für diese Erkrankungen.

Untersuchte Tierarten

Eine zusammenfassende Darstellung der relativen Verteilung der in den Zeitperioden 1867–1909, 1910–1952, 1953–1986 und 1987–2007 untersuchten Tierarten zeigt die Abbildung 80. Vergleicht man die Häufigkeiten der untersuchten Tierarten über den gesamten Zeitraum von 1867–2010, so zeigen sich erwartungsgemäss erhebliche Schwankungen. Bemerkenswert ist jedoch, dass am Institut seit rund 150 Jahren überproportional viele Hunde (1867–1909 28 Prozent, 1910–1952 16 Prozent, 1953–1986 29 Prozent und 1987–2010 12 Prozent) und Katzen (1867–1909 12 Prozent, 1910–1952 16 Prozent, 1953–1986 21 Prozent und 1987–2010 14 Prozent) untersucht wurden. In der Periode 1987–2010

399 Schweizerische Akkreditierungsstelle (SAS), https://www.sas.admin.ch/sas/de/home.html (9. 11. 2016).
400 Vgl. SR 916.401, Tierseuchenverordnung (TSV), https://www.admin.ch/opc/de/classified-compilation/19950206/index.html (14. 1. 2016).
401 Vgl. https://www.blv.admin.ch/blv/de/home/tiere/tierseuchen/tierseuchendiagnostik.html (14. 11. 2016).
402 Siehe dazu: http://www.oie.int (14. 11. 2016); http://www.oie.int/en/animal-health-in-the-world/oie-listed-diseases-2016/ (14. 11. 2016).

ist für beide Tierarten eine Zuweisung von Untersuchungen ausser zur Kategorie Sektion auch zu den Kategorien Biopsie und Zytologie möglich. Fasst man diese drei Kategorien zusammen, wurden in der Periode 1987–2010 total 41 Prozent aller Untersuchungen bei Hunden und 19 Prozent bei Katzen durchgeführt. Durch diese starke Zunahme der Untersuchungsfrequenz entstand ein Markt für private Laboratorien, in dem sich verschiedene Laboratorien etablierten.

Der hohe Anteil der untersuchte Hunde und Katzen erscheint auf den ersten Blick nicht verwunderlich, da man heute weiss, dass Hund und Katze durch einen Wandel ihrer gesellschaftlichen Bedeutung zu Begleittieren geworden sind, denen eine veterinärmedizinische Fürsorge zuteil wird, die der medizinischen Versorgung von Menschen wenig nachsteht. Ein Blick auf die verfügbaren Angaben aus der Periode 1867–1909 (Abb. 74), in der Hunde und Katzen zusammen 40 Prozent des gesamten Untersuchungsmaterials ausmachten, lässt erahnen, dass die Wertschätzung von Hund und Katze als Begleittiere bereits im ausgehenden 19. Jahrhundert sehr gross war. Für Katzen liegen zu dieser Frage keine vertiefenden Berichte vor. Hingegen bestätigen die Veröffentlichungen von Steinbrecher (2009, 2010, 2011) die Tatsache, dass Hunde in «frühneuzeitlichen Lebenswelten» (ab etwa 1750), insbesondere in Städten eine nicht zu vernachlässigende Bedeutung hatten. Dies schlug sich offenbar auch im Untersuchungsgut des veterinärpathologischen Instituts in Zürich nieder.

Im Kanton Zürich wurde 1805 eine Hundesteuer eingeführt (Steinbrecher, 2010). Damit beabsichtigte man, die Zahl der Hunde zu begrenzen, um die Zahl der potenziellen Überträger der Tollwut zu reduzieren. Massnahmen zum Schutz der Bevölkerung vor der Tollwut waren damals dringend geboten, war diese Infektionskrankheit doch eine für den Menschen seit Jahrtausenden ernst zu nehmende Bedrohung, die grundsätzlich einen tödlichen Verlauf nahm, da keine wirksame Therapie zur Verfügung stand. Die erste Impfung wurde 1885 von Louis Pasteur durchgeführt. Auch Personen aus Zürich reisten zur Impfung zu Pasteur nach Paris.[403] Die *Neue Zürcher Zeitung* berichtete in der Zeit

403 Vgl. https://veta.zh.ch/internet/gesundheitsdirektion/veta/de/ueber-uns/100jahre/schwerpunkt_tollwut.html (4. 11. 2016). Neben gesetzlichen Vorgaben und Massnahmen sind aus dieser Zeit auch Einzelschicksale dokumen-

von 1870–1867 über rund 98 Fälle von Tollwut bei Hunden und über mindestens zwei Todesfälle beim Menschen.[404]
Da das Ziel der Verminderung der Anzahl der Hunde durch die Hundesteuer nicht erreicht werden konnte, gab es im Grossen Rat und danach im Kantonsrat in unregelmässigen Zeitabständen immer wieder Vorstösse, um durch eine Erhöhungen der Steuer eine Verminderung der Zahl der Hunde zu erreichen. Es wurden Beträge von bis zu 20 Franken pro Hund diskutiert.
Vergleicht man die absoluten Zahlen der im letzten Quartal des 19. Jahrhunderts in Stadt und Kanton Zürich gehaltenen Hunde mit denjenigen ab Mitte des 20. Jahrhunderts (Pospischil et al. 2013), so zeigt sich, dass zum Beispiel im Jahr 2000 (56 425 Hunde im Kanton Zürich, 8 685 in der Stadt Zürich) die Zahl der Hunde 10- bis 12-mal höher liegt als im ausgehenden 19. Jahrhundert. 1870 registrierte die Eidgenössische Volkszählung im Kanton Zürich 284 786 Einwohner, für das Jahr 2000 1 247 906 Personen, was einer Zunahme der Bevölkerung auf das 4,4-fache entspricht. Berechnet man das Verhältnis von Hunden pro Einwohner, so kommt im Jahr 1870 1 Hund auf etwa 44 Einwohner und im Jahr 2000 1 Hund auf etwa 41 Einwohner. Das Verhältnis hat sich somit während 130 Jahren kaum verändert.
Da es zur Zahl der im Kanton Zürich beziehungsweise in der Schweiz gehaltenen Katzen keine zahlenmässigen Angaben gibt, ist eine vergleichbare, gesicherte Aussage zur Haltung von Katzen nicht möglich.
Nachdem ab 1990 die Untersuchungen von Schweinen aus dem veterinärbakteriologischen Institut in das Institut für Veterinärpathologie verlagert worden waren, steht diese Tierart mit 24 Prozent der durchgeführten Sektionen für diese Zeitperiode an der Spitze der Rangliste. Es folgen die Untersuchungen von Rindern (21 Prozent), Katzen (14 Prozent), Hunden (12 Prozent), Schafen und Ziegen (9 Prozent), Wild-, Zoo-

tiert: Frau Egli, die im März 1895 in Limberg (Gemeinde Küsnacht) von einem tollwütigen Hund gebissen wurde, reiste am 13. März nach Paris, um sich im Institut Pasteur behandeln zu lassen. Sie überlebte. Die sich im Versuchsstadium befindende Behandlung in Paris war kostenlos. Vom Kanton Zürich erhielt sie aus dem Kredit für «Schutzpockenimpfung und allgemeine Sanitätspolizei» die Reisekosten von 95 Franken sowie 5 Franken an Kost und Logis pro Tag bezahlt.

404 Neue Zürcher Zeitung, 8. 9. 1876, S. b2; 25. 2. 1876, S. 1; 8. 11. 1876, S. a2.

Tab. 22: Angaben über die Anzahl der Hunde in der Stadt und dem Kanton Zürich aus den Berichten der «Neuen Zürcher Zeitung» über Debatten über die Erhöhung der Hundesteuer im Zürcher Kantonsrat

Anwendungsbereich	Jahr	Anzahl Hunde	Referenz
Kanton Zürich	1817	1935	Neue Zürcher Zeitung, 13. 11. 1818, S. a3
	1818	1704*	
	1820	1800	Neue Zürcher Zeitung, 8. 11. 1876, S. 2
	1830	2900	
	1840	3400	
	1850	4100	
	1860	4400	
	1863	5704	Neue Zürcher Zeitung, 2. 10. 1864, S. a2; Steinbrecher, 2010
	1865	5500	Neue Zürcher Zeitung, 8. 11. 1876, S. a2
	1870	5600	Neue Zürcher Zeitung, 8. 9. 1876, S. b2
	1875	7200	Neue Zürcher Zeitung, 25. 2. 1876, S. 1
	1876	7700	Neue Zürcher Zeitung, 8. 11. 1876, S. a2
	1877	7927	
Stadt Zürich	1880	540	Neue Zürcher Zeitung, 5. 1. 1882, S. a2
	1881	584	

* Zum Rückgang der Zahl der Hunde von 1817–1818 vgl. Neue Zürcher Zeitung, 13. 11. 1818, S. a3: «Vermuthlich waltet indess dabey eine Täuschung ob, indem man die abgabepflichtigen Hausthiere der Visitation und Verzeichnung hin und wieder zu entziehen wusste.»

und Pelztieren (8 Prozent), Nagetieren (6 Prozent) und Pferden (6 Prozent). Vergleiche zu den vorherigen Perioden sind nicht möglich.

Aus dem Spektrum der seit der Periode 1867–1909 untersuchten Tierarten soll zum Schluss das Pferd herausgegriffen werden. Auffallend ist, dass der Anteil von Untersuchungen von Pferden, der in der Periode 1867–1909 noch 16 Prozent betrug, in der Periode 1986–2010 auf 6 Prozent gesunken war. Betrachtet man jedoch die absoluten Zahlen der untersuchten Pferde (Tab. 21), so zeigt sich, dass in der Periode 1867–1909 total 1960 Pferde obduziert wurden, 1987–2010 hingegen 3240 zur Sektion gelangten und daneben 3709 histopathologische Untersuchungen von Biopsien vorgenommen sowie 3640 zytologische Präparate untersucht wurden. Der Bestand an Pferden betrug 1876 100 933 (Gloor, 1939) und im Jahr 2012 103 010 Tiere (Schmidlin et al., 2014). Trotz der im 20. Jahrhundert erfolgten deutlichen Wandlung des Pferdes vom

Nutz- zum Sport- und Freizeittier veränderte sich die Zahl der Pferde in der Schweiz nicht wesentlich. Die intensivere tierärztliche Betreuung schlug sich auch in der Zunahme der veterinärpathologischen Untersuchungen nieder.

Veterinärpathologisch diagnostizierte Erkrankungen 1874–2011

Eine Darstellung des relativen Anteils der diagnostizierten Erkrankungen muss sich aus verschiedenen Gründen auf eine Auswahl konzentrieren. Einerseits beschränken sich die weiteren Ausführungen zu den untersuchten Tierarten auf Pferde, Hunde und Katzen, da es sich dabei um diejenigen Tierarten handelt, die am häufigsten untersucht wurden und für die über den gesamten Zeitraum vom ausgehenden 19. bis ins 21. Jahrhundert eine kontinuierliche Datenlage vorliegt. Andererseits liegen Daten nicht für alle Zeiträume vor. Es handelt sich hierbei um die folgenden Zeitperioden: 1874–1909, 1912–1935, 1964–1986 und 1987–2011 (Abb. 81). In den genannten Perioden wurden Diagnosen auf unterschiedliche Weise erarbeitet. In der ersten Zeitperiode erfolgten Diagnosen bei einer Sektion auf der Basis der für eine Erkrankung charakteristischen morphologischen Befunde am Tierkörper und an den inneren Organen.

Im Laufe der Jahrzehnte wurde das verfügbare methodische Spektrum für eine Diagnosestellung durch die Entwicklung und Anwendung der folgenden Methoden erweitert:

- bakteriologische Untersuchung zum Nachweis von Erregern,
- histopathologische Untersuchung von Gewebeschnitten zur Erkennung feinstruktureller Veränderungen in Geweben,
- serologischer Nachweis von Antikörpern gegen Erreger,
- elektronenmikroskopischer Nachweis von Erregern und Tumorstrukturen in Geweben,
- Isolation von Viren über Gewebekulturen,
- immunhistologischer Nachweis von Erregern und Tumormarkern in Gewebeschnitten,
- molekularbiologischer Nachweis der DNA von Erregern und Tumoren.

Um bei einer zusammenfassenden Darstellung diesen Entwicklungsschritten gerecht zu werden und um eine übersichtliche Darstellung zu erreichen, erfolgt eine Zusammenfassung von Einzeldiagnosen, unabhängig auf welchem Weg sie erarbeitet worden sind, zu grösseren Gruppen von Erkrankungen, wobei die folgenden Gruppen gewählt werden (Abb. 81):

- Infektionskrankheiten wie zum Beispiel Tuberkulose, Milzbrand, Rotz und andere,
- Tumoren,
- andere Krankheiten wie zum Beispiel Stoffwechselerkrankungen, Erkrankungen einzelner Organe und andere.

Beim Vergleich dieser Gruppen von Erkrankungen über die genannten Zeitperioden bei den Tierarten Pferd, Hund und Katze zeigt sich, dass der Anteil von Infektionskrankheiten beim Pferd von 74 Prozent der Diagnosen in der Periode 1874–1909 in den nachfolgenden Zeiträumen deutlich auf 18–23 Prozent sank (Abb. 75). Beim Hund zeigt sich mit einem Anstieg des Anteils von diagnostizierten Infektionskrankheiten von 10 (Periode 1874–1909) auf 20 Prozent (Periode 1987–2011) eine gegensätzliche Entwicklung. Demgegenüber liegt bei der Katze – mit Ausnahme der Periode 1912–1935 (20 Prozent) – der Anteil der Infektionskrankheiten bei etwa 30 Prozent der Diagnosen. Ob Impfungen oder therapeutische Massnahmen wie der Einsatz von Antibiotika dafür verantwortlich sind, muss offen bleiben.

Der Anteil von Tumoren an der Gesamtzahl der Diagnosen blieb beim Pferd über alle Zeitperioden mit zum Teil deutlich unter 10 Prozent der Diagnosen auf niedrigem Niveau stabil (Abb. 81). Bei Hund und Katze kommt es dagegen zu einem kontinuierlichen, zum Teil dramatischen Anstieg von Tumor-Erkrankungen. Dies ist mit grosser Wahrscheinlichkeit nicht auf ein generell gehäuftes Auftreten derartiger Fälle, sondern auf die Optimierung der diagnostischen Möglichkeiten zur Diagnose von Tumorerkrankungen zurückzuführen.

Der Anteil anderer Krankheiten an der Gesamtzahl der Diagnosen zeigt, auch aufgrund der Heterogenität der Diagnosen, in dieser Gruppe ein uneinheitliches Bild. Beim Pferd steigt diese Diagnosegruppe von 15 Prozent (Periode 1874–1909) auf rund 50–60 Prozent in den nachfolgenden Perioden. Beim Hund sinkt die Häufigkeit anderer Krankheiten von 78 (1874–1909) auf zirka 40 Prozent (1964–1986 und 1987–2011). Bei der Katze schwankt sie zwischen 69 (1912–1935) und 36 Prozent (1964–

1986). Es erscheint nicht realistisch, aus den Schwankungen der Häufigkeit anderer Erkrankungen weitere Schlüsse zu ziehen.

Unter den diagnostizierten Erkrankungen nehmen solche mit forensischen Fragestellungen eine Sonderstellung ein. Einerseits stellen die bei diesen Fällen gestellten Fragen nicht selten eine Herausforderung dar, da zur Beantwortung umfangreiche Recherchen und teilweise aufwendige weitere Untersuchungen erforderlich sind. Andererseits sind solche Fälle oft mit einer grossen Anteilnahme der Öffentlichkeit und Präsenz der Medien verbunden.[405] Im Laufe der vergangenen Jahrzehnte hat die Anzahl solcher Untersuchungen deutlich zugenommen. Waren anfänglich die Auftraggeber im Wesentlichen Versicherungen, die Schadenersatzansprüche zu regulieren hatten, so gelangten später mehr und mehr Fälle zur Untersuchung, bei denen ein mögliches Vergehen gegen das Tierschutzgesetz (Tierquälerei, Vergiftungen und so weiter) angenommen wurde. Einsender dieser Fälle waren Polizeibehörden, Staatsanwaltschaften und Tierschutzorganisationen.

Wohin mit toten Tieren?

Bis 1878 erfolgte die Entsorgung toter Tiere am Tierspital durch Einwurf in die dortige «Mistgrube». Diese wurde alle zwei bis drei Monate entleert und der Inhalt entsorgt. Danach wies man der Tierarzneischule beim Pulverhaus in Albisrieden[406] einen «Verscharrungsplatz» zu, wohin ein wöchentlicher Transport der Tierkörper erfolgte.

Am 30. Mai 1894 einigte sich die Erziehungsdirektion mit dem städtischen Gesundheitsamt in Zürich auf einen Vertrag «betreffend die Abfuhrverhältnisse an der Tierarzneischule», nach dem die Stadt Zürich in

405 Vgl. http://www.nzz.ch/articleD6HFW-1.174328 (12. 1. 2017).

406 Die Stadt Zürich errichtete 1837 auf dem Gelände des ehemaligen «Galgenhügels» ein Pulvermagazin. Heute steht dort das von Max Frisch geplante und 1949 errichtete Freibad Letzigraben. Vgl. dazu Ohlschlager, Walter: Wären es die Pulverhäuser aller Welt!, in: Neue Zürcher Zeitung, 6. 8. 2011: «Auf der Baustelle am Letzigraben wird gegen Ende des Jahres das Skelett eines Hingerichteten gefunden. Überraschend ist das nicht, stand doch seit dem 14. Jahrhundert an der damals höchsten Stelle, wenige Meter neben dem heutigen Restaurant-Pavillon, der städtische Galgen, an dem noch bis ins Jahr 1810 die Verurteilten aufgehängt wurden. Die Leichen wurden unter dem Galgen verscharrt.»

der Folge die Abfuhr übernahm.[407] Sie erfolgte wöchentlich 2- bis 3-mal in einem geschlossenen Wagen, um die Abfälle im Podewillschen Apparat[408] zu verwerten (Schwarz, 1894; Zschokke, 1920). Beim Vertragsabschluss ging man von einer Entsorgung von jährlich rund 80 Tierkörpern aus, wofür eine Entschädigung von 500 Franken zu entrichten war. Bereits im Jahr 1895 stieg jedoch die Zahl der entsorgten Tierkörper auf 125 an, da private Tierbesitzer Körper von verstorbenen Tieren an der Tierarzneischule zur «gebührenfreien» Entsorgung abgaben. Für die Stadt Zürich stiegen die Kosten dadurch auf jährlich 800 Franken an. In den nachfolgenden Verhandlungen mit dem städtischen Gesundheitsamt einigte man sich darauf, dass die Entsorgung von privat abgelieferten Tierkörpern den Tierbesitzern zu verrechnen sei.

Heute gilt, dass Tierkörper (Haus- und Nutztiere, Fallwild) aufgrund des Seuchen- und Hygienerisikos nach strengen gesetzlichen Anforderungen[409] von lizenzierten Entsorgern zu behandeln sind.[410] Sämtliche Tierkörper, und wegen der BSE-Problematik zurzeit auch fast alle Schlachtabfälle, müssen verbrannt werden. Eine Ausnahme bilden einzelne, bis 10 Kilogramm schwere Tierkadaver (zum Beispiel tote Heimtiere), die auf Privatgrund vergraben werden dürfen und mindestens 50 Zentimeter hoch mit Erde bedeckt sein müssen. Für das Vergraben bestehen lediglich in Wasserschutzgebieten und Gebieten mit Trinkwassergewinnung Einschränkungen.

Die öffentliche Entsorgung erfolgt über eine sogenannte Kadaversammelstelle, wie sie in den meisten Schweizer Gemeinden existieren. Letztere verrechnen die Kosten den Tierbesitzern entsprechend der Verordnung über die Entsorgung tierischer Nebenprodukte. Auf die vollständige Überwälzung der Kosten wird im öffentlichen Interesse verzichtet (zum Beispiel um vermehrtes, unzulässiges Vergraben zu vermeiden).

407 StAZH, UU 19.7, Protokolle der Aufsichtskommission der Tierarzneischule Zürich 1895–1917.

408 Maschinelle Fettextraktion und Herstellung von Tiermehl durch Bearbeitung von Tierkörpern bei 160 Grad unter einem Druck von 5–6 Atmosphären.

409 SR 916.441.22, Verordnung über die Entsorgung von tierischen Nebenprodukten (VTNP) vom 25. 5. 2011 (Stand 1. 1. 2016).

410 Vgl. http://www.awel.zh.ch/internet/baudirektion/awel/de/abfall_rohstoffe_altlasten/abfall/abfallarten/tierische_abfaelle.html (8. 11. 2016).

Tierbesitzer können ihre verstorbenen Tiere seit neuerer Zeit auch kremieren lassen, wobei sich die Kosten nach dem Gewicht des Tieres richten und Einzelkremationen und verschiedene Urnen teurer sind als Sammelkremationen. Hierzu bestehen in der Schweiz mehrere Tierkrematorien. Die weitere Verwendung der Asche unterliegt in der Schweiz keinen Beschränkungen.

In einigen europäischen Nachbarländern gibt es seit über 100 Jahren Tierfriedhöfe, in Frankreich zum Beispiel den berühmten Cimetière des chiens in Asnières-sur-Seine in der Nähe von Paris, wo Erdbestattungen durchgeführt werden. In der Schweiz kennt man Tierfriedhöfe seit 2001, womit auch hier die Möglichkeit zur Erdbestattung toter Tiere gegeben ist.

Veterinärpathologische Forschung an der Tierarzneischule Zürich

Forschung in den Anfangsjahren

Die Forschung auf dem Gebiet der Veterinärpathologie beschränkte sich bis in die Mitte des 19. Jahrhunderts auf Beobachtungen von pathologisch-anatomischen Veränderungen an Tierkörpern im Rahmen von Sektionen und der Beurteilung einzelner Organe von im Tierspital gestorbenen, getöteten oder notgeschlachteten Tieren. Untersucht wurden diese nicht von speziell dazu ausgebildeten Pathologen, sondern von klinisch tätigen Tierärzten oder Veterinäranatomen. Bei den Sektionen erweiterten die Tierärzte ihre Kenntnisse über Zusammenhänge zwischen einer von der Norm abweichenden Struktur (pathologisch-anatomischer Befund) und einer dadurch verursachten abweichenden Funktion (Erkrankung), was zu einer ganzheitlichen Betrachtung der Patienten führte. Rückblickend schrieb Zschokke 1920 in seiner *Geschichte der tierärztlichen Lehranstalt in Zürich 1820–1920:* «Am meisten begeistert für eigentliche Forschung und am produktivsten war offenbar Wirth, der eben über eine umfassendere naturwissenschaftliche Grundausbildung verfügte. Nicht nur suchte er durch Experimente der Wahrheit näher zu kommen, wie seine Ansteckungsversuche bei Maul- und Klauenseuche [Wirth, 1839] und seine Narkoseexperimente mit Äther beweisen [Wirth, 1847], sondern auch historischen Forschungen widmete er sich. So schrieb er die Geschichte der Tierseuchen im Kanton Zürich im 18. Jahrhundert [Wirth, 1829a, b, c; 1831a, b; Wirth 1832]. Dieses Thema erweiterte er zu einem ‹Lehrbuch der Seuchen und ansteckenden Krankheiten der Hausthiere› [Wirth, 1838].» Zudem verfasste Wirth ein *Schweizerisches veterinärisches Idiotikon* (1822) sowie zahlreiche belehrende Abhandlungen über Aufsaugungen (Wirth, 1846a, b), die Entzündung (Wirth, 1845a), die Indigestion und die Heilwirkung der Natur. Da die Ergebnisse der Forschung aus den ersten Jahrzehnten in erster Linie für die in der Praxis tätigen Tierärzte wichtig waren, veröffentlichte man sie in deutscher und teilweise in französischer Sprache hauptsächlich im *Archiv für Tierheilkunde,* das als Mitteilungsblatt der Gesellschaft schweizerischer Tierärzte 1816 gegründet worden war. Diese Zeitschrift gilt seither als weltweit älteste kontinuierlich erscheinende veterinärmedizinisch-wissenschaftliche Zeitschrift (Häsler, 2016). Hier wurden auch die meisten der Publikationen von Wirth und Michel veröffentlicht. Im Gesamtverzeichnis der Zeitschrift sind für Wirth 1822–1845 36 Artikel aufgeführt, in der Zeit von 1820–1837 für Michel 18 Publikationen und ein Buch (Storck, 1977; Sackmann, 2010).[411]

Da die Veterinärpathologie in den ersten Jahrzehnten der Existenz der Tierarzneischule noch nicht als eigenständiges Fach etabliert war, finden sich veterinärpathologische Beschreibungen und Befunde – meist im Rahmen von Fallberichten mit zum Teil sehr detaillierten pathologisch-anatomischen Befunden – im Wesentlichen in den Publikationen von Michel (Michel, 1820a, 1820b, 1826, 1829, 1831, 1833, 1834). Viele seiner Berichte entstanden im Rahmen forensischer Untersuchungen. Solche wurden im Zusammenhang mit Streitigkeiten zwischen Käufer und Verkäufer von Tieren durchgeführt und dienten zur Feststellung der Erkrankungs- beziehungsweise Todesursache des Tieres. Der Käufer des betroffenen Tieres versuchte zur Geltendmachung einer Gewährleistung einen Beweis für das Vorliegen eines Mangels (Erkrankung oder anderweitiger Schaden) zu erhalten, der bereits zum Zeitpunkt des Kaufes vorgelegen

411 Alle im *Schweizer Archiv für Tierheilkunde* seit 1816 publizierten Veröffentlichungen sind über E-Periodica digital verfügbar. Siehe http://www.gstsvs.ch/de/themen-standpunkte/aktuelle-meldungen/news-search/news-detail/article/2017/01/06/title/gst-fachzeit.html (5. 1. 2017).

hatte. Durch den allenfalls bestätigten nicht einwandfreien Zustand des erworbenen Tieres war es möglich, den Kauf rückgängig zu machen oder eine Reduktion des Kaufpreises zu erlangen. Die dazu geltenden sogenannten Währschaftsgesetze gehen auf das römische Recht zurück, wo sie im *Corpus iuris civilis* sowohl für den Kauf von Sklaven als auch Tieren verankert waren (Fröhner, 1948). In der Schweiz bestanden derartige Regelungen für den Viehhandel nur auf kantonaler Ebene. So berichtet Michel (1826) in seinem Lehrbuch über gerichtliche Tierheilkunde, dass Gesetze beziehungsweise Verordnungen über «Währschaftskrankheiten der Hausthiere» im Gegensatz zu den benachbarten Ländern nur in den Kantonen Aargau, Basel, Luzern, St. Gallen, Thurgau und Zürich erlassen worden waren. Erst im Jahr 1853 schlossen die Kantone Aargau, Bern, Freiburg, Neuenburg, Zug und Zürich ein «Concordat über die Bestimmung und Gewähr der Viehhauptmängel» ab (Gerlach, 1862). Michel zählt in seinem Buch 34 im Einzelnen beschriebene Erkrankungen auf, die zu dieser Zeit als Währschaftsmängel angesehen wurden. Sie reichen von «Abzehrung» eines Tieres über «Auffressen der Jungen von Mutterschweinen» bis zu «unrichtig angegebener Trächtigkeit». Das Konkordat von 1853 definierte bei Pferd und Rind sogenannte Hauptmängel, bei deren Vorliegen der Kauf eines damit befallenen Tieres rückgängig gemacht werden konnte.[412] Die Abklärung, ob eine solche Erkrankung vorlag, oblag Tierärzten, die das Tier zuvor nicht behandelt hatten. Sie hatten ein Gutachten zuhanden eines Gerichts zu erstatten. In vielen Fällen wurde zu Beweiszwecken nach dem Tod des Tieres eine Sektion angeordnet, durchzuführen von einer unabhängigen Stelle, zumeist dem Tierspital. Das Gutachten diente dem Gericht als weitere Entscheidungsgrundlage. Später wurden Ergebnisse derartiger Untersuchungen zur Information der praktizierenden Tierärzte, die mit solchen Fällen in erster Linie konfrontiert waren, im *Schweizer Archiv für Thierheilkunde* veröffentlicht.

Wirth veröffentlichte neben einer grossen Zahl von Publikationen mit theoretischem oder historischem Inhalt (Wirth, 1820a, 1820b, 1822,

412 Das «Concordat von 1853» nennt die folgenden Hauptmängel für Pferde: «Abzehrung als Folge der Entartung der Organe der Brust- und Hinterleibshöhle (Verhärtung, Verschwärung, Vereiterung, Krebs, Tuberkelbildung); Alle Arten von Dampf (Engbrüstigkeit); Verdächtige Druse, Rotz und Hautwurm; Stiss- und Dummkoller»; für Rinder: «Abzehrung» wie bei Pferden und «ansteckende Lungenseuche». Vgl. Gerlach, 1862.

1829a, 1829b, 1829c, 1831a, 1831b, 1831c, 1831d, 1838, 1839a, 1839b, 1844a, 1844b, 1845a, 1845b, 1846a, 1846b, 1847; Wirth und Bleigenstorfer, 1845) einige bemerkenswerte experimentelle Arbeiten zum Beispiel über die Vergiftung mit Bucheckern (Wirth, 1826), die Maul- und Klauenseuche (Wirth, 1839) und eine experimentelle Übertragung des Rotzes auf einen Ziegenbock (Wirth, 1844a). Alle diese Arbeiten enthalten sehr detaillierte Beschreibungen pathologisch-anatomischer Befunde.

Verschiedene Forschungsarbeiten ab 1840

Zschokke (1920) stellt in seiner *Geschichte der tierärztlichen Lehranstalt in Zürich 1820–1920* fest: «Aber erst mit der Vermehrung der Lehrkräfte [ab etwa 1840] und namentlich der Hilfsmittel konnten die Forschungsarbeiten so eigentlich einsetzen, und eine Fülle von wertvollen Untersuchungen förderte die Periode seit 1871, woran sich sämtliche Lehrer beteiligten, nicht zu sprechen von der wertvollen Mitarbeit durch die Doktoranden seit 1902.»

Insbesondere von den Assistenten und späteren Hilfslehrern und Lehrern wie Alois Renggli und Rudolf Zangger wurden neben klinischen Fallberichten (Renggli, 1845a, 1848a, 1848b, 1848c, 1848d; Zangger, 1848a, 1854, 1855a) auch solche mit pathologisch-anatomischen Befunden (Renggli, 1844, 1845b, 1846, 1847a, 1847b; Zangger, 1874b, 1848b, 1851, 1855b) veröffentlicht, die sie im Rahmen von Sektionen erhoben hatten. Besondere Beachtung verdient eine Publikation Zanggers (1874a), da für diese erstmalig ein Mikroskop bei der Erstellung einer Diagnose basierend auf histopathologischen Befunden zur Anwendung kam.

Darüber hinaus verfasste Zangger mehrere umfangreiche Berichte über von ihm besuchte oder veranstaltete nationale und internationale Kongresse (zum Beispiel internationaler Tierärztekongress, 1867) und Ausstellungen (zum Beispiel internationale landwirtschaftliche Ausstellung in Paris, 1856) sowie Berichte an die Landesregierung (Memorial an das Tit. schweizerische Militär-Departement [betreffend das Veterinärwesen]; Die Rinderpest im Kanton Neuenburg. Bericht des Delegierten des schweizerischen Bundesrathes; Zangger, 1857, 1861, 1869, 1873).

Frei (1946) charakterisierte das Umfeld für die veterinärpathologische Forschung im Vergleich zur Situation in der Humanmedizin in dieser Zeit rückblickend wie folgt: «Die pathologische Anatomie hat für die praktischen Tierärzte eine grössere Bedeutung als für die Humanmediziner, einmal weil jene öfters in die Lage kommen, Sektionen zu machen, wobei insbesondere die pathologisch-anatomische Diagnose von Infektionskrankheiten hinsichtlich der Behandlung weiterer Tiere der näheren oder weiteren Umgebung wichtig ist. Zum anderen ist sie eine wichtige Grundlage der Fleischbeschau.» Und er ergänzte: «Die Gelegenheit häufiger pathologisch-anatomischer Beobachtungen an einzelnen Organen und an Leichen gestorbener und notgeschlachteter Tiere bringt es bei uns mit sich, dass nicht nur der pathologische Anatom, sondern auch der Bakteriologe und der Kliniker sich immer wieder mit pathologisch-anatomischen Forschungen abgeben und so ihre Kenntnisse über die Beziehungen zwischen funktionellen Störungen und morphologischen Veränderungen vertiefen.»

Die Entwicklung von Methoden zur Fixation von Geweben, deren Einbettung in Paraffin zur Herstellung von dünnen Gewebeschnitten und die Färbung der Schnitte für die mikroskopische Untersuchung erwiesen sich ab der Mitte des 19. Jahrhunderts als eminente methodische Fortschritte für die mikroskopische Diagnose von Erkrankung beim Menschen und bei Tieren (Dhom, 2001). Dies führte auch in Zürich zur Verfeinerung von Diagnosen und damit zur intensiven Erforschung von Infektionskrankheiten, vor allem bei landwirtschaftlichen Nutztieren, die damals wie heute wirtschaftlich bedeutsam waren.

Exemplarisch seien hier die Publikationen von Otto von Bollinger über die Rinderpest (Bollinger, 1873a) und das bösartige Katarrhalfieber (Bollinger, 1873b) sowie von Zschokke über die Beseitigung von Milzbranderregern (Zschokke, 1902) und über die Maul- und Klauenseuche (Zschokke, 1912; 1915) erwähnt. Auch seltene Infektionskrankheiten, wie zum Beispiel die Rhinosporidiose beim Pferd, wurden erkannt und beschrieben (Zschokke, 1913).

Neben Infektionskrankheiten erfolgten in zunehmendem Mass Untersuchungen und Diagnosestellung von Tumoren bei Hunden und landwirtschaftlichen Nutztieren. Sie wurden histologisch eingehend beschrieben und klassifiziert (Bollinger, 1873b; Zschokke, 1885, 1890, 1892, 1898, 1903).

Siedamgrotzky, der nur kurz in Zürich wirkte, publizierte unter dem Titel *Pathologisch-anatomische Mittheilungen* (1873) zwei Fallberichte über

Rinder mit einer granulomatösen Entzündung am Vorderbein und einem Tumor im Darm, die detaillierte histopathologische Beschreibungen enthalten. Bemerkenswert ist, dass er dabei mikroskopisch sowohl technisch einfacher herzustellende Abklatschpräparate als auch aufwendig verarbeitete Gewebeschnitte untersuchte.

Forschungsaktivitäten auf verschiedenen Gebieten ab 1911

Walter Frei begann ab 1911 als Direktor des Instituts alle Publikationen und Dissertationen, die von Mitarbeitern seines Instituts erarbeitet wurden, zu sammeln und in unregelmässigen Abständen in Bücher binden zu lassen. Diese Tradition wurde von seinem Nachfolger Hugo Stünzi und dessen Nachfolger Andreas Pospischil bis 2013 fortgeführt. Von diesen Büchern wurden im Laufe der Zeit Inhaltsverzeichnisse erstellt, die heute elektronisch verfügbar sind.[413] Auf der Basis dieser Daten ist eine vereinfachte bibliometrische Darstellung der Forschungsaktivitäten und -erfolge des Instituts in Form von Dissertationen und Publikationen von 1906–2013 möglich.

Die relative Verteilung der Publikationen auf die verschiedenen Fachgebiete spiegelt die Aufgaben wider, die von den jeweiligen Institutsleitern und Mitarbeitenden wahrzunehmen waren (Tab. 23). Die Lehrverpflichtung von Walter Frei zum Beispiel umfasste neben Veterinärpathologie und Veterinärphysiologie auch Veterinärbakteriologie und Veterinärparasitologie, sodass in seiner Periode Publikationen und Dissertationen aus allen diesen Gebieten stammten. Besonders deutlich wird ein Wechsel der Arbeitsgebiete nach dem Übergang der Institutsleitung von Frei zu Stünzi (1952/53), bei dem das Gebiet der Physiologie als eigenes Institut verselbständigt wurde. Die thematische Ausrichtung der Publikationen und Dissertationen änderte sich dementsprechend. Ähnliches gilt für den Anteil der Publikationen und Dissertation aus dem Gebiet der Onkologie (Tumorforschung), der Frei weniger Aufmerksamkeit widmete, die jedoch unter Stünzi stark gefördert wurde und auch unter der Leitung von Pospischil ihre Bedeutung behielt. Das Gebiet der

413 Vgl. http://www.vetpathology.uzh.ch/dam/jcr:fffffff-f2f7-3cae-ffff-ffffb6a91738/publikationenretrospek.pdf (20. 9. 2016). Eine gezielte Suche nach Autorinnen und Autoren ist möglich unter: https://www.ncbi.nlm.nih.gov/pubmed (15. 1. 2017); http://www.zora.uzh.ch/view/authorsnew/ (15. 1. 2017).

Infektionsmedizin war über den gesamten Zeitraum wichtig, was die allgemein grosse Bedeutung von Erkrankungen mit infektiösen Ursachen für die Veterinärmedizin spiegelt. Insbesondere in den letzten Jahrzehnten konnten die Forschungsaktivitäten auch durch experimentelle Arbeiten über Infektionskrankheiten des Verdauungstraktes bei landwirtschaftlichen Nutztieren konzentriert werden. In der Abteilung Immunpathologie unter der Leitung von Felix Ehrensperger waren die Hauptforschungsgebiete Pestivirusinfektionen bei Wiederkäuern (Mucosal Disease / Bovine Virusdiarrhoe [MD/BVD]; Border Disease) sowie die Borna-Krankheit. Nach und nach konnte das Gebiet der Neuropathologie zu einem wichtigen Schwerpunkt der Abteilung ausgebaut werden. Der Ausbruch von BSE in der Schweiz (ab 1990) wurde zu einer Herausforderung, die zwar viel diagnostische Mehrarbeit erforderte, aber neue Forschungsmöglichkeiten eröffnete.
Obwohl seit 1942 an der Fakultät ein eigenständiges Institut für Veterinärbakteriologie bestand, wurden auch nach dessen Gründung viele Projekte der beiden Institute gemeinschaftlich bearbeitet, wie die Darstellung von Publikationen und Dissertationen aus der Ära von Stünzi und Pospischil zeigt (Tab. 23). Publikationen und Dissertationen, die sich mit der Lehre in den vertretenen Fachgebieten beschäftigen, erfolgen erst unter Stünzi und Pospischil als Institutsleiter.
Die absoluten Zahlen der am Institut zwischen 1911 und 2013 von allen Mitarbeiterinnen und Mitarbeitern und den Institutsleitern betreuten Dissertationen (Tab. 24) zeigen einerseits die Zunahme der Zahl der Studierenden, andererseits ist darin die stark gewachsene Zahl der Mitarbeiter und von deren Aktivitäten bei der Betreuung von Doktorierenden zu erkennen. Diese Aufgabe nahmen sie neben ihren Verpflichtungen in der Lehre, der Dienstleistung und in der Verwaltung wahr.

Forschungsschwerpunkte ab 2000

Ab 1997 begann der Vetsuisse-Prozess, der sehr rasch zur Evaluation der Fakultäten in Bern und in Zürich durch die Association of Universities in the Netherlands (VSNU) führte. Die dabei beim Institut für Veterinärpathologie erkannten, durch die zunehmende Belastung der Mitarbeitenden durch veterinärpathologische Untersuchungen bedingten Defizite im Bereich Forschung, machten eine Konzentration der Forschungsak-

Tab. 23: Relative Verteilung der Publikationen des veterinärpathologischen Instituts (Institut für Veterinärpathologie) auf die verschiedenen Arbeitsgebiete (in %) von 1906–2013

Forschungsgebiet*													
Ära		Jahre	Infektionsmedizin	Onkologie	Pathologische Anatomie	Pathologische Histologie	Physiologie	Bakteriologie	Parasitologie	Allgemeines	Jahresberichte	Lehre	Lebensmittelhygiene
W. Frei	Publikationen	1906–1952	30	2	12	7	19	30	5	24	3	0	0
H. Stünzi	Publikationen	1952–1986	24	19	42	60	4	15	14	6	0	0	0
A. Pospischil	Publikationen	1987–2013	46	15	74	87	1	21	6	6	7	1	1
W. Frei	Dissertationen	1906–1945	21	0	13	6	23	43	6	0	0	0	2
H. Stünzi	Dissertationen	1951–1987	19	15	91	87	4	15	11	11	0	2	0
A. Pospischil	Dissertationen	1987–2013	44	9	76	91	1	24	5	4	0	4	0

* Mehrfachnennungen sind berücksichtigt.

Tab. 24: Absolute Zahl der von allen Mitarbeiterinnen und Mitarbeitern und den Institutsleitern in den Jahren 1911–2013 betreuten Dissertationen

Ära	Jahre	Betreute Dissertationen
Walter Frei	1911–1952	46
Hugo Stünzi	1952–1986	50
Andreas Pospischil	1987–2013	193

tivitäten des Instituts auf einige Schwerpunkte notwendig, die im Konsens mit den Mitarbeitenden bestimmt wurden:

- infektiöse Darmerkrankungen bei verschiedenen Tierspezies,
- Aborte bei landwirtschaftlichen Nutztieren,
- Entwicklung und Evaluation von immunhistologischen und molekularbiologischen Diagnostikmethoden zum Einsatz in Licht- und Elektronenmikroskopie,
- Immunpathologie von Virusinfektionen, insbesondere des zentralen Nervensystems,
- Immunpathologie und Niere.

Im Rahmen des «Projekts Patho21» präzisierte man die Schwerpunktbildung in einem Planungskonzept weiter. In Absprache mit der Vetsuisse-Leitung wurde die Forschung weiter auf zwei wesentliche Bereiche konzentriert, die zukünftig in Absprache und unter der Leitung einer Assistenzprofessorin oder eines Assistenzprofessors, einer Professorin oder eines Professors umgesetzt werden sollten. Dabei handelte es sich um die Gebiete Infektions- und Tumorpathologie.

Zur Stärkung der Forschung wurden ab 2001 die folgenden konkreten Schritte unternommen:

- Anstellung von PD Dr. Lloyd Vaughan (Biochemiker, Molekularbiologe),
- Postgraduate-Ausbildung von PD Dr. Franco Guscetti am Institute for Cancer Research, Stanford University, USA,
- Intensivierung der Forschungszusammenarbeit mit internationalen Partnern (Centre for Molecular Biotechnology, Queensland University of Technology, Brisbane, Australien).

Dank dieser Konzentration gelang es, die Publikationsaktivität zu steigern und vermehrt kompetitive Drittmittel bei folgenden Organisationen einzuwerben: COST (European Cooperation in Science and Technology), Internationale Bodensee-Universität, Forschungskredit der Universität Zürich und Bundesamt für Lebensmittelsicherheit und Veterinärwesen (BLV). Einer Auswertung des Zeitaufwands, den die Mitarbeitenden für die verschiedenen Aufgaben des Instituts einsetzten, ergab, dass im jährlichen Mittel von gesamthaft 11,5 akademischen Stellen rund 8 (Assistierende/Oberassistierende) durch veterinärpathologische Untersuchungen (Sektionen, Biopsien, zytologische Untersuchungen), Lehre und Administration vollständig absorbiert wurden. Es verblieben lediglich 3,5 Stellen, die für die Forschung eingesetzt werden konnten. Die erfolgreiche Einwerbung von projektbezogenen Drittmitteln ermöglichte die Beschäftigung von weiteren 3 Forschern, was eine Aufstockung der für die Forschung zur Verfügung stehenden Personalkapazität um nahezu 100 Prozent darstellt. Damit war bis zum Ende der Ära Pospischil im Jahr 2013 die erfolgreiche Forschungstätigkeit gesichert.

Epilog

Nun, ist es in diesen Aufzeichnungen gelungen, eine Antwort auf die Frage «Können tote Tiere reden?» zu geben? «Ja und nein», lautet die Antwort des Autors.

Das «Nein» bezieht sich auf die wörtliche Interpretation der im Titel gestellten Frage. Aus streng menschlicher Sicht sind weder lebende noch tote Tiere in der Lage zu reden, auch wenn lebende durchaus zu Lautäusserungen imstande sind, die eine Botschaft an andere Tiere und den Menschen enthalten.

Argumente, welche die Antwort «Ja» unterstützen, finden sich im Kapitel 7 «Veterinärpathologische Untersuchungen und Forschung», das zeigt, dass die Veterinärpathologie in der Lage ist, bei Anwendung geeigneter, seit Jahrhunderten verbesserter Methoden durch Personen mit entsprechenden Kenntnissen tote Tier-Patienten zum Reden zu bringen. Dies geschieht, indem die Veränderungen (Befunde) bei den Patienten Antworten auf Fragen zur Erkrankungs- beziehungsweise Todesursache in der Mehrzahl der Fälle möglichen machen. Einige Patienten bleiben allerdings stumm, das heisst, es finden sich keine aussagekräftigen Befunde. Die Veterinärpathologie hat sich mit vielen Schritten aus der Zeit der Erstellung von Orakeln zu einer Wissenschaft entwickelt.

«Cui bono?», mag der geneigte Leser fragen: «Wem nützt dies?» Geht es bei den Untersuchungen nur darum, die nicht endende menschliche Neugier zu befriedigen? Dies stellt für diejenigen, welche die Untersuchungen durchführen, sicher einen Teil der Motivation und der Faszination dar, sich mit einer Materie auseinanderzusetzen, die aus Blut, inneren Organen, deren Inhalten und einem hin und wieder nicht von der Hand zu weisenden auffallenden Geruch besteht.

Andererseits kann die Anwendung der Ergebnisse der Untersuchungen (Diagnosen) sowohl Tieren als auch Menschen helfen! Eine Diagnose, zum Beispiel an einem wenige Tage alten toten Ferkel erarbeitet, kann als Grundlage für die Behandlung (Therapie) der Wurfgeschwister dienen. Die Diagnose von Verletzungen, die einem Tier als Verstoss gegen Tierschutzvorschriften von einem Menschen zugefügt wurden, kann dazu führen, dass die Täterin, der Täter ausfindig gemacht und Massnahmen eingeleitet werden, um weiteren ähnlichen Taten vorzubeugen. Die Diagnose zum Beispiel einer unheilbaren Tumorerkrankung bei einem Hund oder einer Katze durch die Untersuchung einer Gewebeprobe (Biopsie, zytologische Untersuchung) eröffnet die Möglichkeit zu überlegen, ab welchem Zeitpunkt man ein solches Tier von seinen Leiden erlösen kann.
Wie profitiert der Mensch von den Ergebnissen (Diagnosen) der Untersuchungen toter Tiere?
Die Diagnose einer Infektionskrankheit, die vom Tier auf den Menschen übertragbar ist (Zoonose), wie zum Beispiel Tuberkulose, Vogel-/Schweinegrippe, Tollwut, Papageienkrankheit (Psittakose), Salmonellose und einige andere, erlaubt es, Menschen, die mit diesem Tier Kontakt hatten, zu behandeln und weitere vorbeugende Massnahmen (Prophylaxe) einzuleiten. Im Laufe der Jahrzehnte ist es damit gelungen, die Zahl der Fälle von Rindertuberkulose zu minimieren. Dies erfolgte insbesondere durch die Anwendung veterinärpathologischer Methoden im Rahmen der Untersuchungen an Schlachthöfen (Fleischschau).
Zwar hielt Rudolf Virchow bereits am Ende des 19. Jahrhunderts fest: «Es gibt keine wissenschaftliche Barriere zwischen Veterinär- und Humanmedizin, noch sollte es eine geben; die Erfahrung der einen muss gebraucht werden für die Entwicklung der anderen.» Doch wurden seine Empfehlungen nur schrittweise umgesetzt. Es geht im weitesten Sinn um die Aufrechterhaltung und Verbesserung der «öffentlichen Gesundheit», wozu Daten von Menschen und Tieren in gleichem Mass beitragen. Der Bereich *Veterinary Public Health* ist heute eingebunden in das ungleich weiter gefasste Konzept *One Health – One Medicine*, das auch die WHO vor einigen Jahren etabliert hat. Es geht um die Idee einer umfassenden Gesundheit von Menschen, Tieren und Pflanzen in einer gemeinsamen Umwelt, die nicht auf Infektionskrankheiten beschränkt

bleibt, sondern auch Antibiotikaresistenzen beinhaltet. Nur durch eine systematische Untersuchung von Umwelt, Tier (Haus-, Heim-, Wildtiere), Mensch, Pflanzenwelt, Boden, Luft und so weitermit verschiedensten Methoden wird es möglich werden, Erkrankungsrisiken zu erkennen und auf der Basis der Ergebnisse zu handeln.

Veterinärpathologische Untersuchungen toter Tiere sind Teil dieses Methodenspektrums.

In diesem erweiterten Zusammenhang haben die Antworten, die tote Tiere auf die Frage «Können tote Tiere reden?» geben, weiterhin aktuelle Bedeutung.

Literatur

Ackerknecht E. H., 1948: Antikontagionismus zwischen 1821 und 1867. In: Bakteriologie und Moderne. Studien zur Biopolitik des Unsichtbaren 1870–1920. Hg. v. P. Sarasin, S. Berger, M. Hänseler, M. Spörri. Suhrkamp Taschenbuch Wissenschaft 1807, 2007.

Ajouri P., 2007: Erzählen nach Darwin. Die Krise der Teleologie im literarischen Realismus: Friedrich Theodor Vischer und Gottfried Keller. Walter de Gruyter, Berlin, New York.

Am-Pach auf Grünfelden J. G. von, 1819: Praktische Lehre von den Heerdenkrankheiten oder Seuchen der grösseren nutzbaren Haussäugethiere. Hartlebens Verlag, Pesth 1819.

Annus A., 2010: Divination and interpretation of signs in the ancient world (Oriental Institue Seminars 6). The Oriental Institute, Chicago (IL).

Anonym, 1831: Biografie Dr. Franz Karl Stadlin, In: Verhandlungen der 16. Jahresversammlung der allgemeinen schweizerischen Gesellschaft für die gesamten Naturwissenschaften, St. Gallen 1830. Wegelin und Wartmann, St. Gallen, S. 125–136.

Anonym, 1900: Bericht der Tierarzneischule Zürich über das Jahr 1899. Buchdruckerei J. Rüegg, Zürich.

Anonym, 1916: Universität Zürich, Rektoratsrede und Jahresbericht, April 1915 bis Ende März 1916. Art. Institut Orell Füssli, Zürich.

Anonym, 1925: Festschrift zum siebzigsten Geburtstage von Herrn Prof. Dr. E. Zschokke in Zürich. Art. Institut Orell Füssli, Zürich.

Anonym, 1943: Sammlung wissenschaftlicher Arbeiten der in der Schweiz internierten Polen, Bd. 1 und 2. Hg. v. Eidgenössischem Kommissariat für Internierung und Hospitalisierung.

Bagattini, A. (Red.), 2015: 1816 – das Jahr ohne Sommer. Warum spielte vor 200 Jahren das Wetter verrückt? In: Heimatspiegel, März 2015. Illustrierte Beilage im Verlag von «Zürcher Oberländer» und «Anzeiger von Uster».

Baier W., 1990: Als Veterinärstudent im München der zwanziger Jahre. Verlag Paul Parey, Berlin, Hamburg.

Barrett T. and Rossiter P. B., 1999: Rinderpest. The disease and its impact on humans and animals. In: Advances in virus research, 53, S. 89–110.

Baumgartner M., 2015: Arnold Näf: Notizen aus der gesamten Thierheilkunde 1864. Transkription und Auswertung einer Handschrift aus den Jahren 1862–1864 über Vorlesungen von Prosector Jakob Meyer und Alois Renggli. Diss. med. vet., Zürich.

Becker M., 2002: «Eine Verlegung wäre gleichbedeutend mit dem Untergang der tierärztlichen Lehranstalt» – Zur Baugeschichte der Veterinärmedizinischen Fakultät. In: 100 Jahre Veterinärmedizinische Fakultät der Universität Zürich 1902–2002. Hg. v. Dekanat der Veterinär-medizinischen Fakultät der Universität Zürich.

Behringer W., 2015: Tambora und das Jahr ohne Sommer. Wie ein Vulkan die Welt in die Krise stürzt. C. H. Beck Verlag, München.

[Bericht], 1873: Thierarzneischule in Zürich. In: Archiv für Thierheilkunde, 24, S. 283–284.

[Biografie C. L. Schwab], 1988: Ehrenmitglieder der Gesellschaft schweizerischer Tierärzte im letzten Jahrhundert. 6. Conrad Ludwig Schwab 1780–1859. In: Schweizer Archiv für Tierheilkunde, 130, S. 18.

[Biografie J. J. Römer], 1987: Ehrenmitglieder der Gesellschaft schweizerischer Tierärzte im letzten Jahrhundert. 3. Johann Jakob Römer 1763–1819. In: Schweizer Archiv für Tierheilkunde, 129, S. 564, 583.

Blancou J., 2003: History oft the surveillance and control of transmissible animal diseases. Office international des épizooties, Paris.

Boessneck J. und von den Driesch A., 1990: Die Geschichte der tierärztlichen Ausbildungsstätte in München. In: 200 Jahre tierärztliche Lehre und Forschung in München. Schattauer, Stuttgart, New York.

Bojanus L., 1805: Über den Zweck und die Organisation der Thierarzneischulen. Andreäische Buchhandlung, Frankfurt am Main.

Bollinger O, 1873a: Zur Kenntniss der Rinderpest. In: Archiv für Thierheilkunde, 24, S. 261–271.

Bollinger O., 1873b: Bösartiges Katarrhalfieber (Kopfkrankheit) bei'm Rind. In: Archiv für Thierheilkunde, 24, S. 253–271.

Bopp A., 1840: Die Gesetzgebung im Canton Zürich über Thierheilkunde. In: Magazin über die gesamte Thierheilkunde, 6, S. 36–71.

Bourgelat C., 1766: Lehrbegriff der Medicinischen Materie, oder Beschreibung der einfachen Arzeneyen nach ihren Wirkungen; nebst den Medicinischen Formeln. Zum Gebrauche der Lehrlinge in der königl. Vieharzeneyschule zu Lyon. Aus dem Französischen übersetzt. M. G. Weidmanns Erben und Reich, Leipzig.

Braun, G., 1926: Rudolf Virchow und der Lehrstuhl für pathologische Anatomie an der Universität Zürich (Zürcher Medizingeschichtliche Abhandlungen 8). Verlag Orell Füssli, Zürich, Leipzig, Berlin.

Bühler R., 1906: Die Fleischschau in der Schweiz mit besonderer Berücksichtigung ihrer geschichtlichen Entwicklung. Diss. med. vet., Zürich.

Bühlmann J., 1916: Beitrag zur Geschichte der Viehseuchen, speziell der Maul- und Klauenseuche in der Schweiz. Diss. med. vet., Zürich.

Bürgi O., 1929a: Nachruf auf Prof. Dr. E. Zschokke. In: Neue Zürcher Zeitung, 10. 6. 1929, zweite Sonntagsausgabe, Blatt 9.

Bürgi O., 1929b: † Prof. Dr. Erwin Zschokke. Schweizer Archiv für Tierheilkunde, 71, S. 335–340.

Desmyter J. und Teuwen D. E., 2001: The Jezierski papers: live polio vaccine development in colobus monkey cells but not chimpanzee cells in the Belgian Congo, 1952–1958. In: Philosophical transactions of the Royal Society of London. Series B, Biological sciences, 356, S. 835–837.

Dhom G., 2001: Geschichte der Histopathologie. Springer Verlag, Berlin.

Diamantis A., Magiorkinis E., Androutsos G., 2009: Alfred François Donné (1801–78): a pioneer of microscopy and haematology. In: Journal of Medical Biography, 17, S. 81–87.

Da Vinci L., 1983: Anatomical drawings from the Royal Library, Windsor Castle. Hg. v. J. P. O'Neill. The Metropolitan Museum of Art, New York.

Direktion der öffentlichen Bauten und Direktion des Erziehungswesens, 1990, Broschüre zur Eröffnung des Diagnostikzentrums Lebensmittelhygiene an der Veterinär-medizinischen Fakultät der Universität Zürich.

Ernst H., 1831: Thierärztlicher Bericht über den Sektions-Befund bey zwey durch den Eibenbaum (Taxus baccata) vergifteten und schnell umgestandenen Pferde. In: Archiv für Tierheilkunde, 5, S. 300–302.

Fankhauser R., Hörning B., 1987: Ehrenmitglieder der Gesellschaft schweizerischer Tierärzte. In: Schweizer Archiv für Tierheilkunde, 129, S. 217–219, 277–281, 347, 367, 564, 583–585

Fey S., 1820: Seltener Sektions-Befund bey einem Pferde. In: Archiv für Thierheilkunde, 2, S. 63–65.

Fischer H., 1946: Heinrich Zangger. In: Du, 6, Heft 3, S. 5–10.

Franken F. H., 1969: Dokumente zur neueren Geschichte der Hepatologie. Deutsche Laevosan-Gesellschaft, Mannheim.

Frei W., 1914: Das neue veterinär-pathologische Institut der Universität Zürich. In: Schweizer Archiv für Tierheilkunde, 61, 81–85.

Frei W., 1927: † Walter Pfenninger. In: Schweizer Archiv für Tierheilkunde, 69, 287–293.

Frei W., 1946: Geschichte der tierärztlichen Forschung in Zürich mit besonderer Berücksichtigung der letzten 50 Jahre. In: Festschrift zur 200-Jahr-Feier der Naturforschenden Gesellschaft in Zürich 1746–1946. Fretz, Zürich, S. 414–426.

Friemel G., 1997: Die Pathologie an der Tierarzneischule Zürich. Retrospektive Auswertung von Sektionsberichten aus den Jahren 1895 bis 1909. Diss. med. vet., Zürich.

Fritzsche B. und Lemmenmeier M., 1994: Das Jahrhundert der Revolution. In: Geschichte des Kantons Zürich, Bd. 3: 19. und 20. Jahrhundert. Werd Verlag, Zürich.

Fröhner E., 1948: Lehrbuch der Gerichtlichen Tierheilkunde, 9. Auflage, bearbeitet von K. Neumann-Kleinpaul und J. Dobberstein. Verlagsbuchhandlung Richard Schoetz, Berlin.

Funke K. F. W., 1839: Handbuch der speziellen Pathologie und Therapie der grösseren nutzbaren Haussäugethiere. Verlag Robert Friese, Leipzig.

Geiger W., 1927: Die sanitätspolizeiliche Bedeutung der Virusschweinepest. In: Deutsche tierärztliche Wochenschrift, 35, S. 813–817.

Geiger W., 1933: Die Haltbarkeit des Virus der Schweinepest in Dünger und Jauche. In: Deutsche tierärztliche Wochenschrift, 41, S. 625–630.

Geiger W., 1937: Virusschweinepest beim Wildschwein. In: Deutsche tierärztliche Wochenschrift, 45, S. 606–609.

Gerber F., 1840: Handbuch der allgemeinen Anatomie des Menschen und der Haussäugethiere. Verlag J. F. J. Dalp, Bern, Chur, Leipzig.

Gerlach A. C., 1862: Handbuch der gerichtlichen Thierheilkunde. Verlag August Hirschwald, Berlin.

Gerlach D., 2009: Geschichte der Mikroskopie. Verlag Harri Deutsch, Frankfurt am Main.

Gerste R. D., 2015: Wie das Wetter Geschichte macht. Katastrophen und Klimawandel von der Antike bis heute. Klett-Cotta Verlag, Stuttgart.

Gessner U., 2014: Karl Friedrich Meyer (1884–1974): His ambitions, approach and achievements. In: Journal of Medical Biography, 24, doi: 10.1177/0967772013506805.

Gilbert N., 2009: Cattle disease faces total wipeout. In: Nature, 10. 12. 2009, S. 709.

Gloor J., 1939: Die Entwicklung der schweizerischen Pferdezucht, unter besonderer Berücksichtigung des Jurapferdes und der Massnahmen des Bundes zur Förderung der Pferdezucht. In: 5. Band der Schweizerischen Stammbuchzucht für das Zugpferd. Verbandsdruckerei AG, Bern.

Graf H., 2002: Klimaveränderungen durch Vulkane. In: promet, 28, Heft 3/4, S. 133–138.

Graf R., Grüntzig K., Hässig M., Axhausen K. W., Fabrikant S., Welle M., Meier D., Guscetti F., Folkers G., Otto V., Pospischil A., 2015: Swiss feline cancer registry: A retrospective study of the occurrence of tumours in cats in Switzerland from 1965 to 2008. In: Journal of Comparative Pathology, 153, S. 195–210.

Graf R., Grüntzig K., Boo G., Hässig M., Axhausen K. W., Fabrikant S., Welle M., Meier D., Guscetti F., Folkers G., Otto V., Pospischil A., 2015: Swiss feline cancer registry 1965–2008: The influence of sex, breed and age on tumour types and tumour locations. In: Journal of Comparative Pathology, 154, S. 266–277.

Grob J. E., 1889: Jahresberichte der Thierarzneischule Zürich pro 1887 und 1888. In: Schweizer-Archiv für Tierheilkunde, 31, S. 261–342.

Grüntzig K., Graf R., Hässig M., Welle M., Meier D., Lott G., Erni D., Schenker N. S.; Guscetti F., Boo G., Axhausen K., Fabrikant S., Folkers G., Pospischil A., 2015: The Swiss canine cancer registry: A retrospective study on the occurrence of tumours in dogs in Switzerland from 1955 to 2008. In: Journal of Comparative Pathology, 152, S. 161–171.

Grüntzig K., Graf R., Boo G., Guscetti F., Hässig M., Axhausen K. W., Fabrikant S., Welle M., Meier D., Folkers G., Pospischil A., 2016: The Swiss canine cancer registry 1955–2008: Occurrence of the most common tumour diagnoses and influence of age, breed, body size, sex, neutering status on tumour development. In: Journal of Comparative Pathology, 155, S. 156–170.

Guyer E. V., 1974: Vom Naturalienkabinett der Naturforschenden Gesellschaft in Zürich zum Zoologischen Museum der Universität Zürich. In: Vierteljahrsschrift der Naturforschenden Gesellschaft in Zürich, 119, S. 361–404.

Häsler S., 2013a: Friedrich Andreas Gerber (1797–1872), Professor für Veterinäranatomie in Bern (Schweiz). In: Pferdeheilkunde, 29, S. 360–362.

Häsler S., 2013b: Der letzte Ausbruch von Rinderpest in der Schweiz, eine Folge der Internierung der Armee von General Bourbaki im Jahr 1871 (Neujahrsgabe. Schweizerische Vereinigung für Geschichte der Veterinärmedizin für das Jahr 2013). Bern.

Häsler S., 2014: Die Ausstrahlung der Ecole Vétérinaire Royale von Lyon auf die Schweiz. In: Schweizer Archiv für Tierheilkunde, 156, S. 27–32.

Häsler S., 2016: 200 Jahre Schweizer Archiv für Tierheilkunde. In: Schweizer Archiv für Tierheilkunde, 158, S. 4–9.

Harrison A. P. und Turfa J. M.; 2010: Were natural forms for Fasciola hepatica available to the Etruscans? In: International Journal of Medical Sciences, 7, S. 16–25.

Henle J., 1910: Von den Miasmen und Contagien und von den miasmatisch-kontagiösen Krankheiten (1840) (Klassiker der Medizin. Hg. v. Karl

Sudhoff). Verlag von Johann Ambrosius Barth, Leipzig (http://nrs.harvard.edu/urn-3:HMS.COUNT:1115393).
Heitz Ph. U., 2006: Pathologie von A bis Z. Eine Reise durch zweieinhalb Jahrtausende von Agrigent nach Zürich (Neujahrsblatt auf das Jahr 2006. Hg. v. der Gelehrten Gesellschaft in Zürich). Zürich.
Hess R. G., Bachmann P. A., Baljer G., Mayr A., Pospischil A., Schmid G., 1984: Synergism in experimental mixed infections of newborn colostrum-deprived calves with bovine rotavirus and enterotoxigenic Escherichia coli (ETEC). In: Zentralblatt für Veterinärmedizin, B, 31, S. 585–596.
Hirzel J. J., 1842: Bericht an die Versammlung Schweizerischer Thierärzte in Aussersihl, 1840, über den Stand und Fortgang der Veterinärwissenschaft. In: Schweizer Archiv für Tierheilkunde, 10, S. 24–83.
Hirzel J. J., 1846: Bericht über in der Thierarzneischule im Jahr 1845 an Krankheiten behandelte Thiere. In: Archiv für Thierheilkunde, 15, S. 289–299.
Hirzel J. J., 1848: Klinischer Bericht der Thierarzneischule vom Jahr 1847. In: Archiv für Tierheilkunde, 17, S. 193–205.
Höfliger H., 1963: Tierarzneischule und Veterinär-medizinische Fakultät Zürich. In: Denkschrift zur 150-Jahr-Feier der Gesellschaft Schweizerischer Tierärzte 1963. Hg. v. A. Leuthold. Art. Institut Orell Füssli, Zürich, S. 74–90.
Höfliger H., 1940: Die Entwicklung des tierärztlichen Studiums in der Schweiz. In: Schweizer Archiv für Tierheilkunde, 82, S. 367–386.
Hohl J., 1979: Die Entwicklung der Zürcher Tierarzneischule in den Jahren 1834 bis 1855. Diss. med. vet., Zürich.
Jahrbuch des Unterrichtswesens in der Schweiz, 16, 1902 (1904) (http://dx.doi.org/10.5169/seals-15495).
Hörning B., 1990: Theologen und Veterinärmedizin, einige biographische Mosaiksteine aus der Geschichte der Tierheilkunde. In: Swiss Vet, 7, S. 7–16.
Huter F., 1969: Der tierärztliche Unterricht in Innsbruck 1781–1900. Kommissionsverlag der Österreichischen Akademie der Wissenschaften, Innsbruck.
Jezierski A., 1952: Vaccins contra la peste aviaire et la maladie de Newcastle. In: Festschrift zur Feier des siebzigsten Geburtstages von Professor Dr. Walter Frei. Art. Institut Orell Füssli, Zürich, S. 139–145.
Kaasch J. und Kaasch M., 2003: Hallesche Naturwissenschaftler (Emil Abderhalden und Johannes Weigelt) in der Zeit des Nationalsozialismus: Eine Fallstudie mit Jenaer Beziehungen. In: U. Hossfeld, J. John, O. Lemuth, R. Stutz (Hg.): «Kämpferische Wissenschaft». Studien zur Universität Jena im Nationalsozialismus. Böhlau Verlag Köln, Weimar, Wien, S. 1027–1064.
Kausch J. J., 1815: Aktenmässige Geschichte der Rinderpest, welche im Herbst 1811 im Liegnitzschen Regierungsdepartement von Schlesien geherrscht

hat. In: Memorabilien der Heilkunde, Staatsarzneiwissenschaft und Thierheilkunst. Hg. v. J. J. Kausch. Darnmannsche Buchhandlung, Züllichau.
Kaczmarcyk A., 1994: Die Pathologie an der Tierarzneischule Zürich. Retrospektive Auswertung von Sektionsberichten aus den Jahren 1887 bis 1894. Diss. med. vet., Zürich.
Kelly F., 1911: Das Civilveterinärwesen der Schweiz. Commissionsverlag: Fehrsche Buchhandlung, St. Gallen.
Klebs E., 1869: Die Einschmelzungs-Methode, ein Beitrag zur mikroskopischen Technik. In: Archiv für mikroskopische Anatomie, 5, S. 164–166.
Kleiner E., 2008: Vorlesungen von Rudolf Zangger und Alois Renggli an der Tierarzneischule Zürich, betrachtet anhand der Handschrift «Notizen aus der gesamten Thierheilkunde 1864» von J. Arnold Näf. Diss. med. vet., Zürich.
Kobler B., ohne Datum: Erinnerungen aus den Jugendjahren der Veterinärmedizinischen Fakultät der Universität Zürich, Manuskript.
Koelbing H., 1983: Die Medizinische Fakultät seit 1933. In: Die Universität Zürich 1933–1983. Festschrift zur 150-Jahr-Feier der Universität Zürich. Hg. v. Rektorat der Universität Zürich. Zürich.
Köhler L., 1933: Fünfzig Jahre Zürcher Hochschulverein. Eine Festgabe zum Jubiläum der Universität Zürich 29. April 1933. Orell Füssli Verlag, Zürich, Leipzig.
König F., 1970: Die Vorarbeiten in der Interfakultätskommission. Leserbrief. In: Neue Zürcher Zeitung, 24. 5. 1970, S. 37.
Krauer K., 1846: Auffallende Sektionserscheinungen bei einem Pferde. In: Archiv für Thierheilkunde, 8, S. 204–206.
Kühn H., 1994: 150-Jahr-Jubiläum der Ärztegesellschaft. In: Zuger Neujahrsblatt 1994. Zug, S. 108.
Künzle A., 1987: Die Entwicklung der Veterinär-Medizinischen Fakultät der Universität Zürich von 1900 bis 1930. Diss. med. vet., Zürich.
Kuhn C., 2007: Eine 130jährige Kommission wird aufgelöst – ein kurzer Rückblick. In: Schweizerische Ärztezeitung, 88, S. 35.
Leiderer R.; 1990: Anatomie der Schafsleber im babylonischen Leberorakel. W. Zuckerschwerdt Verlag, München.
Leisibach M.; 1982: Das Medizinisch-chirurgische Institut in Zürich 1782–1833. Vorläufer der Medizinischen Fakultät der Universität Zürich (Schriften zur Zürcher Universitäts- und Gelehrtengeschichte 4). Verlag Hans Rohr, Zürich.
Lieber E.; 1988: «He looked in the liver» (Ezekiel 21:26): The medical origins of liver divination. In: Koroth, 9 (Special issue), S. 235–245.

Lott-Stolz G., 1967: Die Anwendung von Sichtlochkarten in der Veterinärpathologie. In: Schweizerische medizinische Wochenschrift, 97, S. 491–495.
Mannl A., Pospischil A., Dahme E., 1984: The submucous plexus (Meissner) in the calf. I. Light and electron microscopy study of normal structure. In: Zentralblatt für Veterinärmedizin, A, 31, S. 585–600.
Mannl A., Pospischil A., Dahme E., 1985: The submucous plexus (Meissner) in the calf. II. Light and electron microscopic study following monoinfection or mixed infection with rotaviruses and enterotoxic E. coli. In: Zentralblatt für Veterinärmedizin, A, 32, S. 467–479.
Mannl A., Pospischil A., Dahme E., 1986: The plexus submucosus (Meissner and Schabadasch) in the pig intestine. I. Light and electron microscopic studies of the normal structure. In: Zentralblatt für Veterinärmedizin, A, 33, S. 647–659.
Mannl A., Pospischil A., Dahme E., 1987: The submucous plexus (Meissner and Schabadasch) in the intestine of pigs. II. Experimental infection with coronaviruses (transmissible gastroenteritis, TGE; epizootic virus diarrhea, EVD) and rotaviruses. In: Zentralblatt für Veterinärmedizin, A, 34, S. 69–78.
Maul S. M., 2013: Die Wahrsagekunst im Alten Orient. Verlag C. H. Beck, München.
Meyer J., 1863: Zur Geschichte der Lungenseuche im Kanton Zürich. In: Archiv für Thierheilkunde, 23, S. 165–177.
Meyer J., 1839: Merkwürdiger Sections-Befund bei einem Pferde und Gutachten hierüber. Schweizer Archiv für Tierheilkunde, N. F. 1, S. 238–242.
Meyer K. F. und Eddie B., 1952: Reservoirs of the Psittacosis Agent. Festschrift zur Feier des siebzigsten Geburtstages von Professor Dr. Walter Frei. Art. Institut Orell Füssli , Zürich, S. 433–444.
Michel J. C., 1820a: Beobachtung einer Krankheit frisch kalbender Kühe. In: Archiv Thierheilkunde, 2, S. 10–15.
Michel J. C., 1820b: Beyträge der pathologischen Anatomie, zur polizeylichen und gerichtlichen Thierarzneykunde. In: Archiv für Thierheilkunde, 2, S. 117–143.
Michel J. C., 1826: Gerichtliche Thierheilkunde für Beamte, Rechtsgelehrte, Bezirksärzte, Thierärzte und Landwirthe. Verlag Friedrich Schulthess, Zürich.
Michel J. C., 1829: Beobachtung einer wuthkranken Kuh. In: Archiv für Thierheilkunde, 4, S. 182–194.
Michel J. C., 1831: Beobachtung der Tollkrankheit bei einem dreijährigen Rinde, veranlasst durch den Biss eines der Wuthkrankheit verdächtigen Fuchses. In: Archiv für Thierheilkunde, 5, S. 39–53.

Michel J. C., 1833: Beobachtung über die Tollwuth bei einer Kuh. In: Archiv für Thierheilkunde, 6, S. 249–263.
Michel J. C., 1834: Vergleichende Darstellung der Lungenseuche oder ansteckenden Lungensucht, der Lungenentzündung und der knotigen Lungenschwindsucht, nach ihren Erscheinungen im Leben und Tode. In: Archiv für Thierheilkunde, 7, S. 127–153.
Mörgeli C., 2007: Handwerkschirurgen. In: Historisches Lexikon der Schweiz, http://www.hls-dhs-dss.ch/textes/d/D27816.php.
Moog F. P., 2008: Zur Medizin der Etrusker – Eine Einführung. In: Kultische Anatomie, Hg. v. M. Recke, W. Wamser-Krasnai (Kataloge des Deutschen Medizinhistorischen Museums Ingolstadt 31), S. 131–156.
Müller K., 1967: Über die Leberschau in der Antike. Hg. v. der Deutschen Laevosan-Gesellschaft, Mannheim.
Nussbaumer R., 1992: Entwicklung der Pathologie an der Tierarzneischule Zürich anhand einer Auswertung von Sektionsberichten aus den Jahren 1874–1887. Diss. med. vet., Zürich.
Pfau A., 1831: Beobachtung an zwey durch den Eibenbaum vergifteten Pferden. In: Archiv für Thierheilkunde, 5, S. 296–299.
Noyer F., 1901: Prof. Henry Berdez (1841–1901). In: Verhandlungen der Schweizerischen Naturforschenden Gesellschaft, 84, S. LVII–LXIII.
Pfenninger W., 1917: Über die Beeinflussbarkeit der Abwehrvorrichtungen des Organismus gegen Infektionskrankheiten mit spezieller Berücksichtigung der Phagozytose. Diss. med. vet., Zürich.
Pfenninger W., 1921: De l'importance de la voie respiratoire dans la production des anticorps. Habilitationsschrift med. vet., Zürich.
Pospischil A., Hänichen T., Schäffler H., 1979: Histological and electron microscopic studies on endemic ethmoidal carcinoma in cattle. In: Veterinary Pathology, 16, S. 180–190.
Pospischil A., Weiland F., von Sandersleben J., Hänichen .T, Schäffler H., 1982: Endemic ethmoidal tumours in cattle: Sarcomas and carcinosarcomas. A light- and electron microscopic study. In: Zentralblatt für Veterinärmedizin, A 29, S. 628–636.
Pospischil A., Stiglmair-Herb M. T., Hess R. G., Bachmann P. A., Baljer G., 1986: Ileal Peyer's patches in experimental infections of calves with rotaviruses and enterotoxigenic Escherichia coli: A light and electron microscopic and enzyme histochemical study. In: Veterinary Pathology, 23, S. 29–34.
Pospischil A., Hess R. G., Baljer G., Bachmann P. A., 1986: Infectious diarrheal diseases in swine: morphologic and microbiologic findings. In: Tierärztliche Praxis, 14, S. 353–563.

Pospischil A., Hess R. G., Bachmann P. A., Baljer G., 1986: Experimental infection of caesarean derived, colostrum deprived calves with bovine rotaviruses and enterotoxigenic Escherichia coli (ETEC): A histological, electromicroscopic, and morphometric investigation. In: Zentralblatt für Veterinärmedizin, A, 33, S. 196–205.

Pospischil A., Mainil J. G., Baljer G., Moon H. W., 1987: Attaching and effacing bacteria in the intestines of calves and cats with diarrhea. In: Veterinary Pathology, 24, S. 330–334.

Pospischil A., Wood R. L., 1987: Intestinal Chlamydia in pigs. In: Veterinary Pathology, S. 24, S. 568–570.

Pospischil A., Djamei V., Rütten M., Sydler T., Vaughan L., 2007a: Introduction to the Swiss way of teaching veterinary pathology in the twenty-first century: application of e-learning modules. In: Journal of Veterinary Medical Education, 34, S. 445–449.

Pospischil A., Earle M., Erni D., Schneider F., 2007b: Planung und Durchführung einer elektronischen Prüfung im Fach Allgemeine Pathologie am Institut für Veterinärpathologie der Universität Zürich (IVPZ) – ein Erfahrungsbericht. In: Brahm T. und Seufert S.: «Ne(x)t Generation Learning». St. Gallen.

Pospischil A., 2015: Human and animal health on three continents – a biography of the early life of Karl Friedrich Meyer (1884–1974). In: Foodborne Pathogens and Disease, 73 (doi: 10.1093/femspd/ftv039).

Pospischil A., Hässig M., Vogel R., Salvini M. M., Fabrikant S., Axhausen K., Schenker N. S., Erni D., Guscetti F., 2013: Hundepopulation und Hunderassen in der Schweiz von 1955 bis 2008. In: Schweizer Archiv für Tierheilkunde, 155, S. 219–228.

Pospischil A. und Häsler S., 2016: Zur Geschichte internierter polnischer Tierärzte in der Schweiz 1940–1947. In: Schweizer Archiv für Tierheilkunde, 158, S. 27–38.

Prüfungsordnung, 1851: Auszug aus der Verordnung betreffend die Prüfung der Medizinalpersonen im Kanton Zürich. In: Archiv für Thierheilkunde, 18, S. 281–285.

Pütz H., 1873a: Correspondenz. In: Zeitschrift für praktische Veterinair-Wissenschaften, 1, S. 92.

Pütz H., 1873b: Die Cellulartheorie, die Cellularpathologie und das Microscop I. In: Zeitschrift für praktische Veterinair-Wissenschaften, 1, S. 93–99.

Pütz H., 1873c: Die Cellulartheorie, die Cellularpathologie und das Microscop II. In: Zeitschrift für praktische Veterinair-Wissenschaften, 1, S. 125–131.

Renggli A., 1844: Einige Krankheitsfälle. In: Archiv für Thierheilkunde, N. F. 6, S. 114–123.

Renggli A., 1845a: Rothlauf bei einem Pferde. In: Archiv für Tierheilkunde, N. F. 7, S. 136–148.
Renggli A., 1845b: Acuter Rheumatismus bei einem Pferde. In: Archiv für Thierheilkunde, N. F. 7, S. 22–28.
Renggli A., 1846: Abszess in der Hüftgegend, der sich in den Mastdarm entleert hatte. In: Archiv für Thierheilkunde, N. F. 8, S. 106–108.
Renggli A., 1847a: Pferde-Influenza (Typhus). In: Archiv für Thierheilkunde, N. F. 9, S. 1–28.
Renggli A., 1847b: Über den Thrombus und die Phlebitis und ihre Folgen. Von Knoll, Thierarzt in Ensisheim (Oberrhein) (Journale de Médicine veterinaire de l'école vet. à Lyon). Aus dem Französischen von Renggli. In: Archiv für Thierheilkunde, N. F. 9, S. 97–107.
Renggli A., 1848a: Wirkung des Chloroforms bei den Thieren. Von Mr. Rey. (Journal de Médecine vétérinaire publié à l'école de Lyon.) Übersetzt von A. Renggli. In: Archiv für Thierheilkunde, N. F. 10, S. 97–108.
Renggli A., 1848b: Mittheilungen aus der thierärztlichen Praxis. In: Archiv für Thierheilkunde, N. F. 10, S. 206–214.
Renggli A., 1848c: Entzündung des Schlundes – Oesophagitis – beobachtet bei einem Pferde von Mr. Bértheol, Schüler an der Veterinärschule zu Lyon. (Journal de Médcine vétérinaire publié à l'école de Lyon.) Übersetzt von A. Renggli. In: Archiv für Thierheilkunde, N. F. 10, S. 218–224.
Renggli A., 1848d: Gebrauch des Äthers gegen den Schwindel (le vertige) der Einhufer. Briefliche Mittheilung von A. Renaud, Thierarzt in Arles. Aus dem Journal vétérinaire übersetzt von A. Renggli, Thierarzt in Zürich. In: Archiv für Thierheilkunde, N. F. 10, S. 313–315.
Rickenbach J.; 1999: Die Leber als Spiegel. In: Langer A.: Orakel. Der Blick in die Zukunft. Verlag Museum Rietberg. Zürich.
Roth W., 1973: Die eidgenössischen Medizinalprüfungsverordnungen seit 1880 und ihre Hauptprobleme. Diss. med., Zürich.
Rubarth S., 1948: The pathologicohistologic liver picture in contagious hepatitis in dogs. In: Acta Pathologica et Microbiologica Scandinavica, 25, S. 122–132.
Rubeli T. O., 1918: † Professor Dr. med. et med. vet. h. c. Karl Alfred Guillebeau. In: Schweizer Archiv für Tierheilkunde, 60, S. 389–403.
Rübel E., 1947: Geschichte der Naturforschenden Gesellschaft in Zürich. Neujahrsblatt herausgegeben von der Naturforschenden Gesellschaft Zürich auf das Jahr 1947, 149. Stück. Kommissionsverlag Gebr. Fretz, Zürich.
Ruhier R., 1964: Vorgeschichte der heutigen «Verordnung über die Anerkennung von Maturitätsausweisen durch den schweizerischen Bundesrat». In: Archiv für das schweizerische Unterrichtswesen, 49, S. 90–98.

Sackmann W., 1994: Anthrax in Switzerland during the early 19th century. In: Scientific and Technical Review of the Office International des Epizooties, 13, S. 537–543.
Sackmann W., 2002: Lebensbilder aus hundert Jahren Fakultätsgeschichte. 100 Jahre Veterinärmedizinische Fakultät der Universität Zürich 1902–2002. Hg. v. Dekanat der Veterinär-medizinischen Fakultät der Universität Zürich.
Sackmann W., 2010: Gesammelte Quellen zur Biographie der Schweizer Tierärzte des 19. & 20. Jahrhunderts. 4. Fassung, Typoscript.
Sander J. C. H., 1810: Vermischte Beiträge zur praktischen und gerichtlichen Thierarzneikunde für Thierärzte, Juristen und Ökonomen. Realschulbuchhandlung, Berlin.
Schertenleib T. I., Pospischil A., Hässig M., Kircher P. R., Hilbe M., 2017: Comparison of clinical and pathological diagnosis in cats and dogs. In: Journal of Comparative Pathology, 156, S. 217–234.
Scheuchzer J. J., 1732: Fliegender Zungenkrebs, Eine Vieh-Seuche, welche Anno 1732 Die Eidgenössischen Lande ergriffen. Heydegger und Comp., Zürich.
Schläpfer H., 1982: Die Entwicklung der Tierarzneischule Zürich von 1882 bis 1902. Diss. med. vet., Zürich.
Schmaltz R., 1938: Der XIII. Internationale tierärztliche Kongress zu Zürich. In: Berliner und Münchener Tierärztliche Wochenschrift, 37, S. 1–31.
Schmid S. G., 2003: Die Zürcher Kantonsregierung seit 1803. Schulthess Verlag, Zürich, Basel, Genf.
Schmid O., 2016: Kleinjoggs landwirtschaftliche Reformen. In: Schmid O., Wiedenkeller D., Gartmann F. (Hg.): Kleinjogg, Wegbereiter der modernen Landwirtschaft. Gedenkschrift zum 300. Geburtstag von Jakob Gujer. 1. Auflage. Kleinjogg Kulturverein, Wermatswil.
Schmidlin L., Bachmann I., Flierl S., Schwarz A., Roesch A., Rieder S., von Niederhäusern R., 2014: Die Schweizer Pferdebranche. In: Agrarforschung Schweiz, 5, S. 154–157.
Schrader G. W., 1863: Biographisch-literarisches Lexicon der Thierärzte aller Zeiten und Länder, sowie der Naturforscher, Ärzte, Landwirthe, Stallmeister u. s. w., welche sich um die Thierheilkunde verdient gemacht haben. Verlag Ebner & Seubert, Stuttgart.
Schulmann R., 2012: Seelenverwandte. Der Briefwechsel zwischen Albert Einstein und Heinrich Zangger (1910–1947). Verlag Neue Zürcher Zeitung, Zürich.
Schwab K. L., 1815: Materialien zu einer pathologischen Anatomie der Hausthiere. Verlag J. Lindauer, München.

Schwab K. L., 1818: Entwurf einer allgemeinen Pathologie der Hausthiere. Zur Grundlage seiner Vorlesung an der königlich-baierischen Central-Veterinär-Schule in München. Verlag J. Lindauer, München.
Schwarz O., 1894: Bau, Betrieb und Einrichtung von öffentlichen Schlachthöfen. Springer Verlag, Berlin, Heidelberg.
Schweizer Ärzte als Forscher, Entdecker und Erfinder, 1945. Ausstellung von Büchern und handschriftlichen Dokumenten veranstaltet mit Unterstützung der Ciba Aktiengesellschaft, Basel, von der Universitätsbibliothek Basel. Hg. v. der Ciba Aktiengesellschaft, Basel.
Senn C., 1981: Die Entwicklung der Zürcher Tierarzneischule in den Jahren 1856 bis 1882. Diss. med. vet., Zürich.
Senn C., 1993: Hans Rudolf Zangger (1826–1882). Direktor der Tierarzneischule Zürich. In: Schweizer Archiv für Tierheilkunde, 135, S. 16–18.
Senn C., 2014: Geschichte der Thurgauer Tierärzte. In: Gesellschaft Thurgauer Tierärzte (Hg.): Gesellschaft Thurgauer Tierärzte von früher bis heute. 1814–2014. 200 Jahre. http://www.thurgauer-tierärzte.ch/xp_media/Andere%20Downloads/Web_GTT_Broschuere_.pdf.
Siedamgrotzky O., 1873: Pathologisch-anatomische Mittheilungen. In: Archiv für Thierheilkunde, 24, S. 165–185.
Spörri H., 1973: Walter Frei. 1882–1972. In: Verhandlungen der Schweizerischen Naturforschenden Gesellschaft, 153, S. 249–252.
Steinbrecher A., 2009: Eine Stadt voller Hunde – Ein anderer Blick auf das frühneuzeitliche Zürich. In: Informationen zur modernen Stadtgeschichte, 2, S. 26–40.
Steinbrecher A., 2010: Zur Kulturgeschichte der Hundehaltung in der Vormoderne. Eine (Re)Lektüre von Tollwut-Traktaten. In: Schweizer Archiv für Tierheilkunde, 152, S. 31–36.
Steinbrecher A., 2011: Hunde und Menschen. Ein Grenzen auslotender Blick auf ihr Zusammenleben (1700–1850). In: Historische Anthropologie, 19, S. 192–210.
Stiglmair-Herb M. T., Pospischil A., 1985: Enzyme histochemical studies of the intestinal epithelium of dogs following casein diet, single cell protein diet and conventional feed. In: Zentralblatt für Veterinärmedizin, A, 32, S. 764–771.
Stiglmair-Herb M. T., Pospischil A., 1985: A new method for the evaluation of enzyme histochemical studies of intestinal mucosa using healthy and sick calves as an example. In: Zentralblatt für Veterinärmedizin, A, 32, S. 249–263.
Stiglmair-Herb M. T., Pospischil A., Hess R. G., Bachmann P. A., Baljer G., 1986: Enzyme histochemistry of the small intestinal mucosa in experimental

infections of calves with rotavirus and enterotoxigenic Escherichia coli. In: Veterinary Pathology, 23, S. 125–131.
Storck P., 1977: Die Anfänge der Tierarzneischule in Zürich. Diss. med. vet., Zürich.
Strebel M., 1882: † Rudolf Zangger. In: Schweizerisches Archiv für Thierheilkunde und Thierzucht, 4, S. 38–43.
Stünzi H., Gillespie J. H., Celiker A., 1954: Pathological response of the chorioallantoic membrane of the hen's egg to distemper virus. In: The Cornell veterinarian, 44, S. 211–215.
Stünzi H., Lott-Stolz G., 1965: Gedanken zur Krebsstatistik beim Hund. Monatshefte für Veterinärmedizin, 20, 793–795.
Stünzi H., 1967: Krebsstatistik bei Katzen. Schweiz. Archiv Tierheilkunde, 109, S. 1–8.
Stünzi H., Lott-Stolz G., 1967: Die Anwendung von Sichtlochkarten in der Veterinärpathologie. Deutsche tierärztliche Wochenschrift, 74, S. 182–184.
Suter P. F., 2003: Nachruf für Prof. Dr. Ernest Edouard Teuscher. In: Schweizer Archiv für Tierheilkunde, 145, S. 144.
Tartaul-Danile E., 1976. Karl Friedrich Meyer: Medical research and public health. Transcript of an interview conducted 1961–1962. University of California, Berkeley.
Thorburn A. L., 1974: Alfred François Donné, 1801–1878, discoverer of Trichomonas vaginalis and of leukemia. In: British Journal of Veneral Diseases, 50, S. 377–380.
Thulin C., 1906: Die Götter des Martianus Capella und der Bronzeleber von Piacenza. Alfred Töpelmann Verlag, Giessen.
Tobin W., 2006: Alfred Donné and Léon Foucault: The first applications of electricity and photography to medical illustration. In: Journal of Visual Communication in Medicine, 29, S. 6–13.
Veith J. E., 1822: Handbuch der Veterinär-Kunde in besonderer Beziehung auf die Seuchen der nutzbarsten Haussäugethiere für Physiker, Kreis-Chirurgen, Thierärzte und Ökonomen. Verlag der Geistlinger'schen Buchhandlung, Wien.
Virchow R., 1855: Cellular-Pathologie. In: Archiv für pathologische Anatomie und Physiologie und für klinische Medicin, 8, 1, S. 3–39.
Virchow R., 1893: Die Sections-Technik im Leichenhause des Charité-Krankenhauses mit besonderer Rücksicht auf gerichtsärztliche Praxis. August Hirschwald Verlag, Berlin.
Vogel J., 1841: Anleitung zum Gebrauch des Mikroskopes zur zoochemischen Analyse und zur mikroskopisch-chemischen Untersuchung überhaupt. Verlag Leopold Voss, Leipzig.

Vogel J., 1843: Erläuterungstafeln zur pathologischen Histologie. Verlag Leopold Voss, Leipzig.

Von den Driesch A. (Hg.), 1990: 200 Jahre tierärztliche Lehre und Forschung in München. Schattauer Verlag, Stuttgart, New York.

Von den Driesch A. und Peters J., 2003: Geschichte der Tiermedizin. 5 000 Jahre Tierheilkunde. Schattauer Verlag, Stuttgart.

Vorlesungen, 1851: Vorlesungen an der Thierarzneischule in Zürich. In: Archiv für Thierheilkunde, 18, S. 279–280.

Vorlesungen, 1873: Thierarzneischule Zürich. In: Archiv für Tierheilkunde, 25, S. 283–284.

Wäsle K., Pospischil A., Hässig M., Gerspach C., Hilbe M., 2017: The post-mortem examination in ruminants and its possible benefit to ruminant clinical medecine. In: Journal of Comparative Pathology, 156, S. 202–216.

Wehmer R., 1887: Über Abdecker und Abdeckereien. In: Deutsche Vierteljahrsschrift für öffentliche Gesundheitspflege, 19, S. 197–254.

Weidner E. F., 1917: Zur babylonischen Eingeweideschau. Zugleich ein Beitrag zur Geschichte des Labyrinths. In: Orientalische Studien, 21, S. 191–198.

Wehrli-Keyser H. J., 1932: Über die landwirtschaftlichen Zustände im Kanton Zürich in der zweiten Hälfte des 18. Jahrhunderts, nach den Berichten der Ökonomischen Kommission der Naturforschenden Gesellschaft. Neujahrsblatt zum Besten des Waisenhauses in Zürich für 1932. Kommissionsverlag Beer & Co., Zürich.

Wirth [J.] C., 1820a: Über die Verstopfung des Lösers. In: Archiv für Thierheilkunde, 2, Heft 2, S. 1–23.

Wirth [J.] C., 1820b: Über das Missverhältnis der Anzahl männlicher Zuchtthiere zu den weiblichen beym Rindviehe im Canton Zürich, und die daraus entspringenden Nachtheile. In: Archiv für Thierheilkunde, 2, Heft 4, S. 253–268.

Wirth C., 1822: Versuch eines Schweizerischen-veterinärischen Idiotikons. Unter Mitarbeit von den Thierärzten Meyer, Michel und Ernst. In: Archiv für Thierheilkunde, 2, S. 225–298. Zitiert in: Appenzellischer Sprachschatz. Hg. v. T. Tobler, Orell Füssli und Compagnie, Zürich 1837.

Wirth [J.] C., 1826: Versuche über die Wirkung der Bucheckern bey dem Pferde. In: Archiv für Thierheilkunde, 3, 87–90.

Wirth [J.] C., 1829a: Geschichte der Seuchen der Hausthiere, welche im achtzehnten Jahrhunderte und bis auf die neueste Zeit im Canton Zürich geherrscht haben. (Fortsetzung.). In: Archiv für Thierheilkunde, 4, S. 125–139.

Wirth [J.] C., 1829b: Geschichte der Seuchen der Hausthiere, welche im 18ten Jahrhundert und bis auf die neueste Zeit im Canton Zürich geherrscht haben. (Fortsetzung.). In: Archiv für Thierheilkunde, 4, S. 221–240.

Wirth [J.] C., 1829c Geschichte der Seuchen der Hausthiere, welche im 18ten Jahrhundert und bis auf die neueste Zeit im Canton Zürich geherrscht haben. (Fortsetzung.). In: Archiv für Thierheilkunde, 4, S. 317–335.
Wirth J. [C.], 1829d: Versuch zur Beantwortung der von der Gesellschaft Schweizerischer Thierärzte aufgestellten Preisfrage: über die Kälberlähme. In: Archiv für Thierheilkunde, 4, S. 73–97.
Wirth [J.] K., 1831a: Geschichte der Seuchen etc. (Fortsetzung.). In: Archiv für Thierheilkunde, 5, S. 105–133.
Wirth [J.] K., 1831b: Geschichte der Seuchen etc. (Fortsetzung.), 5, S. 209–230.
Wirth [J.] K. und Köchlin J. R., 1831c: Über Vermehrung und Verbesserung der Pferdezucht im Kanton Zürich. In: Archiv für Thierheilkunde, 5, S. 303–317.
Wirth [J.] K., 1832: Geschichte der Seuchen der Hausthiere, welche im 18. Jahrhundert und bis auf die neueste Zeit im Canton Zürich geherrscht haben. (Beschluss.) In: Archiv für Thierheilkunde, 6, S. 3–34.
Wirth J. L., 1831d: Über die Ursachen der Lungenseuche des Rindviehes. In: Archiv für Thierheilkunde, 5, S. 319–360.
Wirth J. C., 1838: Lehrbuch der Seuchen und ansteckenden Krankheiten der Hausthiere. Orell Füssli und Compagnie, Zürich.
Wirth J. C., 1839a: Versuche betreffend die Ansteckungsfähigkeit der Maul- und Klauenseuche. In: Archiv für Thierheilkunde, N. F. 1, S. 227–231.
Wirth J. C., 1839b: Bericht an die Versammlung der Gesellschaft Schweizerischer Thierärzte zu Aarburg im September 1838, über den Stand und Fortgang der Veterinär-Wissenschaft. Bürklische Offizin, Zürich.
Wirth J. C., 1844a: Übertragung des Rotzes auf einen Ziegenbock. In: Archiv für Thierheilkunde, N. F. 6, S. 22–24.
Wirth J. C., 1844b: Ansichten über das Fieber. In: Archiv für Thierheilkunde, N. F. 6, S. 193–213.
Wirth J. C., 1844c: Ansichten über das Fieber. (Schluss.). In: Archiv für Thierheilkunde, N. F. 6, S. 289–302.
Wirth J. C., 1845a: Die Entzündung im Allgemeinen. In: Archiv für Thierheilkunde, N. F. 7, S. 105–129.
Wirth J. C., 1845b: Die Entzündung im Allgemeinen (Fortsetzung.). In: Archiv für Thierheilkunde, N. F. 7, S. 327–341.
Wirth J. C., 1846a: Von der Aufsaugung. In: Archiv für Thierheilkunde, N. F. 8, S. 116–129.
Wirth J. C., 1846b: Von der Aufsaugung. (Schluss.). In: Archiv für Thierheilkunde, N. F. 8, S. 236–253.
Wirth J. C., 1847: Wirkungen des Schwefeläthers, durch das Einathmen desselben hervorgebracht. In: Archiv für Thierheilkunde, N. F. 9, S. 297–314.

Wood R. L., Pospischil A., Rose R., 1989: Distribution of persistent Salmonella typhimurium infection in internal organs of swine. In: American Journal of Veterinary Research, 50, S. 1015–1021.

Wyler-Zerobin M., 1995: Die Anfänge der Gesellschaft Zürcher Tierärzte von 1814 bis 1894. Diss. med. vet., Zürich.

Zangger, 1847: Kleine Beiträge zur pathologischen Anatomie der Hausthiere. In: Archiv für Thierheilkunde, N. F. 9, S. 64–67.

Zangger J., 1848a: Neuere Ansichten über die Verrichtungen der Milz. In: Archiv für Thierheilkunde, N. F. 10, S. 109–116.

Zangger [H. R.], 1848b: Auszüge aus seinem Tagebuch. In: Archiv für Tierheilkunde, N. F. 10, S. 9–17.

Zangger [H. R.], 1852: Einiges über die thierärztliche Praxis im Allgemeinen und das Seziren der Thierleichen im Besonderen. In: Archiv für Tierheilkunde, N. F. 12, S. 243–262.

Zangger [H. R.], 1854: Die «Gälti» (gelber Galt) als Seuche bei den Ziegen. Schweizer Archiv für Tierheilkunde, 20 oder N. F. 13, S. 348–360.

Zangger [H.] R., 1855a: Zur Lehre von den Eingeweidewürmern. In: Archiv für Thierheilkunde, N. F. 14, S. 59–83.

Zangger [H.] R., 1855b: Pathologische Physiologie. Die thierischen Fette. In: Archiv für Thierheilkunde, N. F. 14, S. 193–225.

Zangger [H.] R., 1857: Bericht über die internationale landwirthschaftliche Ausstellung von 1856 zu Paris, an den schweizerischen Kommissär, Herrn Vogel-Saluzzi. In: Archiv für Thierheilkunde, 22 oder N. F. 15, S. 162–184.

Zangger [H.] R., 1856–1861: Aus dem Thierspital der Veterinärschule in Zürich vom Jahr 1857. In: Archiv für Thierheilkunde, 22 oder N. F. 15, S. 250–269.

Zangger [H.] R., 1861: Memorial an das Tit. schweizerische Militär-Departement [betreffend das Veterinärwesen]. J. H. Tellmann, Zürich (Zentralbibliothek Zürich, DV 1056).

Zangger [H.] R., 1869: Amtlicher Bericht über den dritten internationalen Congress von Thierärzten zu Zürich am 2.–7. September 1867, auf Grundlage der stenographischen Protokolle. Verlag der Schabelitz'schen Buchhandlung (Cäsar Schmidt).

Zangger [H.] R., 1873: Die Rinderpest im Kanton Neuenburg. Aus dem Bericht des Delegirten des schweiz. Bundesrathes. (Vom 28. März 1871). In: Archiv für Thierheilkunde, 24, S. 235–252.

Zerobin K., 1983: Die Veterinärmedizinische Fakultät seit ihrer Gründung im Jahre 1902. In: Die Universität Zürich 1933–1983. Festschrift zur 150-Jahr-Feier der Universität Zürich. Hg. v. Rektorat der Universität Zürich. Zürich.

Zietschmann O., 1929: Die Tierärztliche Hochschule Hannover. Festschrift aus Anlass der Hundertfünfzig-Jahrfeier am 13.–15. Juli 1928. Verlag M. & H. Schaper, Hannover.
Zschokke A., 1996: Pièce de mémoire – Vom Bauernknecht zum Rektor. uniextern, 24. Oktober 1996, S. 28.
Zschokke A., 2016: Persönliche Mitteilung.
Zschokke E., 1882: Instructions sur la connaissance et l'hygiène du cheval. Orell Füssli, Zürich.
Zschokke E., 1885: Einiges vom Sektionstisch. In: Schweizer-Archiv für Thierheilkunde, 27, S. 117–123.
Zschokke E., 1890: Einiges vom Sektionstisch. In: Schweizer-Archiv für Thierheilkunde, 32, S. 64–78.
Zschokke E., 1892: Weitere Untersuchungen über das Verhältniss der Knochenbildung zur Statik und Mechanik des Vertebraten-Skelettes. Art. Institut Orell Füssli, Zürich 1892.
Zschokke [E.], 1895: [Nekrolog] † Prof. Jakob Meyer. In: Schweizer-Archiv für Thierheilkunde, 37, S. 165–169.
Zschokke E., 1897: Sektions-Technik und Protokoll. In: Schweizer-Archiv für Tierheilkunde, 39, S. 113–129.
Zschokke E., 1898: Beitrag zur Pathologie der Ovarien des Rindes. In: Schweizer-Archiv für Tierheilkunde, 40, S. 253–268.
Zschokke E., 1902: Über die Vernichtung von Milzbrandkadavern. In: Schweizer-Archiv für Tierheilkunde, 44, S. 283–292.
Zschokke E., 1903: Pseudocarcinom beim Pferd. In: Schweizer-Archiv für Tierheilkunde, 45, S. 303–318.
Zschokke E., 1912: Zur Pathologie der Maul- und Klauenseuche. In: Schweizer Archiv für Tierheilkunde, 54, S. 505–521
Zschokke E., 1913: Ein Rhinosporidiom beim Pferd. In: Schweizer Archiv für Tierheilkunde, 55, S. 641–650.
Zschokke E., 1915: Zur Frage der Entdeckung des Maul- und Klauenseucheerregers. In: Schweizer Archiv für Tierheilkunde, 57, S. 165–173.
Zschokke E., 1920: Geschichte der tierärztlichen Lehranstalt in Zürich 1820–1920. In: Schweizer Archiv für Tierheilkunde, 62, S. 127–161.
Zschokke E., 1924: Die Geschichte des Eidgen. Schwingerverbandes. Eine Darstellung vaterländischer Volksspiele. Orell Füssli Verlag, Zürich.

Tabellenverzeichnis

Verdankungen

Bei der Arbeit an diesem Manuskript wurde ich von den folgenden Personen mit Informationen, Bildern, Transkriptionen von Texten und Hinweisen in dankenswerter Weise unterstützt:
Max Becker, Hansueli Bertschinger, Nicole Borel, Hannes Eckert, Felix Ehrensberger, Hansruedi Ehrsam, Fausto Guscetti, Tilo Hänichen, Stephan Häsler, Ewald Isenbügel, Urs Jenny, Eberhard Karbe, Janos Komaromy, Gret Lott, Werner Sackmann, Nadja Schenker, Bruno Schiefer, Martin Schwyzer, Maja Suter, Meinrad Suter und Elisabeth Wicker (in alphabetischer Reihenfolge).
Mein besonderer Dank gilt Thomas Wicker für die zutreffende Titelgrafik.
Martin Schmid vom Collegium Helveticum, meiner Frau Monika und Nadja Schenker danke ich ganz besonders für die mehrfachen Korrekturen, Anregungen und Verbesserungsvorschläge. Zur sprachlichen Überarbeitung und Gestaltung haben von Seiten des Chronos Verlags der Lektor Roman Pargätzi und der Verlagsleiter Hans-Rudolf Wiedmer ganz erheblich beigetragen. Für das Layout und die Bearbeitung der Bilder bedanke ich mich bei den Mitarbeiterinnen und Mitarbeitern des Chronos Verlags.

Die folgenden Institutionen steuerten Bilder und Informationen bei: Baugeschichtliches Archiv der Stadt Zürich, Staatsarchiv des Kantons Zürich, Archiv der Universität Zürich, Schweizerisches Bundesarchiv, Bern.

Anmerkung
Historische Originalunterlagen, die aus dem Bestand des Instituts für Veterinärpathologie stammen, werden nach der Fertigstellung dieses Manuskripts dem UZH Archiv zur archivalischen Betreuung übergeben.

Personenregister